科里奥利质量流量计的数字信号处理和驱动技术

徐科军　著

U0232421

科学出版社

北　京

内 容 简 介

在工农业生产、商业贸易、能源计量、市政建设、环境保护和国防建设中，都需要进行液体、气体和多相流的流量测量和控制。测量流体流量的仪表很多，其中，科里奥利质量流量计可以直接测量流体的质量流量和密度，是许多工业应用和贸易计量迫切需要的，成为发展前景最好、技术含量最高的流量计之一。本书以作者的科研工作为基础，介绍科里奥利质量流量计的结构组成与分类、工作原理、信号模型、数字信号处理方法、模拟驱动、数字驱动、基于DSP(数字信号处理器)的变送器、基于FPGA(现场可编程逻辑门阵列)+DSP的变送器、批料流测量和气液两相流测量。

本书可供从事自动化、仪器仪表、计算机应用、石油、化工和能源等行业的工程技术人员参考，也可作为高等院校相关专业的教师、研究生和高年级本科生的参考书。

图书在版编目（CIP）数据

科里奥利质量流量计的数字信号处理和驱动技术 / 徐科军著. 北京：科学出版社，2025. 1. -- ISBN 978-7-03-079321-8

Ⅰ. TH814

中国国家版本馆 CIP 数据核字第 2024ZR3544 号

责任编辑：姚庆爽 李 娜 / 责任校对：崔向琳
责任印制：师艳茹 / 封面设计：无极书装

科学出版社 出版
北京东黄城根北街 16 号
邮政编码：100717
http://www.sciencep.com

中煤(北京)印务有限公司印刷
科学出版社发行 各地新华书店经销
*

2025 年 1 月第 一 版 开本：720×1000 1/16
2025 年 1 月第一次印刷 印张：17 1/4
字数：348 000
定价：**160.00 元**
（如有印装质量问题，我社负责调换）

前　言

在工农业生产、商业贸易、能源计量、市政建设、环境保护和国防建设中，都需要进行液体、气体和多相流的流量测量和控制，如南水北调、西气东输、原油运输、燃料加注、城市供水供气以及污水排放等。仅针对工业生产中的流程工业而言，流量是四大被测量和被控量之一。与温度、压力和物位的测量相比，由于流体本身的多样性(气体、液体、气液两相流和固液两相流)、流量测量的影响因素较多(温度、压力和密度)以及实际工况的复杂性(管道振动、液体流量中含有气体、液体流量中含有固体颗粒)等，流量测量成为流程工业中最为复杂的被测量之一。测量流体流量的仪表很多，其中，科里奥利质量流量计(简称科氏质量流量计)可以直接测量流体的质量流量和密度，是许多工业应用和贸易计量迫切需要的，成为发展前景最好、技术含量最高的流量计之一。据作者所知，迄今很少有关于科氏质量流量计方面的专著出版。为此，作者总结近三十年来在科氏质量流量计数字信号处理方法、模拟驱动技术、数字驱动技术、变送器研制、标定技术和各种流量测量方面的研究成果，形成本书，以便与读者分享。

本书共 9 章。

第 1 章概述科氏质量流量计，具体介绍科氏质量流量计的结构组成与分类、工作原理、特点和应用以及面临的问题。

第 2 章介绍科氏质量流量计信号模型，具体包括单相流信号模型、批料流信号模型和气液两相流信号模型，以定量描述科氏质量流量传感器的信号特点，为信号处理方法的研究和选择奠定基础。

第 3 章介绍单相流数字信号处理方法。分别从频域和时域角度出发，综述各种数字信号处理方法，并进行比较。详细介绍基于计及负频率影响的 DTFT(离散时间傅里叶变换)方法和基于过零检测的信号处理方法。

第 4 章介绍科氏质量流量计模拟驱动技术，具体包括自激振荡系统原理、驱动信号的选择、常规模拟驱动技术、变送器的匹配、模拟驱动耐高低温技术以及新型模拟驱动技术。

第 5 章介绍科氏质量流量计数字驱动技术，具体包括科氏质量流量计的半数字驱动技术、全数字驱动技术的原理和流程、全数字驱动的起振方法、频率跟踪、相位跟踪、幅值跟踪和起振性能测试。

第 6 章介绍基于 DSP(数字信号处理器)的变送器。介绍基于 TMS320F28335

DSP 的硬件系统研制、基于 DTFT 方法的软件开发和测试、基于过零检测方法和数字驱动软件开发以及测试结果。

第 7 章介绍基于 FPGA(现场可编程逻辑门阵列)+DSP 双核心的变送器，具体包括系统方案、关键技术、软件系统和实验验证。

第 8 章介绍批料流(或称为频繁启停流量)测量，具体包括适用于快速响应的 DTFT 信号处理方法、适用于快速响应的正交解调信号处理方法、加气机加气过程信号处理方法和尿素机加注过程信号处理方法，以及这些方法的实验测试结果。

第 9 章介绍气液两相流(或称为含气液体流量)测量，具体包括驱动技术、信号处理技术和误差修正技术，以及实验测试结果。

作者长期从事数字式流量测量仪表的研发工作，得到了 863 计划、国家自然科学基金项目和省部级项目的支持；与国内多家流量仪表企业进行产学合作，得到了他们的大力支持。先后参加作者课题的研究生何卫民、吕迅弘、于翠欣、倪伟、徐文福、张瀚、陈智渊、朱志海、李祥刚、朱永强、李叶、侯其立、方敏、李苗、熊文军、刘翠、陶波波、石岩、刘铮、董帅、张建国、方正余、乐静、刘文、徐浩然、张伦、黄雅、刘陈慈做出了优秀的成果，在此一并向他们表示衷心的感谢。

由于作者水平有限，书中难免存在不妥之处，恳请读者批评指正。

作　者

2024 年 1 月

目　　录

第1章　科氏质量流量计概述

液体、气体以及其他流体流量的测量既是计量科学技术的重要组成部分之一，也广泛应用于工农业生产、国防建设、科学研究、对外贸易以及人民生活中。随着我国加入世界贸易组织(World Trade Organization，WTO)、西气东输和南水北调等重大工程的开展、国内外贸易结算量的增加、企业内部的物料平衡、节能降耗和经济核算的需要，流量的测量变得越来越重要。仅就工业界而言，流量是过程工业中的四大被测量(温度、压力、物位和流量)之一，也是最为复杂的被测量。实现流量的准确测量，对保证产品质量、提高生产效率、促进节能减排都具有重要的意义。特别是在能源问题日趋重要、工业生产自动化程度越来越高的当今时代，流量测量仪表和装置(俗称流量计)在国民经济中的地位与作用更加重要和明显。

科里奥利质量流量计(Coriolis mass flowmeter，CMF)简称科氏质量流量计，是美国高准公司(Micro Motion Inc.，也可译为微动公司)于1977年首先研制成功的一种新型质量流量计。它基于科里奥利力的原理工作，即处于旋转系中的流体在直线运动时产生的力与质量流量成正比，可以直接高精度地测量流体的质量流量，并可同时获取流体的密度值，具有广阔的应用前景[1-5]。在问世后的很短时间内，科氏质量流量计就以其优越的性能在工业界赢得了很好的信誉。经过多年的发展，科氏质量流量计在性能和规格上逐渐完善，成为当前发展最为迅速、技术含量最高的流量计之一。科氏质量流量计除了可测量各种常规流体外，还可测量各种非常规流体、浆液、液化气体和压缩天然气，广泛应用于石油、化工、造纸、食品及制药等行业[6-11]。

本章概述科氏质量流量计，具体介绍科氏质量流量计的结构组成与分类、工作原理、特点和应用以及面临的问题。

1.1　结构组成与分类

科氏质量流量计由一次仪表和变送器(二次仪表)组成，如图 1.1.1(a)所示。一次仪表包括流量管(又称测量管或者振动管)、激振器(电磁式驱动器)和传感器(又称信号拾取器，大多为磁电式速度传感器)，如图 1.1.1(b)所示；二次仪表又称为变送器，包括流量管的驱动系统和一次仪表输出信号的处理、显示和通信系统。

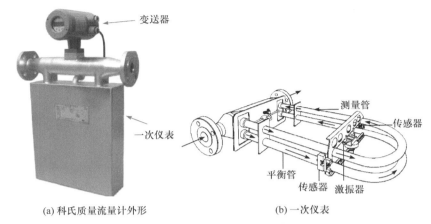

(a) 科氏质量流量计外形   (b) 一次仪表

图 1.1.1 科氏质量流量计

科氏质量流量计一次仪表结构组成如图 1.1.1(b)和图 1.1.2 所示，主要由流量管(又称测量管，包括平衡管)、激振器(包括驱动线圈和磁铁，分别安装在测量管和平衡管上)、传感器(一般为磁电式速度传感器，由检测线圈和磁铁组成，在流体流入端和流出端各安装一个)组成。另外，在流量管上还要安装铂电阻温度传感器，以测量流体温度对流量管的影响，从而对测量结果进行温度补偿。

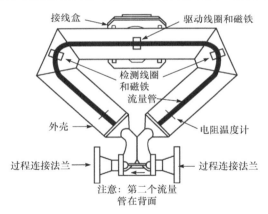

图 1.1.2 科氏质量流量计一次仪表结构组成

一次仪表的功能是将流过流量管的流体的质量流量转换成两根流量管之间的相对扭曲(扭转)角度。这个角度由安装在流量管两端的速度传感器输出信号的相位差或者时间差来反映。流过流量管的流体密度由流量管振动的固有频率来反映，体现为速度传感器输出信号的频率。具体地，当流量管内无流体流动时，两个流量管不发生相对扭转，如图 1.1.3 所示。当流量管内有流体流动时，由于科里奥利力的作用，两个流量管会发生相对扭转，扭转的过程如图 1.1.4 所示。

需要注意的是，该图是放大效果图，实际上，科氏质量流量计流量管的扭转角并没有这么大。

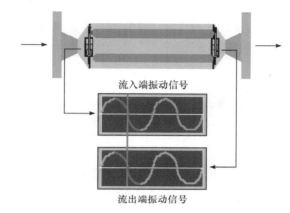

图 1.1.3　无流体流动时的输出信号

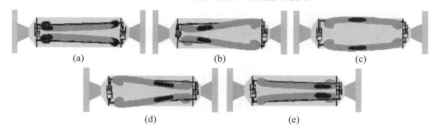

图 1.1.4　有流体流动时流量管的扭转过程

科氏质量流量变送器的主要功能如下：

(1) 为激振器提供激振信号，并且当流量管的固有频率随流体特性发生变化时，激振信号的频率要随之变化；

(2) 对两路速度传感器和电阻温度传感器的输出信号进行处理并输出测量结果；

(3) 与测量系统内的其他设备进行通信。

当变送器给激振器提供激振信号时，驱动线圈与磁铁发生相对运动，使得流量管产生振动。当激振信号频率等于流量管的固有频率时，振幅最大。此时，如果流量管内无流体流动，则信号拾取器输出的两路正弦波的相位相同，即时间差为 0，如图 1.1.3 所示。当流量管内有流体流动时，由于科里奥利力的作用，两个流量管会发生相对扭转，两路输出信号之间存在一个时间差(ΔT)，并且在时间关系上是流出端的信号超前于流入端的信号，如图 1.1.5 所示。该时间差正比于流体的质量流量。通过计算该时间差，再结合温度补偿和压力补偿，就可以精确地求出流体的质量流量。

科氏质量流量计按照不同的分类标准，可以分为多种不同的类型。根据一次仪表流量管的形状和弯曲程度，可分为大弯管形、微弯形和直管形[1]。其中，大弯管形又包括 U 形管、Ω 形管、倒 △ 形管、B 形管、S 形管、双梯形管、螺旋形管等。根据一次仪表的流量管数量，可分为单管、双管和多管，大多数为双管。而根据一次仪表与二次仪表的连接方式，可分为一体式与分体式。图 1.1.6 给出了科氏质量流量计部分流量管管形示意图。

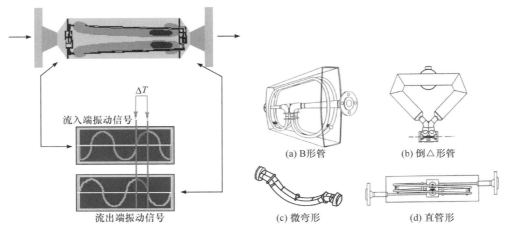

图 1.1.5　有流体流动时的输出信号　　图 1.1.6　科氏质量流量计部分流量管管形示意图

由于流量管管形的不同，对应的科氏质量流量计呈现出的特点不同，不同管形的科氏质量流量计特点对比如表 1.1.1 所示。

表 1.1.1　不同管形的科氏质量流量计特点对比

分类	大弯管形	微弯形	直管形
频率	70～150Hz	200～500Hz	400～1000Hz
相位差	0.09°～4°	0.01°～1°	0.005°～0.3°
信号处理难度	较为容易	较为困难	最为困难
国内生产工艺	较为成熟	尚不成熟	基本没有
安装使用	体积较大 安装较为困难 容易存留杂质	体积较小 安装较为容易 不容易存留杂质	体积最小 安装最为容易 不容易存留杂质

1.2　工　作　原　理

1.2.1　科里奥利力的原理

科氏质量流量计是基于科里奥利力的原理而设计的。下面介绍科里奥利力的原理。

从匀速转动的参考系来看，具有相对运动速度的物体所受到的惯性力分为两个：一个为惯性离心力；另一个为科里奥利力。科里奥利力的原理如图 1.2.1 所示，有一个围绕铅直轴匀速转动的水平圆盘，其角速度为 ω，逆时针转动。其上有一质点 P，质量为 m。P 在以转轴 O 为中心、以 r 为半径的水平圆轨道上做匀速圆周运动。P 相对圆盘逆时针转动，相对速度为 v'。

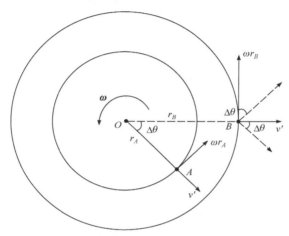

图 1.2.1　科里奥利力的原理

从惯性系来研究质点的运动。在 t 时刻质点运动到 A 点，在 $t+\Delta t$ 时刻质点运动到 B 点。根据加速度的定义，在 A 点(t 时刻)的加速度 $a = \lim\limits_{\Delta t \to 0} \dfrac{v_B - v_A}{\Delta t}$。根据速度合成，质点在 A、B 两点的速度分别为

$$v_A = v' r_A^0 + \omega r_A \tau_A^0 \tag{1.2.1}$$

$$v_B = v' r_B^0 + \omega r_B \tau_B^0 \tag{1.2.2}$$

式中，r_A^0 和 r_B^0 是 A 和 B 两点的径向单位矢量；τ_A^0 和 τ_B^0 是 A 和 B 两点的横向单位矢量；r_A 和 r_B 是 A 和 B 两点与转轴 O 的垂直距离。

由于质点相对圆盘是沿半径向外做匀速直线运动的，所以有

$$r_B = r_A + v' \Delta t \tag{1.2.3}$$

从图 1.2.1 可以得出 r_B^0、τ_B^0 与 r_A^0、τ_A^0 的关系为

$$r_B^0 = r_A^0 \cos \Delta\theta + \tau_A^0 \sin \Delta\theta \tag{1.2.4}$$

$$\tau_B^0 = -r_A^0 \sin \Delta\theta + \tau_A^0 \cos \Delta\theta \tag{1.2.5}$$

代入加速度 a 的定义，就得到质点在 A 点的加速度为

$$a = \lim_{\Delta t \to 0} \frac{1}{\Delta t} [(v' \boldsymbol{r}_B^0 + \omega r_B \boldsymbol{\tau}_B^0) - (v' \boldsymbol{r}_A^0 + \omega r_A \boldsymbol{\tau}_A^0)]$$

$$= \lim_{\Delta t \to 0} \frac{1}{\Delta t} [v' \boldsymbol{r}_B^0 + \omega(r_A + v' \Delta t) \boldsymbol{\tau}_B^0 - v' \boldsymbol{r}_A^0 - \omega r_A \boldsymbol{\tau}_A^0]$$

$$= \lim_{\Delta t \to 0} \frac{1}{\Delta t} [v'(\boldsymbol{r}_A^0 \cos \Delta \theta + \boldsymbol{\tau}_A^0 \sin \Delta \theta) - v' \boldsymbol{r}_A^0 - \omega r_A \boldsymbol{\tau}_A^0$$

$$+ \omega(r_A + v' \Delta t)(-\boldsymbol{r}_A^0 \sin \Delta \theta + \boldsymbol{\tau}_A^0 \cos \Delta \theta)]$$

由于 $\Delta t \to 0$ 时，B 点趋近于 A 点，即 $\Delta \theta \to 0$。利用关系：若 $\Delta \theta \to 0$，则 $\cos \Delta \theta \to 1$，$\sin \Delta \theta \to \Delta \theta$，可得

$$a = \lim_{\Delta t \to 0} \frac{1}{\Delta t} (v' \Delta \theta \boldsymbol{\tau}_A^0 - \omega \Delta \theta r_A \boldsymbol{r}_A^0 + \omega v' \Delta t \boldsymbol{\tau}_A^0)$$

$$= v' \left(\lim_{\Delta t \to 0} \frac{\Delta \theta}{\Delta t} \right) \boldsymbol{\tau}_A^0 - \omega \left(\lim_{\Delta t \to 0} \frac{\Delta \theta}{\Delta t} \right) r_A \boldsymbol{r}_A^0 + \omega v' \boldsymbol{\tau}_A^0$$

由于 $\omega = \lim_{\Delta t \to 0} \dfrac{\Delta \theta}{\Delta t}$，所以在 t 时刻质点相对于惯性系的加速度为

$$a = 2\omega v' \boldsymbol{\tau}_A^0 - \omega^2 r_A \boldsymbol{r}_A^0$$

去掉下标 A，则得

$$a = 2\omega v' \boldsymbol{\tau}^0 - \omega^2 r \boldsymbol{r}^0 \tag{1.2.6}$$

根据牛顿第二定律，质点必受到一个真实的外力作用，即

$$F = ma = 2mv' \omega \boldsymbol{\tau}^0 - m\omega^2 r \boldsymbol{r}^0 \tag{1.2.7}$$

从匀速转动的参考系来看，质点做匀速直线运动，所以为了使牛顿第二定律在匀速参考系中仍然成立，质点必须受到一个虚构的惯性力的作用，使得

$$F + F_i = 0 \tag{1.2.8}$$

即质点受到的惯性力 F_i 为

$$F_i = -F = -2mv' \omega \boldsymbol{\tau}^0 + m\omega^2 r \boldsymbol{r}^0 \tag{1.2.9}$$

由式(1.2.9)可知，在匀速圆周运动参考系中，一个相对该参考系有运动速度的质点除了受到惯性力 $m\omega^2 r \boldsymbol{r}^0$ 的作用外，还要受到一个大小、方向都与相对速度有关的力的作用，这个力就称为科里奥利力，记作

$$F_c = -2mv' \omega \boldsymbol{\tau}^0 = 2mv' \times \boldsymbol{\omega} \tag{1.2.10}$$

1.2.2 测量质量流量的原理

科氏质量流量计是利用流体在直线运动的同时处于一个旋转系中，产生与质量流量成正比的科里奥利力而制成的一种直接式质量流量测量仪表。电磁激振器

使 U 形管围绕穿过流入端和流出端的固定轴线做正弦振动, 则流量管中一个做正弦振动 $y = y_m \sin(\omega t)$ 的质点的运动可以等效为一个半径为 y_m 的圆周运动, 其圆周运动的角频率与正弦振动的角频率相同。

当流体流过测量管时, 由于流体与测量管具有相对运动, 所以从这个匀速转动的参考系来看, 流体会受到科里奥利力的作用。该科里奥利力与管道对流体的作用力相平衡, 即两个力大小相等、方向相反, 而与流体对管道的作用力的大小和方向都相等。这个与科里奥利力相等的力作用在测量管的两端, 其作用方向是相反的, 从而使测量管发生扭曲, 流体的质量流量与该扭转角成正比。因此, 只要测出该扭转角, 就可以得到流体的质量流量。二次仪表通过适当的测量电路和处理方法来测得流量管的扭转角, 并由此计算出流体的质量流量等参数。具体分析如下。

在图 1.2.2 中, 一个质量为 Δm 的质点, 沿着管道以速度 v 运动, 管道同时以角速度 ω 绕着固定点旋转。于是, 该质点的加速度可以分为径向加速度 a_r 和科里奥利力加速度 a_t:

$$a_r = |\omega|^2 r \tag{1.2.11}$$

$$a_t = |2\omega \times v| \tag{1.2.12}$$

管壁压力提供科里奥利力加速度 a_t, 同时管壁受到质点的反作用力(大小相等、方向相反), 这个力即是科里奥利力:

$$\Delta F_c = 2\omega v \Delta m \tag{1.2.13}$$

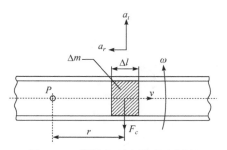

图 1.2.2　科里奥利力的产生原理

设流体的密度为 ρ, 管道的横截面积为 A, 则在管道内 Δl 段的流体所受到的科里奥利力可以表示为

$$F_c = 2\omega v \Delta m = 2\omega v \Delta l A \rho = 2\omega \Delta l q_m \tag{1.2.14}$$

式中, q_m 为流体的瞬时质量流量。

由于流体与流量管之间存在相对运动, 流量管在流体所受科里奥利力的反作用下, 会因为扭矩的影响而产生扭转, 对 U 形管的受力进行分析, 如图 1.2.3 所示。在图 1.2.3(a)中，AD_1 段和 D_2B 段的流体方向相反，故受到的科里奥利力方向相反，D_1CD_2 段的流体流速与 ω 平行，故不产生科里奥利力。

Δl 段产生的扭矩为 $\mathrm{d}M = 2F_cb = 4q\omega b\mathrm{d}l$，对其积分得 $M = 4abq_m\omega$。在该扭矩下，测量管发生扭转角 θ。因为 θ 很小，所以系统的扭转变形在其弹性限度之内，有 $M = K_s\theta$，其中，K_s 为流量管的角弹性模量，得到 $q_m = \dfrac{K_s\theta}{4\omega ab}$。

在图 1.2.3(b)中，设 v_t 是流量管在振动方向的线速度，$v_t = \omega a$；同时，$\Delta x = \omega a \cdot \Delta t$，则在形成扭转角 θ 的 Δt 时间内，$\sin\theta = \dfrac{\Delta x}{2b} = \dfrac{v_t\Delta t}{2b}$。因为 θ 很小，所以 $\theta \approx \sin\theta$，有

$$\theta = \frac{\omega a\Delta t}{2b} \tag{1.2.15}$$

$$q_m = \frac{K_s}{8b^2}\Delta t \tag{1.2.16}$$

可见，流体的质量流量与两路传感器信号的时间差成正比。通过检测流量管两侧对称位置的两个磁电式速度传感器输出的正弦信号，并计算两路正弦信号的

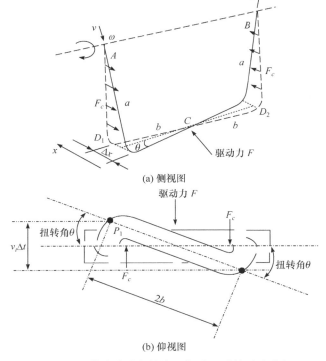

(a) 侧视图

(b) 仰视图

图 1.2.3　科氏质量流量计工作时 U 形管受力分析

相位差和频率，得出时间差，再通过实验标定出时间差前的仪表系数 K_s，便可以获得当前流体的质量流量。

1.2.3 测量密度的原理

科氏质量流量计在正常工作时，以固有频率振动，该频率与流量管的材料、形状、振动的弹性模量以及振动系统的总质量(包括流量管的质量和流体的质量等)有关。

科氏质量流量计的流量管振动系统可以简化为一个弹性系统，其谐振频率满足

$$f = \frac{1}{2\pi}\sqrt{\frac{k}{m}} \tag{1.2.17}$$

式中，m 是振动系统的总质量；k 是振动系统的弹性模量。

不妨设流量管的长度为 L，截面积为 A，质量为 m_t，流体的质量为 m_f，于是由式(1.2.17)可以计算出流体的密度 ρ 与谐振频率 f 之间满足

$$\rho = \frac{1}{AL}\left(\frac{k}{4\pi^2 f^2} - m_t\right) \tag{1.2.18}$$

式(1.2.18)可以写为

$$\rho = K_1 + \frac{K_2}{f^2} \tag{1.2.19}$$

式中，$K_1 = -\dfrac{m_t}{AL}$，$K_2 = \dfrac{k}{4\pi^2 AL}$，均为密度待标定的系数，而且 K_2 与温度有关，可以通过科氏质量流量计内部的温度传感器自动检测。

根据检测到的信号的频率，便可以得到流体的密度，这就是科氏质量流量计测量密度的工作原理。根据已经获得的流体质量流量和密度参数，便能计算出当前流体的体积流量。

1.3 特点和应用

科氏质量流量计的优点主要有：

(1) 真正高精度地实现了对质量流量的直接测量。例如，美国微动公司的 CMF100 型传感器在配 2400S 型变送器时，在 20∶1 的量程比时，测量水的质量流量可以达到 0.05%的精度；在 100∶1 的量程比时，可以达到 0.25%的精度。

(2) 可测流体广泛，包括各种高黏度的液体、混入少量均匀气体的液体以及有足够密度的气体等。

(3) 测量管的振动幅值非常小，可以作为非活动部件，并且测量管内部没有阻碍部件，便于清洗。

(4) 对流体的流速分布不敏感，因此安装时无上下游管段的要求。

(5) 实现多参数测量。在获得流体质量流量的同时，还可测得流体体积、流体密度、流体温度。

与此同时，科氏质量流量计也存在一些不足之处：

(1) 易受外界振动和干扰的影响，对流量管安装固定的要求较高。

(2) 零点不稳定，易受材料、温度等因素的影响而产生漂移。

(3) 在测量单相流液体时，磁电式速度传感器输出两路信号之间的相位差较大；在测量气体时，通常需要加压，而且两路信号之间的相位差较小，对信号的检测与处理提出了更高的要求。

(4) 在测量两相流或批料流等复杂流体时，传统的模拟式科氏质量流量计的驱动增益有限且输出控制不及时，导致流量管停止振动(后面简称停振)，无法测量。

(5) 价格较高，大部分传感器尺寸较大，质量较大。

科氏质量流量计的优缺点如表 1.3.1 所示。

表 1.3.1　科氏质量流量计的优缺点

优点	同时测量质量流量、温度和密度等多个物理参数
	测量精度高、重复性好和量程比宽
	适用不同介质(油、水、气)和不同工况(单相流、两相流)
	对流体流速分布不敏感，无上下游直管段要求
	振幅小、无阻挡部件和便于维护保养
缺点	易受外界振动影响，安装固定要求高
	零点稳定性易受材料特性和温度影响
	测量低密度介质时，相位差较小，信号处理较为困难
	模拟驱动式科氏质量流量计无法测量多相流
	价格较高、质量较大和传感器尺寸较大

科氏质量流量计的主要应用范围有：

(1) 要求高精度直接测量流体质量流量的场所。

(2) 对于价格高的添加剂的流量控制。

(3) 在贸易结算或经济核算的场所。

(4) 要求严格控制化学反应中原料配比的场所。

(5) 对有卫生要求的食品、制药等行业的流量计量。

(6) 要求测量高黏度的液体、浆液、两相混合液等非牛顿体流量的场所。

1.4　面临的问题

科氏质量流量计已经成为当前发展最为迅速的流量测量仪表，具有广阔的应用前景。但是，科氏质量流量计的发展面临以下难题。

(1) 提高变送器的抗干扰能力、拓展量程比。当时，国内科氏质量流量计生产厂家大都采用传统模拟计数的信号处理方法，这种方法易受噪声干扰，对硬件电路要求高，对小流量测量精度不高，限制了量程比，例如，国内的科氏质量流量计精度一般为 0.15 级，在达到 0.1 级时，量程比也仅为 12 : 1。国内迫切要求研究数字式科氏质量流量变送器，制造出拥有自主知识产权的高精度变送器。

(2) 实现对高频信号、微小相位差的测量。微弯形科氏质量流量管与 U 形管、Ω 形管、倒 △ 形管相比，具有体积小、便于安装的特点，且不易产生介质残留，避免了附加误差，受到用户的青睐；同时，微弯形流量管的振动频率较高(一般在300Hz 以上，而 U 形管为 70～120Hz)，同工业现场一般的振动频率差距较大，因而便于将传感器信号和噪声区分开来。但其带来的挑战也是明显的：信号频率较高，当采用数字信号处理方法时，为保证测量精度，需要用较高的采样频率去采集传感器信号，导致方法的计算量增大，如何实时实现方法是一个难题；同时因为工艺结构，流量管的振幅较小，两路信号的相位差与 U 形管、Ω 形管、倒 △ 形管相比更小(如 U 形管最大流量对应的相位差为 3°，而微弯形流量管最大流量对应的相位差仅为 0.5°左右)，如何精确测量该微小的相位差是又一个难题。

(3) 实现对两相流的测量。对两相流的测量是科氏质量流量计发展面临的国际难题，目前国内科氏质量流量变送器采用模拟驱动技术，在两相流发生时，流量管的阻尼比迅速增大，模拟驱动技术因驱动增益有限且控制方法简单，无法维持流量管的正常振动，此时需要采用数字驱动技术来提高变送器系统的驱动性能；另外，两相流发生时，传感器信号亦会发生突变，并且在测量两相流时，流量计本身就会引入很大的流量测量误差，如何实时跟踪传感器信号的变化、建立两相流下传感器信号模型、研究两相流测量的误差修正方法，是非常重要的。

(4) 实现变送器的数字化、智能化。在高精度实现科氏质量流量计数字信号处理方法的同时，还应实现仪表的各种功能，如测量结果输出、状态自诊断、零点自校准、掉电自动保存数据、良好的人机接口界面、远程控制等。

为此，近年来国内外学者和单位在信号建模[12-16]、信号处理方法[17-26]、驱动技术[27-32]和气液两相流测量误差修正方法及实现[33-37]方面做了大量的研发工作。本书将重点介绍作者及其带领的课题组在这些方面的研究成果。

参 考 文 献

[1] 李传经, 严明. 正确评价科里奥利质量流量计[J]. 自动化仪表, 1992, 13(8): 19-26.

[2] Romano P. Coriolis mass flow rate meter having a substantially increased noise immunity: US 4934196[P]. 1990-6-19.

[3] 徐科军, 何卫民, 陈荣保. 自动化仪表中流量测量新方法探讨——科里奥利质量流量计[J]. 合肥工业大学学报, 1995,18(2): 148-153.

[4] Hiroyuki Y. Phase difference measuring apparatus and flowmeter thereof, European patent application: EP 0702212A2[P]. 1996-3-20.

[5] Derby H V, Bose T, Rajan S. Method and apparatus for adaptive line enhancement in Coriolis mass flow meter measurement: US5555190[P]. 1996-9-10.

[6] Anklin M, Drahm W, Rieder A. Coriolis mass flowmeters: Overview of the current state of the art and latest research[J]. Flow Measurement and Instrumentation, 2006, 17(6): 317-323.

[7] Reizner J. Coriolis-the almost perfect flowmeter[J]. Computing and Control Engineering, 2003, 14(4): 28-33.

[8] Wang T, Baker R. Coriolis flowmeters: A review of developments over the past 20 years, and an assessment of the state of the art and likely future directions[J]. Flow Measurement and Instrumentation, 2014, 40: 99-123.

[9] Henry M P, Clarke D W, Archer N, et al. A self-validating digital Coriolis mass-flow meter: An overview[J]. Control Engineering Practice, 2000, 8(5): 487-506.

[10] 徐科军, 吕迅竑, 陈荣保. 基于 DFT 的科氏流量计信号处理方法[J]. 中国科技大学学报, 1998, 28(专辑): 180-183.

[11] 徐科军. 基于 DSP 的涡街流量计和科氏质量流量计二次仪表[J]. 石油工业技术监督, 2001, 17(7) : 1-3.

[12] 倪伟, 徐科军. 面对时变信号的科里奥利质量流量计的信号处理方法研究[J]. 仪器仪表学报, 2005, 26(4): 358-364.

[13] 徐科军, 倪伟, 陈智渊. 基于时变信号模型和格型陷波器的科氏流量计信号处理方法[J]. 仪器仪表学报, 2006, 27(6): 596-601.

[14] 倪伟, 徐科军. 基于时变信号模型和归一化格型陷波器的科氏流量计信号处理方法[J]. 计量学报, 2007, 28(3): 243-247.

[15] 徐科军. 流量传感器信号建模、处理及实现[M]. 北京: 科学出版社, 2011.

[16] Zhang J G, Xu K J, Dong S, et al. Mathematical model of time difference for Coriolis flow sensor output signals under gas-liquid two-phase flow[J]. Measurement, 2017, 95: 345-354.

[17] Hiroyuki Y. Phase difference measuring apparatus for measuring phase difference between input signals, European patent application: EP 0791807A2[P]. 1997-8-27.

[18] 徐科军, 于翠欣, 苏建徽, 等. 科氏质量流量计数字信号处理系统: ZL00108414.3[P]. 2002-12-4.

[19] 徐科军, 姜汉科, 苏建徽, 等. 科氏流量计信号处理中频率跟踪方法的研究[J]. 计量学报, 1999, 19(4): 304-307.

[20] Henry M P, Clarke D W, Vignos J H. Digital flowmeter. US2002/0038186 A1[P]. 2002-3-28.

[21] 徐科军, 于翠欣, 苏建徽, 等. 基于 DSP 的科氏质量流量计信号处理系统[J]. 仪器仪表学报, 2002, 23(2): 170-175, 178.

[22] 郑德智, 樊尚春, 邢维巍. 科氏质量流量计相位差检测新方法[J]. 仪器仪表学报, 2005, 26(5): 441-443, 477.

[23] 牛鹏辉, 涂亚庆, 张海涛. 科里奥利质量流量计的数字信号处理方法现状分析[J]. 自动化与仪器仪表, 2005, (4): 1-3,6.

[24] 李叶, 徐科军, 朱志海, 等. 面向时变的科里奥利质量流量计信号的处理方法研究与实现[J]. 仪器仪表学报, 2010, 31(1): 8-14.

[25] 张建国, 徐科军, 方正余, 等. 数字信号处理技术在科氏质量流量计中的应用[J]. 仪器仪表学报, 2017, 38(9): 2087-2102.

[26] 徐科军, 张建国, 乐静, 等. 基于复系数滤波的科氏质量流量计信号处理方法: ZL201711287174.0[P]. 2019-10-1.

[27] Baker R C. Coriolis flowmeters: Industrial practice and published information[J]. Flow Measurement and Instrumentation, 1994, 5(4): 229-246.

[28] 徐科军, 于翠欣, 苏建徽, 等. 科里奥利质量流量计激振电路的研制[J]. 合肥工业大学学报, 2000, 23(1): 37-40.

[29] Zamora M, Henry M P. An FPGA implementation of a digital Coriolis mass flow metering drive system[J]. IEEE Transactions on Industrial Electronics, 2008, 55(7): 2820-2831.

[30] 李苗, 徐科军, 侯其立, 等. 数字科氏质量流量计正负阶跃交替激励启振方法[J]. 仪器仪表学报, 2010, 31(1): 172-177.

[31] 王帅, 郑德智, 樊尚春, 等. 科氏质量流量计全数字闭环系统的设计与实现[J]. 北京航空航天大学学报, 2011, 37(7): 844-848, 854.

[32] Hou Q L, Xu K J, Fang M, et al. Development of Coriolis mass flowmeter with digital drive and signal processing technology[J]. ISA Transactions, 2013, 52(5): 692-700.

[33] Liu R P, Fuent M J, Henry M P, et al. A neural network to correct mass flow errors caused by two-phase flow in a digital Coriolis mass flowmeter[J]. Flow Measurement and Instrumentation, 2001, 12(1): 53-63.

[34] Henry M, Tombs M, Duta M , et al. Two-phase flow metering of heavy oil using a Coriolis mass flow meter: A case study[J]. Flow Measurement and Instrumentation, 2006, 17(6): 399-413.

[35] 朱小倩, 王微微, 戴永寿. 科氏流量计应用于气液两相流测量的实验研究[J]. 仪表技术与传感器, 2011, (3): 25-27, 43.

[36] Hou Q L, Xu K J, Fang M, et al. Gas-liquid two-phase flow correction method for digital CMF[J]. IEEE Transactions on Instrumentation and Measurement, 2014, 63(10): 2396-2404.

[37] Yue J, Xu K J, Liu W, et al. SVM based measurement method and implementation of gas-liquid two-phase flow for CMF[J]. Measurement, 2019, 145: 160-171.

第2章 科氏质量流量计信号模型

建立流量计的信号模型可以描述流量计的工作原理，揭示流量计输出信号的特征；可以评价流量计的性能，指明改进的方向；可以为研究和选择合适的信号处理方法与激励方法提供依据和输入。科氏质量流量传感器输出信号为两路正弦信号，而正弦信号可以由相位(差)、频率和幅值三个特征量进行完备表征，因此建立科氏质量流量计信号模型的关键就是建立正弦信号三个特征量的数学模型。在不同测量工况下，科氏质量流量传感器输出信号呈现出不同的特征，此时，需要根据信号特征建立特定应用场合下的信号数学模型，从而为不同测量工况下的最佳信号处理方法的选择奠定基础。

为此，本章针对单相流测量，进行不同管形和口径传感器的单相流实验，根据单相流下传感器输出信号，提取信号的幅值、频率和相位差三个特征量。分析特征量的变化特点，提出模型初值游动项权值的确定方法，改进信号随机游动模型。针对批料流测量，进行批料流实验，根据批料流下传感器输出信号，提取信号的幅值、频率和相位差三个特征量。分析特征量的变化特点，建立批料流开启时特征量变化的信号模型和函数解析表达式，并以此为依据对突变信号模型进行改进。针对压缩天然气加气机实际应用中流量计量的特点，建立科氏质量流量传感器加气过程的信号模型。针对尿素机加注过程中科氏质量流量传感器的输出信号，建立其在加注过程中相位差变化的信号模型。针对气液两相流测量，进行气液两相流实验，根据气液两相流下传感器输出信号，提取信号的幅值、频率和相位差三个特征量时间序列。建立特征量时间序列的自回归滑动平均(auto-regressive moving average，ARMA)模型，得到信号模型。

2.1 单相流信号模型

单相流按照被测流体的压缩性可分为不可压缩流体(液体)和可压缩流体(气体)两大类。当科氏质量流量计用于单相流测量时，被测流体介质单一，使得管道中流体的流形稳定和流速均匀，不存在不同介质之间的界面扰动，对传感器的冲击很小。此时，流量传感器的输出信号较为平稳，具体表现为相位差、频率和幅值三个特征量围绕固定均值进行上下微小波动。

2.1.1　随机游动模型

根据单相流下科氏质量流量传感器输出信号呈现出的特点，倪伟等[1-3]提出采用随机游动模型来描述单相流下的输出信号。

$$x(n) = A(n)\sin(\omega(n) + \phi(n)) + \sigma_e e(n) \tag{2.1.1}$$

式中，$e(n)$ 是均值为 0、方差为 1 的高斯白噪声；幅值 $A(n)$、频率 $\omega(n)$ 和相位 $\phi(n)$ 均按照随机游动模型变化，即

$$A(n) = A(n-1) + \sigma_A e_A(n) \tag{2.1.2}$$

$$\omega(n) = \omega(n-1) + \sigma_\omega e_\omega(n) \tag{2.1.3}$$

$$\phi(n) = \phi(n-1) + \sigma_\phi e_\phi(n) \tag{2.1.4}$$

式中，$e_A(n)$、$e_\omega(n)$ 和 $e_\phi(n)$ 均是均值为 0、方差为 1 的高斯白噪声，其变化幅度分别由 σ_A、σ_ω 和 σ_ϕ 控制，且 $e(n)$、$e_A(n)$、$e_\omega(n)$ 和 $e_\phi(n)$ 之间互不相关。

2.1.2　模型改进

李叶等[4]通过对平稳单相流下传感器实际输出信号的研究发现，相位变化的幅度应低于给定相位的 1%，频率变化的幅度应低于振动频率的 0.01%，并提出了改进的随机游动模型来描述传感器输出信号。

$$\omega(n) = \lambda_\omega[\omega(n-1) + \sigma_\omega e_\omega(n)] \tag{2.1.5}$$

$$\phi(n) = \lambda_\phi[\phi(n-1) + \sigma_\phi e_\phi(n)] \tag{2.1.6}$$

式中，λ_ω 和 λ_ϕ 分别控制 $\omega(n)$ 和 $\phi(n)$ 的变化幅度。

随机游动模型的相位差、频率和幅值变化情况分别如图 2.1.1～图 2.1.3 所示。随机游动模型合成的正弦信号如图 2.1.4 所示。

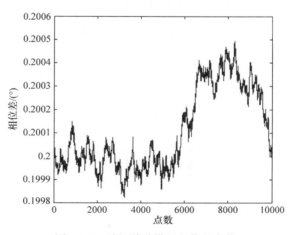

图 2.1.1　随机游动模型相位差变化

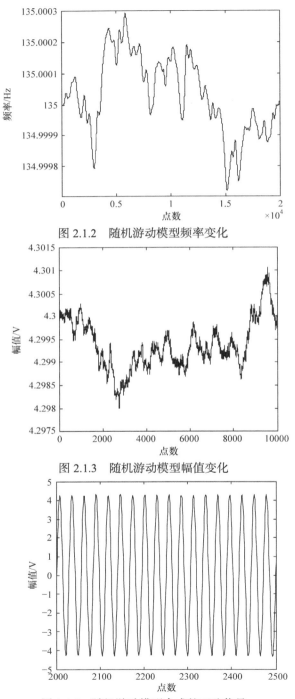

图 2.1.2　随机游动模型频率变化

图 2.1.3　随机游动模型幅值变化

图 2.1.4　随机游动模型合成的正弦信号

随机游动模型可以在一定程度上表征单相流下传感器输出信号的特点，但是存在以下问题：一是没有给出模型初值的确定方法；二是模型中随机游动项的权值大小直接决定了各个特征量游动范围的大小，而模型并未给出权值大小的确定方法。不同管形和口径的科氏质量流量传感器由于其固有频率、最佳振幅、线性范围等众多的差异性，使得其在单相流下的输出信号模型呈现出不同的初值和随机游动项的权值。

2.1.3　模型再改进

张建国等[5]进行了单相流测量实验，采集不同厂家生产的不同管形和口径的科氏质量流量传感器在单相流下的实时输出信号。不同类型科氏质量流量传感器参数如表 2.1.1 所示，其中，包括美国微动公司、上海一诺仪表有限公司(简称上海一诺)、太原太航流量工程有限公司(简称太原太航)和乐清市东仪成套有限公司(简称乐清东仪)。

表 2.1.1　不同类型科氏质量流量传感器参数

厂家	参数	
	口径	管形
美国微动公司	DN6	Ω 形
	DN25	Ω 形
上海一诺	DN15	微弯形
	DN25	微弯形
太原太航	DN25	U 形
乐清东仪	DN15	U 形

为了提取单相流下科氏质量流量传感器的输出信号特征，采集两路磁电式速度传感器输出信号，对信号不进行任何的预处理，直接提取两路信号的相位差、频率和幅值这三个特征量。分别画出不同传感器特征量变化的情况，下面仅给出美国微动公司 DN6(公称直径 6mm) Ω 形管的特征，如图 2.1.5 所示。

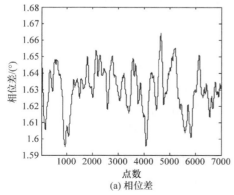

(a) 相位差

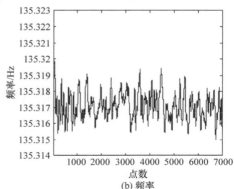

(b) 频率

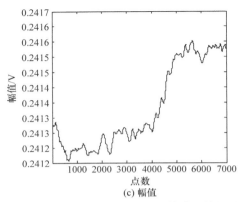

图 2.1.5　美国微动公司科氏质量流量传感器特征量变化图

可见，在测量单相流时，不同口径和不同管形的科氏质量流量传感器输出信号的特征量均呈现出围绕固定值上下随机游动的特征。但是，由于不同传感器的振动频率、最佳振幅、Q 值高低等参数的差异，随机游动的特征量呈现出不同的游动均值和游动范围。不同类型科氏质量流量传感器特征量游动均值和游动范围如表 2.1.2 所示。

表 2.1.2　不同类型科氏质量流量传感器特征量游动均值和游动范围

类型	参数					
	相位差		频率		幅值	
	游动均值/(°)	游动范围/%	游动均值/Hz	游动范围/%	游动均值/V	游动范围/%
美国微动公司 DN6 Ω 形	1.630033	4.240211	135.3171	0.005494	0.241381	0.164599
美国微动公司 DN25 Ω 形	1.582385	1.064746	102.4434	0.005545	0.427512	0.015234
上海一诺 DN15 微弯形	0.388245	1.243637	332.3521	0.004899	0.175999	0.005403
上海一诺 DN25 微弯形	0.319035	1.320741	230.7626	0.006313	0.211197	0.106935
太原太航 DN25 U 形	0.055151	1.286697	88.14756	0.004795	0.402431	0.006806
乐清东仪 DN15 U 形	1.200060	4.732178	108.7537	0.053827	0.251394	1.623149

由表 2.1.2 可见，在测量单相流时，不同口径和不同管形的科氏质量流量传感器输出信号特征量的游动均值和游动范围均有较大差别。相位差游动范围最大值

与最小值相差约为 3.668%；频率游走范围最大值与最小值相差约为 0.049%；幅值游走范围最大值与最小值相差约为 1.617%。因此，在建立不同口径和不同管形的传感器单相流下随机游动模型时，要根据传感器不同特性选取不同的模型初值和随机游动项的权值。模型初值可以选取为传感器特征量游动均值，随机游动项的权值则由特征量游动范围确定。

2.2　批料流信号模型

按照批料流开始阶段流量管是否为充盈状态，批料流分为满管短时批料流和空-满-空批料流两大类。其中，单一介质流体从满管状态下的零流量到最大流量、再回到零流量的满管短时批料流，为工业中最为常见的一种批料流工况，如加气机加气、药品和食品的灌装等。当批料流发生时，流量的迅速变化使得科氏质量流量传感器两路输出信号的相位差迅速发生变化。当批料流开始时，相位差由零值迅速增大为最大值；当批料流结束时，相位差由最大值迅速减小为零值。同时，当批料流开始时，流量迅速通过流量管使得管壁升温，导致传感器输出信号的频率发生较为缓慢的变化。

2.2.1　突变信号模型

刘翠等[6]提出了突变信号模型来描述批料流下科氏质量流量传感器的输出信号。

$$x(n) = A(n)\sin(\omega(n) + \phi(n)) \tag{2.2.1}$$

式中，$A(n)$ 为幅值，是常数项；$\omega(n)$ 为频率，按照缓变模型变化；$\phi(n)$ 为相位，按照突变模型变化。

$$A(n) = C \tag{2.2.2}$$

$$\omega(n) = \begin{cases} C_1, & 0 < n \leqslant N_1 \\ \arctan(f(n)), & N_1 < n \leqslant N_2 \\ C_2, & n > N_2 \end{cases} \tag{2.2.3}$$

$$\phi(n) = \begin{cases} 0, & 0 < n \leqslant N_1 \\ C_{\max}, & n > N_1 \end{cases} \tag{2.2.4}$$

突变信号模型的相位差和频率变化分别如图 2.2.1 和图 2.2.2 所示。突变信号模型合成的正弦信号如图 2.2.3 所示。

以上是采用极限的思想建立突变信号模型，即认为在批料流开启时刻，相位差发生阶跃突变。但是，在实际的批料流过程中，阀门开启和流体流速变化均需

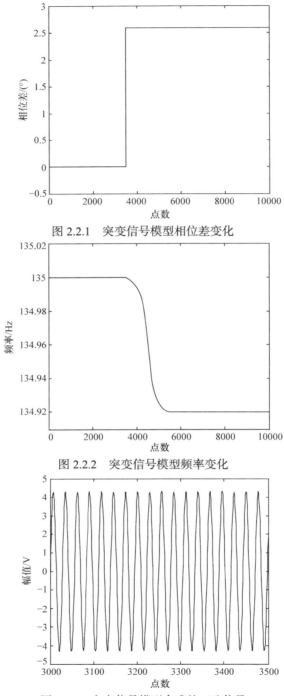

图 2.2.1　突变信号模型相位差变化

图 2.2.2　突变信号模型频率变化

图 2.2.3　突变信号模型合成的正弦信号

要一定的时间,因此在批料流开启时刻,用阶跃突变来描述相位差变化情况不准确。同时,突变信号模型只考虑了相位差和频率这两个变化较为明显的特征量,而认为信号幅值为常数且保持不变,这与批料流下传感器实际输出信号特征也有出入,因此对突变信号模型进行改进。

2.2.2 信号模型改进

张建国[7]针对上海一诺生产的 DN25 微弯形科氏质量流量传感器,以气动阀为控制流量启停的阀门,设计时长为 10s 的批料流实验,进行 4 次重复实验,并采集批料流下两路传感器的输出信号。

在批料流发生时,输出信号的相位差、频率和幅值均会发生一定的变化,同时,在相同条件下进行多次实验,特征量的变化呈现出良好的重复性与一致性。在批料流开启之后,相位差并不是由最小值直接跃变为最大值,而是逐渐变大的,经过一段时间后达到最大值,这与实际流量变化相符。在批料流开启之后,流体与流量管发生摩擦,管壁有一定程度的升温,使得频率发生小范围的缓慢下降。相比于静态流体时的驱动,在批料流开启之后,流体流动会对传感器带来微小的冲击,从而消耗一部分驱动能量,使得传感器振动幅值略微下降,且随机游动范围增大。

在相同条件下的多次实验表明,特征量的变化呈现出良好的重复性与一致性。因此,对单次实验过程中批料流开启时的特征量变化进行相应的分析研究。为了得到特征量变化的解析表达式,对变化的特征量进行曲线拟合。当批料流开启时,特征量变化的原始曲线和拟合曲线分别如图 2.2.4~图 2.2.6 所示。

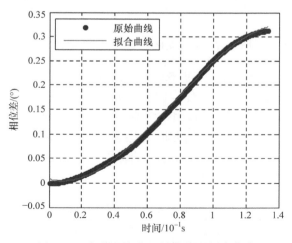

图 2.2.4 相位差变化原始曲线和拟合曲线

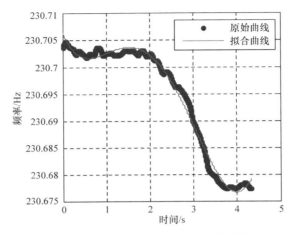

图 2.2.5　频率变化原始曲线和拟合曲线

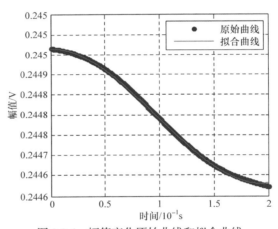

图 2.2.6　幅值变化原始曲线和拟合曲线

由图 2.2.4~图 2.2.6 可知，多项式的拟合曲线与原始曲线基本吻合。为了定量检验拟合曲线与原始曲线的吻合程度，分别利用残差平方和(residual sum of squares，RSS)、确定系数(R-square)和均方根误差(root mean squared error，RMSE)三个指标来考核。残差平方和与均方根误差越接近 0，说明拟合曲线与原始曲线吻合程度越高。确定系数越接近 1 说明拟合曲线与原始曲线吻合程度越高。拟合曲线的吻合程度考核结果如表 2.2.1 所示。

表 2.2.1　拟合曲线的吻合程度考核结果

指标	RSS	R-square	RMSE
相位差	0.03342	0.9986	0.004092

指标	RSS	R-square	RMSE
频率	0.06471	0.9904	0.0009978
幅值	$1.344×10^{-8}$	0.9997	$2.118×10^{-6}$

由表 2.2.1 可见，三个特征量的 RSS<0.07、RMES<0.005、R-square>0.99，表明拟合曲线与原始曲线均具有较好的吻合程度，能够表征原始曲线的变化特征。

当批料流开启时，相位差、频率和幅值变化曲线拟合的多项式解析表达式为

$$\phi(t) = -0.2598t^3 + 0.5933t^2 - 0.09503t + 0.008529 \tag{2.2.5}$$

$$\omega(t) = 0.001249t^4 - 0.01026t^3 + 0.02391t^2 - 0.01884t + 230.7 \tag{2.2.6}$$

$$A(t) = 9.577×10^{-5}t^3 - 0.0002813t^2 + 1.329×10^{-5}t + 0.245 \tag{2.2.7}$$

因此，批料流下的信号模型可以改进为

$$x(n) = A(n)\sin(\omega(n) + \phi(n)) + \sigma_e e(n) \tag{2.2.8}$$

式中，$e(n)$ 是均值为 0、方差为 1 的高斯白噪声；幅值 $A(n)$、频率 $\omega(n)$ 和相位 $\phi(n)$ 的解析表达式分别如式(2.2.9)～式(2.2.11)所示。

$$A(n) = \begin{cases} A(n-1) + \sigma_{A1}e_A(n), & 0 < n \leqslant N_1 \\ p_{A1}n^3 + p_{A2}n^2 + p_{A3}n + p_{A4}, & N_1 < n \leqslant N_2 \\ A(n-1) + \sigma_{A2}e_A(n), & n > N_2 \end{cases} \tag{2.2.9}$$

$$\omega(n) = \begin{cases} \omega(n-1) + \sigma_{\omega 1}e_\omega(n), & 0 < n \leqslant N_1 \\ p_{\omega 1}n^4 + p_{\omega 2}n^3 + p_{\omega 3}n^2 + p_{\omega 4}n + p_{\omega 5}, & N_1 < n \leqslant N_2 \\ \omega(n-1) + \sigma_{\omega 2}e_\omega(n), & n > N_2 \end{cases} \tag{2.2.10}$$

$$\phi(n) = \begin{cases} \phi(n-1) + \sigma_{\phi 1}e_\phi(n), & 0 < n \leqslant N_1 \\ p_{\phi 1}n^3 + p_{\phi 2}n^2 + p_{\phi 3}n + p_{\phi 4}, & N_1 < n \leqslant N_2 \\ \phi(n-1) + \sigma_{\phi 2}e_\phi(n), & n > N_2 \end{cases} \tag{2.2.11}$$

式中，$e_A(n)$、$e_\omega(n)$ 和 $e_\phi(n)$ 均是均值为 0、方差为 1 的高斯白噪声，其变化幅度分别由 σ_{A1}、σ_{A2}、$\sigma_{\omega 1}$、$\sigma_{\omega 2}$、$\sigma_{\phi 1}$ 和 $\sigma_{\phi 2}$ 控制，权值 σ 的大小由随机游动范围大小确定，且 $e(n)$、$e_A(n)$、$e_\omega(n)$ 和 $e_\phi(n)$ 之间互不相关；多项式系数 p 可由曲线拟合确定。

以上海一诺 DN25 微弯形科氏质量流量计测量批料流为例，其最小流量为 0kg/min，最大流量为 97kg/min，构建出改进的批料流下的信号模型，两路信号的相位差、频率、幅值以及合成的正弦信号如图 2.2.7 所示。

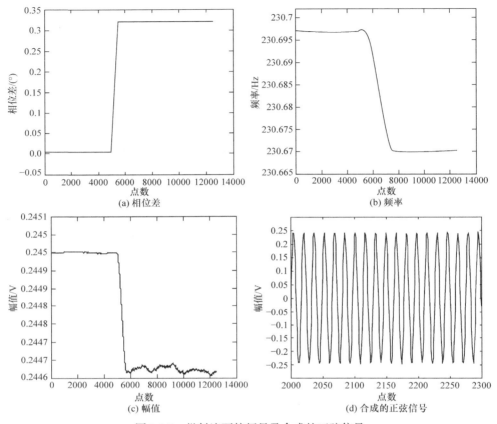

图 2.2.7　批料流下特征量及合成的正弦信号

2.3　加气机加气过程信号模型

　　科氏质量流量计作为压缩天然气(compressed natural gas，CNG)加气机流量计量的核心部件，不易受流体黏度、温度和压力的影响，从理论上讲，可以实现高精度的直接质量流量测量。但是，科氏质量流量计测量 CNG 在信号处理方面存在难点。一方面，CNG 加气机的计量是一种瞬变流量的计量，当加气机开启时，流量从零突然增至最大，由于流量是由气源与气瓶中的压差决定的，随着压差的减小，流量会缓慢下降，直至加气机停止加气。为了保证加气过程的顺利进行，目前市场上多采用三线加气机，从而实现三线压力(低压-中压-高压)的自动切换，这种加气机开启时瞬变流量计量和加气过程中多次压力切换造成的流量突变，都对科氏质量流量计的响应速度提出了更高的要求。另一方面，一般用于给 CNG 汽车加气的标准型加气机的流量范围为 0.64～20kg/min，在实际加气过程的后半段流量会低至

0.8kg/min，此时量程比达到 25：1，相比于普通科氏质量流量计水流量测量 12：1 的量程比，加气机测量的量程比更宽，测量难度更大。因此，保证小流量的测量精度也是科氏质量流量计在 CNG 加气机中应用的关键之一。

本节针对 CNG 加气机实际应用中流量计量的特点，建立科氏质量流量传感器加气过程的信号模型，以便研究合适的信号处理方法，以满足加气机测量的需要。具体地，对整个加气过程信号的特征量，如相位差、频率等的变化规律进行分析[8]。

2.3.1　实验

当科氏质量流量计应用于稳态单相液体的测量时，在某一流量点的测量过程中流量是较为稳定的，此时，传感器输出信号的相位和频率围绕稳定均值在微小范围内波动。但是，在 CNG 加气机的应用中，随着气源与气瓶中压差的变化，在加气的整个过程中流量一直在发生变化，传感器输出信号的相位和频率等参数在加气的整个过程中出现大幅度变化。为了更准确地获取传感器输出信号的变化规律，针对国内某企业生产的 DN15 Ω 形科氏质量流量传感器，匹配作者课题组研制的变送器，进行加气机测量实验。在实验过程中，科氏质量流量变送器中的模数转换器(analog-to-digital converter，ADC)实时采集科氏质量流量传感器的输出信号，经过两级带通滤波环节对信号进行预处理，消除信号中的噪声干扰，再采用格形滤波+离散时间傅里叶变换(discrete time Fourier transform，DTFT)方法处理滤波后的信号，计算出信号的频率和相位差等关键量。一方面，变送器将实时计算出来的相位差、频率和流量等结果显示在液晶屏幕上，以便人机交互；另一方面，变送器将实时计算的相位差、频率、流量等关键量数据，通过数字信号处理器(digital signal processor，DSP)的串行通信接口(serial communication interface，SCI)上传到上位机进行保存，用于建立科氏质量流量传感器输出信号的模型。在实际加气过程中，变送器上传到上位机保存的信号相位差变化如图 2.3.1(a)所示，信号频率变化如图 2.3.1(b)所示。

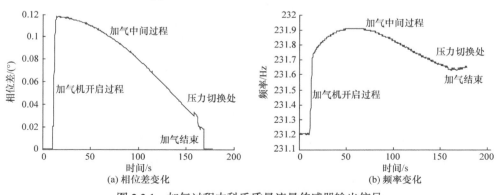

图 2.3.1　加气过程中科氏质量流量传感器输出信号

2.3.2 建模

由图 2.3.1 可知，在加气机开启过程中，科氏质量流量计的频率和相位差都会迅速增大，近似斜坡变化：相位差从 0° 变化至 0.12°，频率从 231.2Hz 变化至 231.7Hz。随着气体不断地充入气瓶中，气源与气瓶中的压差越来越小，流量缓慢下降，相位差也慢慢下降。信号频率直接反映 CNG 密度的变化，CNG 密度越大，信号频率越低。CNG 密度与压力和温度有关，一般情况下，温度越低，CNG 密度越大；而压力越小，CNG 密度越小[9]。一般完成一次加气过程时间较短，温度变化不会很大，所以主要考虑压力对 CNG 密度的影响。CNG 密度发生变化，必然造成科氏质量流量计输出信号的频率发生变化。在加气开始时，管道内充满气体，压力最大，CNG 密度最大，频率最低；当加气结束时，气源压力和气瓶中的压力基本平衡，CNG 密度大，频率低。因此，在加气的过程中，压力是一个先减小后增大的过程，CNG 密度先下降后上升，频率先上升后下降，在某一时刻达到频率的峰值点。

加气机的控制系统将根据科氏质量流量计测得的流量值来控制高、中、低压电磁阀。当流量下降到加气机控制系统设置的进行压力切换的流量值时，加气机通过顺序控制装置自动进行压力切换，与加气机开启过程相似，相位差先突变再慢慢下降，但是相较于加气机开启过程，相位差变化的幅度很小；而频率的变化正好与相位差的变化相反。

由图 2.3.1 可见，在加气机开启过程中，流量从零增长到最大，相位差和频率的变化需要一定的时间，但是时间较为短暂，可以用斜坡函数来表示；而在加气的过程中，相位差慢慢下降，频率先上升后下降，可以用三次函数来描述。式(2.3.1)是科氏质量流量计输出信号的相位差随时间变化的函数模型，式(2.3.2)为频率随时间变化的函数模型。

$$\text{phadiff}(t) = \begin{cases} 0, & t \leqslant t_1 \\ k_1 t + h_1, & t_1 < t \leqslant t_2 \\ a_1 t^3 + b_1 t^2 + c_1 t + d_1, & t_2 < t \leqslant t_3 \\ 0, & t > t_3 \end{cases} \tag{2.3.1}$$

$$\text{fre}(t) = \begin{cases} \text{fre1}, & t \leqslant t_1 \\ k_2 t + h_2, & t_1 < t \leqslant t_2 \\ a_2 t^3 + b_2 t^2 + c_2 t + d_2, & t > t_2 \end{cases} \tag{2.3.2}$$

式中，t 为时间(min)；t_1 为加气机开启时刻；t_2 为气体流量达到最大的时刻；t_3 为加气机停止时刻；phadiff 为相位差；fre 为频率；fre1 为加气机开启前管道充满气体时的频率，即最高压力时的满管频率。

为了验证斜坡加三次函数模型的普适性，本节进行了 5 次加气机测量实验，用 DSP 计算的相位差和频率数据，使用曲线拟合方法建立了科氏质量流量计输出信号的模型。其中，相位差模型如图 2.3.2(a)中实曲线所示，频率模型如图 2.3.2(b)中实曲线所示。可见，模型信号与实际信号基本吻合，信号模型能很好地描述实际情况。由于是 CNG 测量，不确定因素较多，如初始气源压力不同、温度变化和一些其他外界干扰等，所以相位差和频率模型中的系数在不同实验中略有变化，但是都满足斜坡加三次函数的形式。5 次实验下相位差和频率的系数如表 2.3.1所示。

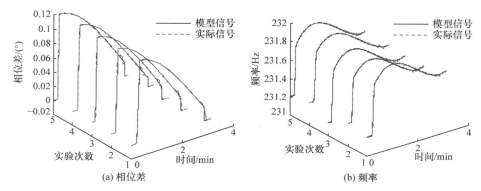

图 2.3.2　模型信号与实际信号比较

表 2.3.1　5 次实验下相位差和频率的系数

参数	k	h	a	b	c	d
相位差	1.0539	−0.2263	0.0031	−0.0254	0.0142	0.1149
	1.2378	−0.1806	0.0035	−0.0262	0.0102	0.1174
	1.6648	−0.1980	0.0029	−0.0239	0.0079	0.1178
	1.3514	−0.2395	0.0034	−0.0263	0.0130	0.1163
	2.1644	−0.3809	0.0031	−0.0249	0.0112	0.1163
频率	7.8536	229.5978	0.0845	−0.4949	0.7461	231.5971
	7.7786	230.0549	0.0806	−0.4521	0.6301	231.6164
	8.3250	230.1125	0.0880	−0.4873	0.6772	231.5902
	6.2550	230.0588	0.0662	−0.4050	0.6073	231.6418
	10.0029	229.3310	0.0882	−0.5005	0.7317	231.5937

科氏质量流量计输出信号的相位差和频率模型表明，在加气的过程中，相位差和频率一直是变化的，且相位差较小。这对科氏质量流量计信号处理方法的响

应速度和小相位差测量精度都提出了更高的要求。

2.4 尿素机加注过程信号模型

柴油燃料作为一项机动车常用能源，在给人们带来便利、给社会带来巨大效益的同时，柴油尾气排放污染的问题也越来越严重。目前，已出现多种解决尾气排放的技术方案，我国柴油车多采用选择性催化还原(selective catalytic resuction，SCR)法解决尾气排放问题。通过尿素机加注车用尿素溶液，可与汽车尾气中的NO_x发生反应，生成无污染的N_2和H_2O，从而达到排放要求。准确计量尿素流量是尿素机计费的核心问题。市场上绝大部分尿素机所用的流量计均为容积式流量计。容积式流量计的计量较为准确，但是当被测气体或液体受温度或压力影响而改变体积时，易造成较大误差。对尿素机而言，其在寒冷地区计量时易受低温结晶影响；在温度变化较大的地区，由于受到热胀冷缩的影响而造成较大误差。科氏质量流量计能够提供高精度和直接的质量流量测量，其测量准确且不受温度与压力变化的影响。为了将科氏质量流量计应用到尿素机上，首先要解决尿素机加注液体时的信号处理难点。一方面，尿素机是用启停法加注尿素的，由一开始的零流量骤增到最大流量，保持最大流量一段时间后，由加注人员调整加注枪来减小流量，末尾阶段最小流量由机器自动加注，多次的流量切换给科氏质量流量计的动态响应速度提出了较高要求。另一方面，为了将科氏质量流量计安装在尿素机上，要求科氏质量流量计的体积小。

本节针对尿素机加注过程中科氏质量流量传感器的输出信号，建立加注过程中相位差变化的数学模型[10]；根据该模型，分析尿素机加注过程中的流量变化规律，以便研究和选择合适的信号处理方法。

2.4.1 加注过程

为了分析尿素机加注过程中流量的变化，采集加注全过程中两路传感器的原始信号，并分析两路原始信号相位差的变化情况。

在理想状态下，科氏质量流量计两路速度传感器输出信号为频率和幅值均相等的正弦信号，它们之间的相位差反映了液体的质量流量。当科氏质量流量计进行单相流量标定时，在各稳定流量点传感器输出信号的相位差均保持微小波动。然而，在标定尿素机时，当其开启而没有加注时，由于离心泵开启，流量会上升到一个较小的波峰，然后回零；在打开加注枪加注时，流量瞬间由零到最大，并保持一段时间；在接近末尾阶段，由加注人员减小流量；在最后阶段，由机器控制至最小流量自动加注。在整个加注过程中，流量多次快速变化，且实际加注现场加注人员不同，每次加注时控制加注枪的动作快慢也不同。如此复杂的流量变化状况，给流量计的准确测量造成了较大困难。为了准确获取传感器输出信号的变化规律，针对瑞士恩德斯豪斯集团(the Endress + Hauser Group，E+H)生产的 DN25 F 型科氏质量流量传感器，匹配作者课题组研制的变送器，进行尿素机测量实验。在实验过程中，使用美国国家仪器(National Instruments，NI)有限公司生产的 USB6255 数据采集卡实时采集传感器输出信号，经过低通滤波环节对 ADC 采集的原始信号进行预处理，消除信号中的高频噪声干扰，然后使用合适的方法计算信号的频率和相位差等关键量。基于 DSP 的科氏质量流量变送器通过串口与 MATLAB 上的图形用户界面通信，将实时计算出来的相位差、频率和流量等结果显示在液晶屏幕上。使用 USB6255 数据采集卡与传感器原始信号线相连，配合 LabVIEW 软件采集两路传感器信号。该数据采集卡有效位数为 16 位，使用 50kHz 的采样频率采集 100s 的原始信号数据。预定加注 20L，总共三个流量挡位，每个流量挡位测试三次。基于成本考虑，用水代替尿素进行测试，也能取得同等效果和实验说服力。

2.4.2　信号建模

采集三个流量挡位(大流量挡位的最大流量为 30L/min、中流量挡位的最大流量为 26L/min、小流量挡位的最大流量为 19L/min)的传感器输出信号，计算出它们的相位差。在每个流量挡位测试了三次，由于每次加注时的流量变化时间点与变化程度不同，所以在每个流量挡位中选取其中一个较为典型的相位差变化情况，如图 2.4.1 所示。然后，对该随时间变化的相位差进行建模。

由图 2.4.1 可知，加注机在开启加注枪后，离心泵开启，而此时加注枪未开启，由于离心泵抽水压力的冲击，会给科氏质量流量计一个较小的流量信号，此时水压

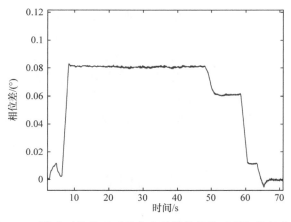

图 2.4.1　滑动平均处理后的大流量挡位加注过程相位差变化

集聚在加注枪口；加注枪开启后，流量瞬间到达预设的三个挡位，保持一段时间较为稳定的流量；在加注到 17L 左右时，加注人员主动减小流量，流量急剧减小；在结束阶段，当加注到接近 20L 时，由加注机以最小流量自动加注，直至加注满 20L。

在忽略较小扰动的情况下，尿素机加注可大致分为三个阶段：①快速上升阶段；②平稳加注阶段；③降流速、关阀门阶段。可以用一次斜坡函数来表示快速上升阶段的相位差；可以用常数来表示平稳加注阶段的相位差；而在降流速、关阀门阶段，由于流量频繁变化，所以无法进行准确描述。具体地，科氏质量流量计的输出信号随时间变化的相位差函数模型如式(2.4.1)所示。以中流量挡位为例，由 t_1 的相位差接近为 0° 变化到 t_2 的 0.07° 左右，是近似斜坡函数的快速上升阶段；由 t_2 到 t_3 维持在 0.07° 左右，是近似常数的平稳加注阶段。

$$\text{phadiff}(t) = \begin{cases} k_1 t + h_1, & t_1 < t < t_2 \\ p_1, & t_2 \leqslant t < t_3 \end{cases} \tag{2.4.1}$$

式中，t 为时间(s)；t_1 为尿素机开启时刻；t_2 为当前挡位流量达到最大的时刻；t_3 为尿素机开始降速时刻；phadiff 为相位差。

三个流量挡位信号模型的系数与流量变化时刻如表 2.4.1 所示。

表 2.4.1　三个流量挡位信号模型的系数与流量变化时刻

流量挡位	k_1	h_1	p_1	t_1/s	t_2/s	t_3/s
大流量挡位	0.0404	−0.2517	0.0812	6.15	8.30	48.05
中流量挡位	0.0329	−0.0424	0.0749	11.30	14.55	61.50
小流量挡位	0.0278	−0.1932	0.0633	6.10	9.25	64.35

由图 2.4.1 可见，流量从零开始迅速增加，到达该挡位的最大值后，保持一段时间，又较快地跳跃下降，最后缓慢降到零。这种动态测量过程，不仅要求科氏质量流量计的响应速度要快，而且信号处理速度要快，更要求小流量的测量精度要高。当不考虑安装空间时，常用的大弯管形科氏质量流量计的工作频率一般在 100Hz 左右，相位差一般在 1° 以上。为了缩小体积，制造厂家选用了微弯形科氏质量流量传感器，其工作频率高，一般在 600Hz 以上，最大相位差在 0.1° 以内。这对信号处理和驱动提出了更高的要求。

2.5　气液两相流实验

科氏质量流量计在测量单相流方面，已产生了很好的效果，并得到了广泛应用。但是，对于气液两相流的测量依然面临难题，尤其是当微弯形科氏质量流量计测量气液两相流时，测量误差更大，更加难以修正。为此，研究微弯形科氏质量流量计在测量气液两相流时的信号变化规律，得到流量信号模型，进而研究气液两相流测量误差模型，以提高气液两相流的测量精度。与单相流比较，气液两相流中液体和气体的相互运动导致复杂多变的流形和强烈的界面扰动，由此形成两相流在时间和空间上固有的波动性，导致传感器输出信号的剧烈波动。由于导致传感器信号波动的因素十分复杂，很难从机理方面进行分析，所以基于大量的实验数据，研究气液两相流下的流量信号模型和测量误差模型。本节设计气液两相流实验装置和实验方案，并进行气液两相流实验[11,12]。

2.5.1　实验装置设计

为了进行气液两相流实验，本节设计了科氏质量流量计多参数测试实验装置(以下简称实验装置或大装置)。该装置采用质量法，以称重装置为标准表，能够对 25mm 及以下口径的科氏质量流量传感器进行气液(空气-水)两相流实验。考虑到研究科氏质量流量计测量气液两相流的前提是其测量单相流的精度和重复性满足要求；同时，科氏质量流量计对流量的测量还会受到流体温度、压力等因素的影响。所以，该套实验装置除了能够进行气液两相流实验以外，还能够进行单相水流量标定实验、液体加热实验和压损实验。

1. 实验装置结构及工作原理

目前，要求科氏质量流量计的测量精度为 0.1 级。为了使实验装置在单相水流量标定实验中能够达到 0.1 级的精度要求，采用质量称重作为标准值。实验装置由两路通道组成，分别为水路循环通道和气路通道。水从水箱中抽出，沿着水路循环通道，流经科氏质量流量传感器，然后流入称重装置，最后流回水箱；气体由空压机产生，通过气路通道，流经气体流量计，经气液混合器与水混合，形成气液两相流。由于科氏质量流量计气液两相流测量误差与传感器的安装方式有关，为了研究科氏质量流量传感器不同安装方式对气液两相流测量误差的影响，在该实验装置上可以实现科氏质量流量传感器水平安装和垂直安装的自由切换。

实验装置通过可编程逻辑控制器(programmable logic controller，PLC)控制各个器件动作，采集各个器件参数，协调完成整个实验流程。水路循环通道主要由水箱、水泵、稳压罐、液体涡轮流量计、气液混合器、差压计、透明模型、被测科氏质量流量计、密度计、换向器、称重装置(由电子秤和称重水箱组成)、气动球阀、手动球阀、管道等组成，气路通道主要由空压机、气体罗茨流量计、气体玻璃浮子流量计等组成。其中，气体流量是通过气体玻璃浮子流量计或气体罗茨流量计来测量的，水流量通过称重装置累积称量。在气液两相流实验中，为了观察水和空气的混合状态，在被测科氏质量流量计的下游设计安装了一个透明模型。在单相水流量标定实验过程中，为了减小水流的脉动，在水路循环中被测科氏质量流量计的上游设计安装了一个旁路式稳压罐。实验装置结构图如图 2.5.1 所示。实验装置实物图如图 2.5.2 所示。

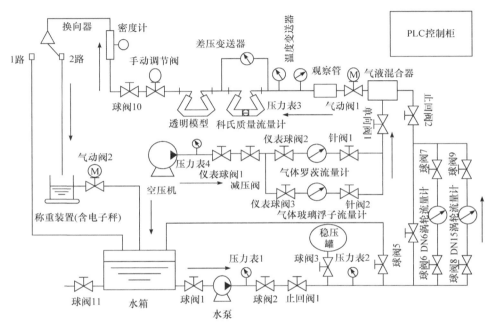

图 2.5.1　实验装置结构图

图 2.5.2　实验装置实物图

为了提高实验的自动化程度，减少人工操作，以视窗控制中心(windows control center，WinCC)为上位机监控软件，调度控制各个器件，并自动对液体涡轮流量计、温度计、差压计、被测科氏质量流量计、密度计、电子秤、气体罗茨流量计等的输出信号进行采集和处理，并形成数据报表。

在进行科氏质量流量计各项实验之前，需要将水循环通道中的各个阀门打开，让水循环流动起来，换向器切换至 1 路，打开气动阀 2，以排出称重水箱内的水，经 10min 左右，完成实验装置的预热。

1) 气液两相流实验

根据气液两相流实验的要求，设置合适的水流量值、气体流量值，通过比较一段时间内被测科氏质量流量计气液两相流累积质量流量测量值与称重装置称量的水的累积质量，得到被测科氏质量流量计气液两相流的测量误差。

具体地，通过手动调节阀将水流量调节至合适值，根据气液混合比的要求，通过仪表球阀 2 和球阀 3 调节气体流量大小，气体和水在气液混合器中充分混合后，通过水路循环通道，流过被测科氏质量流量计，经过 1 路(此时换向器的状态切换在 1 路上)流入水箱。在开始实验前，将称重装置的称重值清零，换向器切换至 2 路，PLC 同时采集被测科氏质量流量计的输出脉冲(代表其测量的质量流量)。当实验结束时，换向器切换回 1 路，PLC 同时停止采集被测科氏质量流量计的输出脉冲。在称重装置稳定后，PLC 采集其称重值。通过比较被测科氏质量流量计气液两相流累积质量流量测量值与称重装置称量的水的累积质量，便可以得到被测科氏质量流量计气液两相流的测量误差。

2) 单相水流量标定实验

单相水流量标定方法有动态质量法和静态质量法之分。

(1) 动态质量法。

每个流量点在标定实验前后，流体质量流量保持不变，通过换向器的切换确定实验的开始和结束。通过比较该段时间内被测科氏质量流量计测量的累积流量与称重装置称量的水的累积质量，得到被测科氏质量流量计的测量误差。

具体地，在实验开始之前，换向器处在 1 路，水通过水路循环通道，流过被测科氏质量流量计，流回水箱，调节球阀 5 或手动调节阀使水流量为一个合适值。在开始实验时，将称重装置的测量值清零，换向器迅速切换至 2 路，PLC 同时采集被测科氏质量流量计的输出脉冲。当实验结束时，换向器切换回 1 路，PLC 同时停止采集被测科氏质量流量计的输出脉冲。在称重装置稳定后，PLC 采集其测量值。通过比较该实验过程中被测科氏质量流量计累积质量流量测量值与称重装置称量的水的累积质量，便可以得到动态质量法的实验结果。

(2) 静态质量法。

在每个流量点标定实验开始和结束时，水流量为 0，通过气动阀 1 的启停确定实验的开始和结束。通过比较该段时间内被测科氏质量流量计测量的累积流量与称重装置称量的水的累积质量，得到被测科氏质量流量计的测量误差。

具体地，在实验开始之前，换向器处在 1 路，水通过水路循环通道，流过被测科氏质量流量计，流回水箱，调节球阀 5 或手动调节阀，使水流量为一个合适值。气动球阀 1 关闭，换向器切换至 2 路。开始实验，气动阀 1 打开，将称重装置的称重值清零，与此同时，PLC 开始采集被测科氏质量流量计的输出脉冲；实验结束，气动阀 1 关闭，待称重装置稳定后，PLC 采集称重装置的称重值。这样，通过比较被测科氏质量流量计测量值与称重装置测量值，即可得到被测科氏质量流量计的测量误差。

3) 液体加热实验

通过温控器控制水箱内的加热棒，可以将水温从室温加热到 60℃，可以在不同水温下进行实验，比较一段时间内被测科氏质量流量计测量的累积质量流量和称重装置称量值，得出测量误差。根据不同温度下被测科氏质量流量计的测量误差，便可以补偿温度对测量误差的影响。

4) 压损实验

在被测科氏质量流量计的两端安装有差压传感器，通过球阀 5 和手动调节阀配合调节，可以改变被测科氏质量流量计两端压差，PLC 可自动采集差压变送器测量的压差，便可以得到实验过程中的压损数据。

2. 关键器件选型或设计

为了满足所设计的各项实验的功能和指标，对部分关键器件进行选型或设计，分别介绍如下。

1) 电子秤

实验装置以称重装置为标准表，称重装置由电子秤和称重水箱组成，本书选择 WU150L-560 型电子秤，其最大称重为 150kg，分辨率为 20g，测量精度较高，其测量值可以通过变送器上传至 WinCC 监控软件，以 WU150L-560 型电子秤为标准表，能够满足设计要求。

在进行单相流标定实验时，为了得到被测科氏质量流量计的测量精度和重复性，每个流量点需要重复进行三次实验，每次实验称重装置的净称量值为 30～40kg，三次累积质量不超过 120kg，超过 120kg，实验会自动停止，以防止出现事故。

2) 换向器

在气液两相流实验和单相动态水流量标定实验流程中，都是通过换向器的切换确定实验的开始和结束的。换向器是本实验装置的关键器件，其换向的速度和可靠性对实验装置的精度具有决定性影响。DHX-25 型换向器结构简单，机械寿命长，操作方便，用光电脉冲信号转换器精确控制计时，换向行程时间不超过 100ms，两个方向上的行程时间差不大于 20ms，凡接触液体介质的部件全部用不锈钢制作，因此本实验装置选择 DHX-25 型换向器。

3) 水泵

根据研究需要，设计水流量范围为 2～100kg/min，因此水泵的额定功率要大于 100kg/min(6m³/h)。此外，流体的稳定性是影响水流量测量的因素之一。因此，水泵的工作对流体脉动性的影响要小。综合以上两点，选择由浙江利欧泵业有限公司生产的 LVS5 型多级水泵，其具体参数如下。

(1) 最大流量：8m³/h；

(2) 最大扬程：74m；

(3) 功率：2.2kW。

在具体安装时，为了减小水泵振动的影响，在水泵和管道连接处，加入了缓冲部件。

4) 空压机

本实验装置需要使用到气体，由空气压缩机(简称为空压机)提供。一方面，气体为气动阀提供动力；另一方面，为气液两相流实验提供气体。空压机产生的气流要稳定，并且能使气液混合比达到 35%。频繁长期的工作要求空压机寿命长、性能可靠。所以，本书选择捷豹 EV-51 型空压机，其具体参数如下。

(1) 功率：1.5kW；

(2) 排气量：0.21m³/min；

(3) 压力：8bar。

5) 水箱

为了实现水路的循环，需要水箱容纳一定量的水，而且流体的温度会对科氏质量流量计的测量产生影响，这就要求水箱尽可能大。考虑到空间的限制，并尽可能满足实验要求，设计了不锈钢水箱的长×宽×高分别为 1.6m×1.3m×0.9m，经过测试，在一次完整的实验流程中，水温可以控制在 2℃以内变化。

6) 气液混合器

气液混合的均匀程度是影响气液两相流测量精度的因素之一。为了使气体和液体充分混合，本节设计了一个气液混合器，安装在被测科氏质量流量传感器的上游。

3. 装置精度和指标

在完成装置的设计制造后，需要对装置的精度和性能进行验证。美国艾默生电气集团(后来成为高准公司的母公司，以下简称艾默生公司)的科氏质量流量计是目前市场上性能十分突出的产品，将艾默生公司△形科氏质量流量计(0.1 级精度)安装在本实验装置上进行各项实验，对该实验装置进行考核，实验装置的精度和指标如表 2.5.1 所示。

表 2.5.1　实验装置的精度和指标

功能	精度和指标
气液两相流实验	气体体积流量测量精度为±2.5%，气体体积流量范围为 0.2～100L/min，气液体积混合比为 1%～35%
单相水流量标定实验 (动态质量法、静态质量法)	最大水流量为 100kg/min，精度为±0.1%
液体加热实验	水箱内水温控制在室温到 60℃，水温测量精度为±0.5℃
压损实验	水流量范围为 2～100kg/min

根据《科里奥利质量流量计检定规程》(JJG 1038—2008)的要求，在单相水流量标定时，将整个量程范围划分为 5 个流量点，分别为 q_{max}、$0.5q_{max}$、$0.2q_{max}$、q_{min}、q_{max}，每个流量点需要标定不少于 3 次。按照以上规定，将作者课题组研制的变送器匹配国产微弯形科氏质量流量传感器进行单相水流量动态标定实验，结果如表 2.5.2 所示。

表 2.5.2　单相水流量动态标定实验结果

瞬时流量/(kg/min)	测试值 /kg	标准值 /kg	误差 /%	平均误差 /%	重复性误差 /%
110.9	33.277 33.290 33.275	33.264 33.282 33.254	0.038 0.023 0.064	0.041	0.021
55.2	32.302 32.257 32.292	32.286 32.242 32.282	0.049 0.046 0.030	0.042	0.010
28.1	32.665 32.678 32.653	32.642 32.656 32.628	0.070 0.067 0.077	0.071	0.005
11.1	27.769 27.731 27.689	27.758 27.720 27.680	0.040 0.040 0.032	0.037	0.004
111.2	33.381 33.384 33.352	33.384 33.366 33.342	−0.010 0.054 0.029	0.024	0.032

由表 2.5.2 可见，在量程比为 10∶1 范围内，科氏质量流量计的测量精度为 0.1 级，重复性误差在万分之五以内。

2.5.2　气液两相流实验方案

为了研究气液两相流下流量信号的变化规律，需要进行气液两相流实验，采集传感器输出信号，得到气液两相流实验误差。

气液两相流实验误差与多种因素有关，如流量、含气量、传感器形状、传感器尺寸及其安装方式等，但流量和含气量是影响最大的两个因素。科氏质量流量计在测量气液两相流时，实测的流量值与真实值相比有一定的误差，但变送器无法获得真实的流量值，因此将其实测的流量作为影响因素之一。在气液两相流测量中，气液的体积比是气液两相流测量误差的重要影响因素之一，用气体体积分数来表征液体中混入的气体含量。含气量，即气体在气液两相流中的体积比。但实际上，变送器无法知道实时的含气量，但是科氏质量流量传感器输出正弦信号的频率反映了流体的密度 D_1 [13,14]：

$$D_1 = \frac{\alpha_1 \cdot \Delta T + \alpha_2}{f^2} + \alpha_3 + \alpha_4 \cdot \Delta T \qquad (2.5.1)$$

式中，$\alpha_1 \sim \alpha_4$ 为待标定密度系数；f 为传感器输出正弦信号频率；ΔT 为流体温度变化值。

与实测流体流量一样，实测流体密度与真实密度之间存在一定的偏差。再根据单相液体的实际密度 D_0，变送器即可计算出密度降(density drop，Dd)：

$$Dd = \frac{D_0 - D_1}{D_0} \qquad (2.5.2)$$

实际上，变送器在线修正两相流测量误差时，也是依据实测流体流量和密度降的。因此，本节将使用密度降来表征气液两相流中的含气量。

具体实验是在图 2.5.1 所示的实验装置上，将作者课题组研制的变送器匹配某国产 DN25 微弯形科氏质量流量传感器作为被测表，通过改变流体流量和密度降进行气液两相流实验。在此过程中，采集传感器输出信号，保存变送器上传的重要数据，记录实验误差，具体过程如下：

(1) 先固定一个液体的质量流量。观察被测表液晶屏幕显示的液体质量流量，通过被测表上游的球阀 5 和下游的手动调节阀，调节液体质量流量至一个合适的值，如 30kg/min。

(2) 改变气体含量。观察被测表计算的密度降值，通过调节气路中的仪表球阀 2 或仪表球阀 3，将管道内的气体含量调节至所需值，如密度降为 3%左右。

(3) 记录当前被测表计算的质量流量、密度降以及气体玻璃浮子流量计的测量值。

需要注意的是，气体玻璃浮子流量计的测量精度比较低，且压力表的精度也较低，通过气体玻璃浮子流量计测量的气体流量转换为管道内气液两相流的含气量是不准确的。但是，正如前面所述，气液两相流的含气量将用密度降来表征，这里记录的含气量只作为含气量的一个参考。

(4) 开始实验。PLC 通过脉冲将变送器测量液体质量流量实时上传至 WinCC 监控软件；NI USB-6216 型信号采集卡以 3750Hz 的采样频率实时采集传感器输出信号；被测表将计算出的重要参数，如信号频率、温度、相位差、时间差、质量流量、密度降等，通过 SCI 实时上传至个人计算机保存。

信号采集卡采集的传感器原始信号，通过提取两路信号的时间差得到质量流量，这样得到的流量信号没有经过去除奇异值、平均等处理，用于流量信号建模，以揭示气液两相流下流量信号的变化规律。通过 SCI 上传的实测质量流量、实测密度降，用于第 9 章的气液两相流测量误差建模，以得到测量的模型，用于在线实时修正气液两相流测量误差。

(5) 改变气体流量，使密度降以 3%左右的间隔在 0%~35%的范围内变化，重复步骤(2)~步骤(4)。这样，便可以得到同一质量流量、不同含气量下，被测微弯形科氏质量流量计气液两相流的测量误差、输出信号等。

(6) 改变液体质量流量，使液体质量流量以 10kg/min 的间隔在 30~100kg/min 范围内变化，重复步骤(1)~步骤(5)。这样，便可以得到不同质量流量、不同含气量下，被测微弯形科氏质量流量计气液两相流的测量误差、输出信号等。

2.5.3 气液两相流实验结果

经过气液两相流实验，微弯形科氏质量流量传感器气液两相流测量误差如图 2.5.3 所示。由图可见，当水质量流量在 30~100kg/min 变化、密度降在 0%~30%变化时，气液两相流测量误差最大为–50%，测量误差表现为非线性，且随着密度降的升高，测量误差的规律性变差。

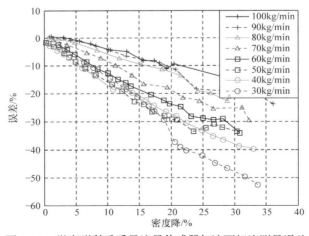

图 2.5.3　微弯形科氏质量流量传感器气液两相流测量误差

为了与大弯管形科氏质量流量计气液两相流相比较，还使用作者课题组研制的变送器匹配美国微动公司的倒△形科氏流量质量传感器,进行气液两相流实验,实验结果如图 2.5.4 所示。

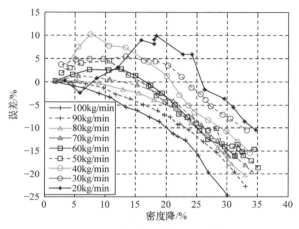

图 2.5.4　气液两相流实验结果

传感器输出信号如图 2.5.5 所示,分别为单相流流量为 80kg/min 和两相流下实测流量为 80kg/min、密度降为 15% 时采集的传感器输出信号。与单相流相比,气液两相流下传感器信号波动剧烈。

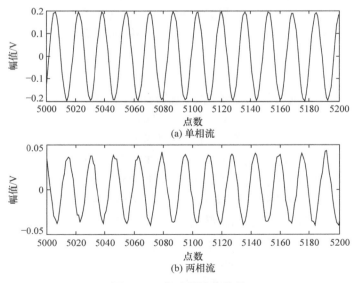

图 2.5.5　传感器输出信号

2.6　气液两相流信号模型

引起气液两相流下液体质量流量测量误差的原因错综复杂，很难从机理方面分析流量信号的变化规律。因此，基于气液两相流测量的实验数据，从气液两相流下的微弯形科氏质量流量传感器输出信号中提取流量序列。采用时间序列分析方法分析流量序列的变化规律，建立流量序列的数学模型，以便分析气液两相流测量误差的来源及变化规律，为气液两相流测量误差的修正奠定基础[15,16]。

2.6.1　流量信号建模过程

时间序列就是一组统计数据，按照其在时间上发生的先后顺序排成的序列。在 2.5 节的气液两相流实验中，通过数据采集卡实时采集实验过程中的微弯形科氏质量流量传感器输出的两路正弦信号。根据科氏质量流量计原理，从两路正弦信号中提取流量信号，每个流量点下的流量信号符合时间序列的定义，称为一组流量序列。时间序列分析是一种重要的现代统计分析方法，通过对已有的时间序列数据进行数学统计分析，寻找其变化规律，从而对其未来的变化规律进行预测。因此，本节采用时间序列分析方法建立流量序列的数学模型。

首先，采用过零检测方法计算两路正弦信号的过零点，根据过零点计算两路正弦信号的时间差，再乘以仪表系数，即可得到流量序列；然后，采用概率密度函数分析流量序列的分布规律；接着，对流量信号进行平稳性和相关性分析；最后，得到流量序列的 ARMA 模型。流量信号建模具体流程如图 2.6.1 所示。

1. 过零检测方法

过零检测方法是通过计算信号过零点的时刻，得到过两路正弦信号零点间的时间间隔，从而计算出信号的频率、相位差和时间差。过零检测原理图如图 2.6.2 所示。根据该原理图，可以计算得到信号频率 $f = 1/(R_3 - R_1)$，两路信号时间差 $\text{TimeDiff} = R_2 - L_2$，相位差为 $\text{PhaDiff} = 360 \cdot \text{TimeDiff} \cdot f$。

在实际的数学运算中，DSP 处理的是经过 ADC 采样后的离散信号，而 ADC 不可能正好采样到正弦信号的过零点。因此，为了提高运算精度，采用拉格朗日二次插值方法对 ADC 采样后的离散信号在过零点附近进行拟合，然后再采用过零检测方法求取拟合后信号的精确过零点。

设采样序列为 $x(n)$，由方程求根的方法可知，若出现 $x(n-1) \cdot x(n) < 0$ 的情况，则表明在 $[n-1, n]$ 时刻存在一个过零点。在过零点附近生成二次插值多项式 $x = at^2 + bt + c$，由拉格朗日计算公式可得

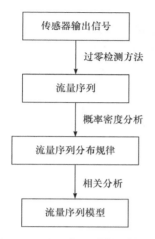

图 2.6.1　流量信号建模具体流程

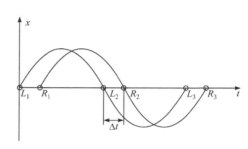

图 2.6.2　过零检测原理图

$$x = x(n-2) \cdot \frac{[t-(n-1)] \cdot (t-n)}{[(n-2)-(n-1)] \cdot [(n-2)-n]}$$
$$+ x(n-1) \cdot \frac{[t-(n-2)] \cdot (t-n)}{[(n-1)-(n-2)] \cdot [(n-1)-n]} \qquad (2.6.1)$$
$$+ x(n) \cdot \frac{[t-(n-2)] \cdot [t-(n-1)]}{[n-(n-2)] \cdot [n-(n-1)]}$$

通过式(2.6.2)～式(2.6.4)得到拉格朗日插值后的二次曲线系数为

$$a = 0.5x(n-2) - x(n-1) + 0.5x(n) \qquad (2.6.2)$$

$$b = -0.5x(n-2)(n-1+n) + x(n-1)(n-2+n) - 0.5x(n)(n-2+n-1) \qquad (2.6.3)$$

$$c = 0.5x(n-2)(n-1)n - x(n-1)(n-2)n + 0.5x(n)(n-2)(n-1) \qquad (2.6.4)$$

根据二次方程求根公式，便可以得到正弦信号的精确过零点。若在实际运算中，二次方程的根出现在$[n-1, n]$之外，则应该舍弃。根据信号的过零点，即可计算出信号的时间差和频率，时间差乘以仪表系数，即可得到质量流量。

在使用数据采集卡对微弯形科氏质量流量传感器输出信号进行采集的过程中，信号不可避免地会产生直流偏置，显然直流偏置会降低过零点的计算精度。为了降低直流偏置的影响，首先采用软件带通滤波器对传感器进行滤波，以减小信号中的直流分量。在信号处理过程中，用于计算频率和时间差的过零点选择同一上升沿或下降沿时的数据。序列生成原理图如图 2.6.3 所示，图中传感器输出信号为连续信号，实际为采样后的数字信号，选择信号的下降沿的零点数据，由于每个流量点采集的传感器输出信号具有一定的时间长度，假设采集的传感器输出信号具有 N 个周期，这样，第 1 个周期得到第 1 个时间差值 Δt_1，第 N 个周期得

到第 N 个时间差值 Δt_N。时间差乘以仪表系数就得到流量值，N 个周期就得到 N 个流量值。这些流量值符合时间序列的定义，即构成一组具有 N 个流量点的流量序列，即 $[\text{flow}_1 \ \text{flow}_2 \ \text{flow}_3 \ \cdots \ \text{flow}_N]$。例如，传感器输出信号的频率约为 240Hz，采样频率为 3750Hz，采样点数为 97000，这样流量序列数约为 6200。

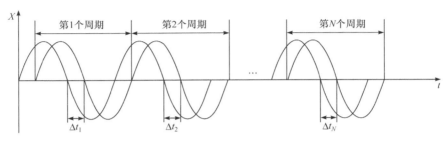

图 2.6.3　序列生成原理图

在气液两相流实验过程中，实时采集每个流量点和密度降下传感器输出的两路信号，采用过零检测方法计算出不同流量、不同密度降下的多组质量流量序列。质量流量序列如图 2.6.4 所示，是实际的质量流量约为 76kg/min、密度降约为 15% 时的质量流量序列(以下简称流量序列)。图中，横坐标是点数，纵坐标是质量流量。由图可见，在气液两相流下，从传感器输出信号中直接提取的流量信号波动十分剧烈，很多流量序列值严重偏离真实值，甚至出现负值。

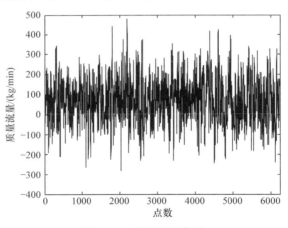

图 2.6.4　质量流量序列

2. 概率密度分析

由给定样本求解变量的概率密度函数是概率统计学的基本问题之一。记流量 Flow 为随机变量 X，在概率统计学中，概率密度分布用于计算随机变量在其可能取值范围内概率的集合[17]。设 $f(x)$ 为随机变量 X 的概率密度分布，X 在区

间 (a,b) 内发生的概率为 $P_{(a<X<b)}$ ，则 $P_{(a<X<b)}$ 可由 $f(x)$ 在区间 (a,b) 上的定积分确定。

$$P_{(a<X<b)} = \int_a^b f(x)\mathrm{d}x, \quad \begin{cases} f(x) \geqslant 0 \\ \int_{-\infty}^{-\infty} f(x)\mathrm{d}x = 1 \end{cases} \tag{2.6.5}$$

随机变量 X 的概率密度函数 $f(x)$ 可以表示为

$$f(x) = \frac{1}{\sqrt{2\pi}\sigma} \mathrm{e}^{-\frac{(x-\mu)^2}{2\sigma^2}}, \quad -\infty < x < +\infty \tag{2.6.6}$$

式中， μ 、 $\sigma(\sigma > 0)$ 皆为常数，分别为随机变量 X 的均值、标准差。

若 $f(x)$ 可由式(2.6.6)表示，则称随机变量 X 服从均值为 μ 、标准差为 σ 的正态分布或高斯分布。

本节采用概率密度函数(probability density function，PDF)来分析流量序列的分布规律。随机变量概率密度估计的方法很多，其中，核密度估计(kernel density estimation，KDE)方法凭借其不利用有关数据分布的先验知识、对数据分布不附加任何假定、仅从数据样本本身出发来研究数据分布特征等优点，在概率统计学中得到了广泛的应用[18]。本节将采用式(2.6.7)所示的核密度估计方法来分析时间差序列的概率分布。

$$\hat{f}_n(x) = \frac{1}{n}\sum_{i=1}^{n} \frac{1}{h} K\left(\frac{x-x_i}{h}\right) \tag{2.6.7}$$

式中， x 为随机变量的抽样值，在这里就是流量序列； $\hat{f}_n(x)$ 为 x 的概率密度函数估计； n 为样本容量，这里 n 为 6221； h 为带宽， h 的最佳取值为 $1.06\sigma n^{-0.2}$ ， σ 为标准差； $K(\cdot)$ 为核函数。

上述概率估计方法得到概率估计的直方图，而直方图估计方法得到的密度函数是不平滑的，且受子区间宽度的影响大。一般来说，为了得到一致性的估计，一般需要对概率密度函数进行平滑性假设。本节采用式(2.6.8)所示的标准平滑核函数作为权重函数，以估算出平滑的概率密度函数。

$$K(u) = \frac{1}{\sqrt{2\pi}} \mathrm{e}^{-\frac{u^2}{2}} \tag{2.6.8}$$

当采样点数和核密度函数确定时，KDE 直接受 h 的影响。如果 $f(x)$ 越大，KDE 的估计误差越大，PDF 曲线也越光滑。由此可见，选择合适的带宽至关重要。平均积分平方误差(mean integrated squared error，MISE)公式如式(2.6.9)所示，其为 $f(x)$ 的函数，求其最小值，即可得到最佳的带宽设计值。

$$\text{MISE}(\hat{f}_h) = E\left\{\int [\hat{f}_h(x) - f(x)]^2 \mathrm{d}x\right\} \tag{2.6.9}$$

式中，$f(x)$ 为序列的真实 PDF。

采用 MATLAB 工具箱计算流量序列的 PDF，如图 2.6.5 所示。为了检验质量流量序列的 PDF 是否符合高斯分布，采用科尔莫戈罗夫-斯米尔诺夫(Kolmogorov-Smirnov，K-S)检验来分析流量序列。K-S 检验是一种基于累积分布的非参数方法，用于检验一个经验分布是否符合某种理论分布或比较两个经验分布是否有显著性差异。这里，先假设流量序列符合高斯分布，使用 MATLAB 的 gmdistribution.fit 和 kstest 函数对流量序列进行 K-S 检验，具体程序如下：

```
obj=gmdistribution.fit(flow,1);
x=sort(flow);
[h,P]=kstest(x,[x,cdf(obj,x)])
```

通过计算，h 值为 0，P 值为 0.7257，大于 0.05，所以接受假设，即流量序列符合高斯分布。

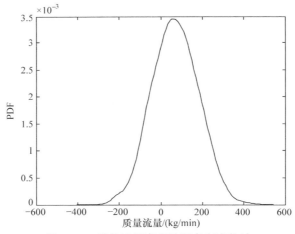

图 2.6.5　质量流量序列的概率密度估计

3. ARMA 模型

由 K-S 检验可知，流量序列符合高斯分布。因此，流量序列 Flow_t 可表示为

$$\text{Flow}_t = \text{Flow}_0 + \delta_t, \quad t = 1, 2, \cdots, N \tag{2.6.10}$$

式中，N 为序列点数；Flow_0 为流量序列的稳定分量；δ_t 为流量序列的波动分量。

为了得到 Flow_t 的具体数学表达式，需要先分析流量序列的平稳性。增广迪基-富勒(augmented Dickey-Fuller，ADF)检验(又称为单位根检验)可用于判断一组序列的平稳性。ADF 检验是检验序列是否存在单位根，若存在单位根，则表明该序列就是非平稳时间序列。采用经济计量分析(Eviews)软件中的 ADF 检验方法检验序列的平稳性非常简便。ADF 检验采用 t 统计量进行，该 t 统计量在原假设下不服从 t 分布，通过 Eviews 软件中的 ADF 检验，若 t 统计量值小于规定检验水平下的临界值，则拒绝原假设，否则接受原假设。将流量序列输入 Eviews 软件的变量空间中，在菜单中选择 ADF 检验，流量序列 ADF 检验结果如表 2.6.1 所示。ADF 检验的 t 统计量为–11.8836，小于检验水平为 1%、5%、10% 的 t 统计量临界值，而且 t 统计量相应的概率值 P 非常小。因此，拒绝流量序列存在单位根的假设，即流量序列为平稳序列。

表 2.6.1　流量序列 ADF 检验结果

检验水平/%	临界值	t 统计量	P 值
1	–3.4312		
5	–2.8618	–11.8836	0.0000
10	–2.5670		

对于平稳序列，ARMA 模型可以很好地描述其变化规律。ARMA(p,q) 模型为

$$X_t = \phi_1 X_{t-1} + \phi_2 X_{t-2} + \cdots + \phi_p X_{t-p} - \theta_1 \varepsilon_{t-1} - \theta_2 \varepsilon_{t-2} - \cdots - \theta_q X_{t-q} \quad (2.6.11)$$

式中，p 和 q 分别为 ARMA 模型的自回归阶数和移动平均阶数；θ 和 ϕ 为不为零的待定系数；ε_t 为独立的误差项；X_t 为平稳、零均值的时间序列。

在建立流量序列的 ARMA 模型之前，需要先识别 ARMA 模型的阶数(p,q)。ARMA 模型阶数的确定通常借助序列的相关图，即序列的自相关函数和偏自相关函数。通过 Eviews 软件来分析流量序列的相关性，从而得到 p、q 的合适值。流量序列的相关图如图 2.6.6 所示。

图 2.6.6　流量序列的相关图

由图 2.6.6 可知，流量序列具有短期相关性，延迟 5 阶后，偏自相关系数逐渐减小。根据相关性分析进行模型定阶，尝试 ARMA(5,2)模型，采用最小二乘法估计参数，得到的 ARMA 模型系数如表 2.6.2 所示。

表 2.6.2　ARMA 模型系数

变量	系数	P 值
C	70.50	<0.0001
AR(1)	1.112	<0.0001
AR(2)	0.2380	<0.0001
AR(3)	−0.5125	<0.0001
AR(4)	0.006717	<0.0001
AR(5)	0.06080	<0.0001
MA(1)	1.692	<0.0001
MA(2)	0.6930	<0.0001
D.W.	1.995	

德宾-沃森(Durbin-Watson)检验是目前检验自相关性最常用的方法，它适用于检验序列是否具有一阶自相关性。当 D.W.值为 2 时，表明序列不具有自相关性。由表 2.6.2 可见，D.W.值为 1.995，非常接近 2，表明残差(ε_t)不具有自相关性，所建 ARMA 模型比较准确。因此，流量序列 Flow$_t$ 的拟合模型为

$$\text{Flow}_t = \frac{70.50 + (1 + 1.692B + 0.6930B^2)\varepsilon_t}{1 - 1.112B - 0.2280B^2 + 0.5125B^3 - 0.006717B^4 - 0.06080B^5} \tag{2.6.12}$$

式中，B 为滞后算子。

将 Flow$_t$ 实际序列与拟合序列进行对比，对残差序列进行自相关处理，自相关函数相应的概率值普遍大于检验水平 0.05。因此，残差序列可视为白噪声序列。在利用 MATLAB 软件进行信号建模时，可采用均值为 0、标准差为 9.958 的高斯白噪声进行描述。

2.6.2　模型验证

在得到流量信号的 ARMA 模型后，用 MATLAB 软件编程生成式(2.6.7)的模型信号，实际信号和模型信号对比图如图 2.6.7 所示。由图可见，模型信号和实际信号的变化范围和变化趋势都较为接近。为了验证模型信号的准确性，下面分别从 PDF 估计和累积分布函数(cumulative distribution function，CDF)估计两个方面来分析模型信号与实际信号的图形对比及误差。采用核密度估计方法分别对实际流量信号和模型流量信号进行 PDF 估计和累积分布函数估计，分别如图 2.6.8 和图 2.6.9 所示。

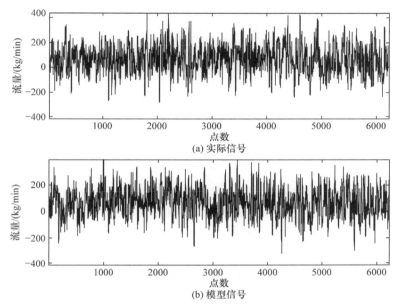

图 2.6.7　实际信号和模型信号对比图

由图 2.6.8 可知，模型信号和实际信号的 PDF 图十分接近。相关系数是用于反映变量之间相关关系密切程度的统计指标，本节选择式(2.6.13)所示的表达式来计算模型信号与实际信号 PDF 之间的相关系数 ρ_{xy}。$\left|\rho_{xy}\right|$ 的取值范围为 $[0,1]$，$\left|\rho_{xy}\right|$ 越接近 1，两变量的相关性越强；$\left|\rho_{xy}\right|$ 越接近 0，两变量的相关性越弱。

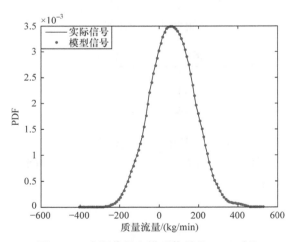

图 2.6.8　实际信号和模型信号的 PDF 对比

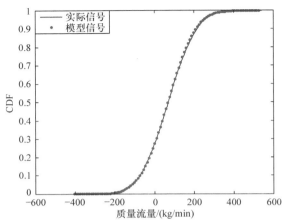

图 2.6.9　实际信号和模型信号的 CDF 对比

$$\rho_{xy} = \frac{\text{cov}(x, y)}{\sqrt{\text{cov}(x, x)}\sqrt{\text{cov}(y, y)}} \tag{2.6.13}$$

式中，x 为实际信号密度函数；y 为模型信号密度函数；$\text{cov}(x, y)$ 为变量 x 和 y 的协方差。

由图 2.6.9 可知，模型信号与实际信号的 CDF 具有十分相近的趋势，重合度较高，本节选用式(2.6.14)所示的平均偏差公式来分析两条曲线之间的误差 e。

$$e = \frac{\sqrt{\sum_{i=1}^{n}(C_1(i) - C_2(i))^2}}{n} \tag{2.6.14}$$

式中，C_1 为实际信号的累积分布估计；C_2 为模型信号的累积分布估计。

对模型信号进行验证，结果如表 2.6.3 所示。

表 2.6.3　模型信号验证结果

ρ_{xy}	$e/\%$
0.998	0.07385

由表 2.6.3 可知，模型信号与实际信号密度函数的相关系数都非常接近 1，相似程度高；累积分布函数的平均偏差也很小。因此，可以判断流量信号的 ARMA 模型是比较准确有效的。

2.6.3　模型分析

由以上建立的流量信号 ARMA 模型可知，Flow_t 可由稳定分量 Flow_0 和波动分量 δ_t 组成。其中，稳定分量反映的是一段时间内科氏质量流量计测量的平均流量，波动分量则反映的是科氏质量流量计测量的瞬时流量的波动。在 2.6.2 节验证了 ARMA 模型是比较准确的，这表明 ARMA 模型能够很好地描述气液两相流下科氏质量流量计输出的流量信号的变化规律。但是，气液两相流下科氏质量流量计输出的质量流量信号存在很大误差，已经不能真实地反映气液两相流下的液体质量流量。实际上，当科氏质量流量计用于测量气液两相流时，其测量误差就是一段时间内累积流量的测量误差，也就是平均流量的测量误差。因而，稳定分量与真实的平均流量存在偏差是气液两相流测量误差的来源。

1. 稳定分量分析

从气液两相流实验结果可知，在液体质量流量约为 76kg/min、密度降约为 15%时，实际平均流量为 76.60kg/min。由流量信号数学模型可知，科氏质量流量计输出流量信号的稳定分量为 70.50kg/min，其误差为−7.96%，这就是气液两相流下一个流量点的测量误差。不同流量、不同密度降下流量信号稳定分量的误差如图 2.6.10 所示。

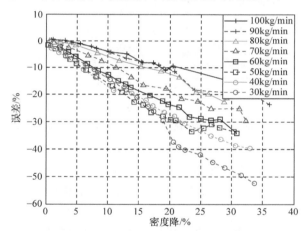

图 2.6.10 不同流量、不同密度降下流量信号稳定分量的误差

由图 2.6.10 可知，在气液两相流下，流量信号的稳定分量误差很大，需要进行修正，且随着流量和密度降的变化，稳定分量的误差具有非线性、非单调性的特点。第 9 章将采用神经网络对稳定分量的误差进行建模，进而得到误差模型。

2. 波动分量分析

波动分量对应于实际流量瞬时值的波动。由图 2.6.4 可知，在气液两相流下，波动分量变化巨大，也即瞬时流量波动剧烈。不同流量、不同密度降下流量信号波动分量的方差及其局部图如图 2.6.11 所示。由图可见，流量信号波动剧烈。

本书研制的微弯形科氏质量流量变送器采用"信号参数估计+滑动平均"的处理方法，其中，信号参数估计的刷新时间 Tc 为 133ms，即每隔 133ms 对计算

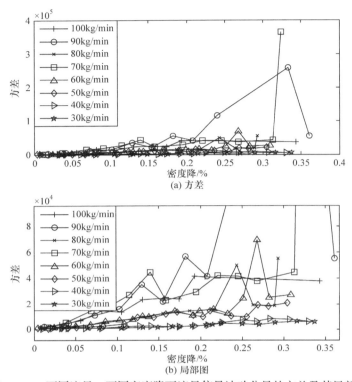

图 2.6.11　不同流量、不同密度降下流量信号波动分量的方差及其局部图

得到的信号参数(频率、相位等)进行排序、去异常值及均值处理，得到一个流量结果；该流量结果再送入下一级滑动平均数组中，进行二次平均。这里，考虑到仪表响应时间的限制,滑动平均数组长度 N 为 15。采取该信号处理方法的优点是：在参数估计部分，因为排除了异常值并进行了均值处理，可以保证流量计算结果更精确，而后续滑动平均滤波的加入可以保证流量计算结果更平稳，流量信号更新时间约为 $Tc \times N = 2s$。经过"信号参数估计+滑动平均"处理后波动分量的方差及其局部图如图 2.6.12 所示。由图可见，波动分量显著减小。

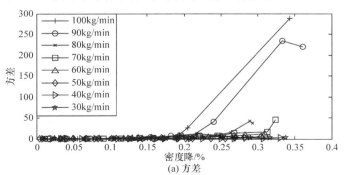

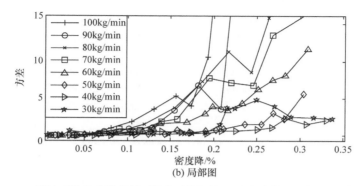

(b) 局部图

图 2.6.12 经过 "信号参数估计+滑动平均" 处理后波动分量的方差及其局部图

参 考 文 献

[1] 倪伟, 徐科军. 基于时变信号模型的科里奥利质量流量计信号处理方法[J]. 仪器仪表学报, 2005, 26(4): 358-364.

[2] 徐科军, 倪伟, 陈智渊. 基于时变信号模型和格型陷波器的科氏流量计信号处理方法[J]. 仪器仪表学报, 2006, 27(6): 596-601.

[3] 倪伟, 徐科军. 基于时变信号模型和归一化格型陷波器的科氏流量计信号处理方法[J]. 计量学报, 2007, 28(3): 243-247.

[4] 李叶, 徐科军, 朱志海, 等. 面向时变的科里奥利质量流量计信号的处理方法研究与实现[J]. 仪器仪表学报, 2010, 31(1): 8-14.

[5] 张建国, 徐科军, 方正余, 等. 数字信号处理技术在科氏质量流量计中的应用[J]. 仪器仪表学报, 2017, 38(9): 2087-2102.

[6] 刘翠, 徐科军, 侯其立, 等. 适用于频繁启停流量测量的科氏质量流量计信号处理方法[J]. 计量学报, 2014, 35(3): 242-247.

[7] 张建国. 科氏质量流量计信号建模与处理方法研究[D]. 合肥: 合肥工业大学, 2018.

[8] 乐静, 徐科军, 张建国, 等. CNG 加气机中科氏质量流量计信号处理方法[J]. 电子测量与仪器学报, 2018, 32(4): 110-118.

[9] 李建, 谷艳玲. 标准表法检定 CNG 加气机存在的问题和解决方法[J]. 中国计量, 2015, (7): 67-68.

[10] 刘陈慈, 徐科军, 黄雅. 尿素机中高频微弯型科氏质量流量计信号处理方法[J]. 计量学报, 2022, 43(6): 767-776.

[11] 董帅, 徐科军, 侯其立, 等. 微弯型科氏质量流量计测量气-液两相流研究[J]. 仪器仪表学报, 2015, 36(9): 1972-1977.

[12] 董帅, 侯其立, 徐科军, 等. 科氏质量流量计多参数测量实验装置设计[J]. 实验技术与管理, 2016, 33(1): 96-99, 103.

[13] Liu R P, Fuent M J, Henry M P, et al. A neural network to correct mass flow errors caused by two-phase flow in a digital Coriolis mass flowmeter[J]. Flow Measurement and Instrumentation, 2001, 12(1): 53-63.

[14] 陶波波, 侯其立, 石岩, 等. 科氏质量流量计测量含气液体流量的方法与实现[J]. 仪器仪

表学报, 2014, 35(8): 1796-1802.

[15] 张建国, 徐科军, 方正余, 等. 气液两相流下微弯型科氏质量流量计信号建模[J]. 仪器仪表学报, 2017, 38(4): 870-877.

[16] Zhang J G, Xu K J, Dong S, et al. Mathematical model of time difference for Coriolis flow sensor output signals under gas-liquid two-phase flow[J]. Measurement, 2017, 95: 345-354.

[17] 邱天爽, 张旭秀, 李小兵, 等. 统计信号处理——非高斯信号处理及其应用[M]. 北京: 电子工业出版社, 2004.

[18] Givens G H. Consistency of the local kernel density estimator[J]. Statistics & Probability Letters, 1995, 25(1): 55-61.

第 3 章　单相流数字信号处理方法

采用数字信号处理方法可以保证科氏质量流量计的测量精度和测量稳定性。随着数字信号处理方法和数字处理芯片的迅速发展，目前基于数字信号处理方法的数字式科氏质量流量计正在逐步取代基于模拟信号处理方法的传统科氏质量流量计[1-3]。这是因为数字信号处理方法相较于模拟信号处理方法有诸多优点，如计算精度高、抗干扰能力强和适应于不同工况条件等。为此，本章主要介绍科氏质量流量计测量单相流时的数字信号处理方法，具体包括：从频域和时域角度出发，综述各种数字信号处理方法，并进行比较；详细介绍基于计及负频率影响的 DTFT 方法和基于过零检测的信号处理方法。

3.1　数字信号处理方法综述

由科氏质量流量计测量原理可知，流经流量管的质量流量与两路传感器输出信号时间差成正比，而时间差由相位差和频率合成。同时，频率直接反映了被测流体的密度，而信号的幅值可以反映流量管的振动情况，即是否工作在最佳振动状态。因此，对科氏质量流量传感器输出信号进行处理的关键是准确测量两路信号的相位差、频率和幅值三个特征量。这直接影响到科氏质量流量计在不同场合下的成功应用，即对质量流量进行高精度的测量。目前，根据信号处理域的不同，应用于科氏质量流量传感器输出信号特征量测量的方法主要分为两大类，即频域信号处理方法和时域信号处理方法[4]。

3.1.1　频域信号处理方法

频域信号处理方法的核心思想是：将时域信号通过傅里叶变换映射到频域，在频域中对信号进行分析处理。根据信号变换后的傅里叶系数得出信号频率、相位差和幅值等信息。数字信号处理的均为有限长离散信号，会不可避免地遇到频谱泄漏、栅栏效应等问题，导致频域信号处理方法的精度受到一定的影响，这些问题是频域信号处理方法需要进一步解决的。

1. 基于 DFT 频谱分析的信号处理方法

基于离散傅里叶变换(discrete Fourier transform，DFT)频谱分析的基本原理是通过 DFT 得到信号的频谱，由于功率谱可以突出主频率，根据各次谐波上的功率谱找到最大值，该谱线所对应的频率即为流量管振动基频的最佳估计，再计算两路信号基频处的相位得到相位差。具体公式推导如下：

两路科氏质量流量传感器信号采样后分别为 $x_1(n)$ 和 $x_2(n)$，其 DFT 为

$$G_1(k) = \sum_{n=0}^{N-1} x_1(n)\mathrm{e}^{-\mathrm{j}\frac{2\pi}{N}kn}, \quad k = 1, 2, \cdots, N-1 \tag{3.1.1}$$

$$G_2(k) = \sum_{n=0}^{N-1} x_2(n)\mathrm{e}^{-\mathrm{j}\frac{2\pi}{N}kn}, \quad k = 1, 2, \cdots, N-1 \tag{3.1.2}$$

式中，N 为采样点数。

变换后的傅里叶系数分别为

$$a_1(k) = \sum_{n=0}^{N-1} x_1(n)\cos\left(\frac{2\pi nk}{N}\right), \quad b_1(k) = \sum_{n=0}^{N-1} x_1(n)\sin\left(\frac{2\pi nk}{N}\right) \tag{3.1.3}$$

$$a_2(k) = \sum_{n=0}^{N-1} x_2(n)\cos\left(\frac{2\pi nk}{N}\right), \quad b_2(k) = \sum_{n=0}^{N-1} x_2(n)\sin\left(\frac{2\pi nk}{N}\right) \tag{3.1.4}$$

功率谱为

$$C_1(k) = \sqrt{a_1(k)^2 + b_1(k)^2}, \quad C_2(k) = \sqrt{a_2(k)^2 + b_2(k)^2} \tag{3.1.5}$$

功率谱最大处的傅里叶系数分别为 $a_{1\max}$、$b_{1\max}$、$a_{2\max}$、$b_{2\max}$，则两路信号之间的相位差为

$$\theta = \arctan\left(\frac{b_{1\max}}{a_{1\max}}\right) - \arctan\left(\frac{b_{2\max}}{a_{2\max}}\right) \tag{3.1.6}$$

DFT 方法可以有效抑制谐波噪声和随机噪声对相位差计算的干扰，具有较高的抗干扰能力。但是，当信号被非整周期采样时，会出现频谱泄漏现象，导致相位差的计算精度降低。为此，徐科军等[5,6]提出了采用粗测频率与细测频率相结合的方法和加窗函数的方法，实现了对信号频率的跟踪，降低了频谱泄漏的影响，提高了相位差的计算精度。为了降低 DFT 算法的计算复杂度，并提高计算的实时性，Jacobsen 等[7]提出了滑动离散傅里叶变换(sliding discrete Fourier transform，SDFT)算法。

2. 基于 Goertzel 算法的信号处理方法

Goertzel 算法主要用于计算少量频率点的傅里叶系数[8]。科氏质量流量管振动频率基本上在一个固定值的小范围内波动。因此，可以将 Goertzel 算法用于科氏质量流量计相位差的处理中。

DFT 的计算公式可以改写为

$$X(k) = \sum_{n=0}^{N-1} x(n)W_N^{nk}, \quad k = 0, 1, \cdots, N-1 \tag{3.1.7}$$

式中， $W_N = \mathrm{e}^{-\mathrm{j}2\pi/N}$ 。

由于 $W_N^{-kN} = 1$ ，所以有

$$X(k) = \sum_{n=0}^{N-1} x(n) W_N^{nk} = \sum_{n=0}^{N-1} x(n) W_N^{-k(N-n)}, \quad k = 0, 1, \cdots, N-1 \tag{3.1.8}$$

令 $h_k(n) = W_N^{-kn} u(n)$ ，则有

$$X(k) = x(n) \otimes h_k(n)\big|_{n=N} \tag{3.1.9}$$

可以将式(3.1.9)看作信号 $x(n)$ 通过一个滤波器(Goertzel 滤波器，单位冲激响应为 $h_k(n)$)后在第 N 点的输出。

对式(3.1.9)两边同时进行 Z 变换，可以得到 Goertzel 滤波器对应的传递函数为

$$H_k(z^{-1}) = \frac{1 - W_N^k z^{-1}}{1 - 2\cos\left(\dfrac{2\pi}{N}k\right) z^{-1} + z^{-2}} \tag{3.1.10}$$

二阶无限冲激响应(infinite impulse response，IIR)滤波器实现如图 3.1.1 所示。

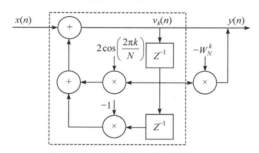

图 3.1.1 二阶 IIR 滤波器实现

再根据该频率点两路信号的傅里叶系数求出各自的相位,相减后得到相位差。

由 Goertzel 算法的基本原理可知，该算法可以对频率等分点上的傅里叶系数进行精确计算。实际信号频率在小范围内波动，很难做到完全的整周期采样，会产生频谱泄漏问题，从而导致精度下降。为了尽量减少非整周期采样带来的频谱泄漏问题，需要将谐振器的频率由原来的 $2\pi k/N$ 改为信号频率。同时，为了提高算法的计算精度，降低算法的计算复杂度，倪伟等[9]提出了将自适应格型陷波滤波器与滑动戈泽尔算法(sliding Goertzel algorithm，SGA)相结合的方法，实现了对信号频率的实时跟踪和相位差的高精度计算。但是，SGA 存在收敛过程太长，不能实时求出相位差的缺点，因此倪伟等[10]提出采用重叠的矩形窗对增强信号进行截取，通过冗余计算来消除收敛过程太长的影响。

徐科军等[11]还将自适应 Funnel 滤波器(adaptive Funnel filter，AFF)与 SGA 结合，应用于科氏质量流量计的信号处理中。具体地，两路传感器进行多抽一滤波

后，进入 AFF 环节，以完成频率的估计和线性增强，增强后的信号进入 SGA 环节，计算增强信号的离散傅里叶系数，从而求出两路信号之间的相位差。在求出频率和相位差后，就可以求出两路信号的时间差。该方法的特点是：跟踪精度高且跟踪速度快；当采用定点实现时，不易产生溢出；适用于时变信号。

3. 基于计及负频率影响的 DTFT 算法

为了缩短 SGA 的收敛过程、提高相位差的计算精度，采用 DTFT 算法，同时将频谱中的负频率成分考虑进算法处理中，形成基于计及负频率影响的 DTFT 算法。

科氏质量流量传感器两路信号采样后的序列为

$$\begin{cases} s_1(n) = A_1 \cos(\omega n + \theta_1) \\ s_2(n) = A_2 \cos(\omega n + \theta_2) \end{cases} \tag{3.1.11}$$

式中，A_1 和 A_2 分别为两路信号的幅值；$\omega = 2\pi f_0 / f_s$，f_s 为采样频率，f_0 为信号频率；θ_1 和 θ_2 分别为两路信号的初始相位。

若 $\hat{\omega}$ 为 ω 的估计值，则 $s_1(n)$ 在 $\hat{\omega}$ 处的 DTFT 结果为

$$S_{1N}(\hat{\omega}) = \sum_{n=0}^{N-1} A_1 \cos(\omega n + \theta_1) \cdot \mathrm{e}^{-\mathrm{j}\hat{\omega}n} = \sum_{n=0}^{N-1} \frac{A_1}{2}\left[\mathrm{e}^{\mathrm{j}(\omega n + \theta_1)} + \mathrm{e}^{-\mathrm{j}(\omega n + \theta_1)} \right] \cdot \mathrm{e}^{-\mathrm{j}\hat{\omega}n} \tag{3.1.12}$$

同时，考虑负频率的影响：

$$\begin{aligned} S_{1N}(\hat{\omega}) &= \sum_{n=0}^{N-1} \frac{A_1}{2} \mathrm{e}^{\mathrm{j}(\omega n + \theta_1)} \cdot \mathrm{e}^{-\mathrm{j}\hat{\omega}n} + \sum_{n=0}^{N-1} \frac{A_1}{2} \mathrm{e}^{-\mathrm{j}(\omega n + \theta_1)} \cdot \mathrm{e}^{-\mathrm{j}\hat{\omega}n} \\ &= \frac{A_1}{2} \mathrm{e}^{\mathrm{j}\theta_1} \sum_{n=0}^{N-1} \mathrm{e}^{\mathrm{j}(\omega - \hat{\omega})n} + \frac{A_1}{2} \mathrm{e}^{-\mathrm{j}\theta_1} \sum_{n=0}^{N-1} \mathrm{e}^{-\mathrm{j}(\omega + \hat{\omega})n} \end{aligned} \tag{3.1.13}$$

推导可得

$$\tan\theta_1 = \frac{c_1}{c_3} \cdot \frac{\tan\phi_1 - c_2}{\tan\phi_1 + c_4} \tag{3.1.14}$$

式中，ϕ_1 为 $S_{1N}(\hat{\omega})$ 的相位。

$$\begin{cases} c_1 = \sin\alpha_1 \sin\alpha_2 \cos(\alpha_1 - \alpha_3) + \sin\alpha_3 \sin\alpha_4 \cos(\alpha_4 - \alpha_2) \\ c_2 = \sin\alpha_1 \sin\alpha_2 \sin(\alpha_1 - \alpha_3) - \sin\alpha_3 \sin\alpha_4 \sin(\alpha_4 - \alpha_2) \\ c_3 = \sin\alpha_1 \sin\alpha_2 \sin(\alpha_1 - \alpha_3) + \sin\alpha_3 \sin\alpha_4 \sin(\alpha_4 - \alpha_2) \\ c_4 = \sin\alpha_1 \sin\alpha_2 \cos(\alpha_1 - \alpha_3) - \sin\alpha_3 \sin\alpha_4 \cos(\alpha_4 - \alpha_2) \\ \alpha_1 = N(\omega - \hat{\omega}) / 2 \\ \alpha_2 = (\omega + \hat{\omega}) / 2 \\ \alpha_3 = (\omega - \hat{\omega}) / 2 \\ \alpha_4 = N(\omega + \hat{\omega}) / 2 \end{cases} \tag{3.1.15}$$

同理，对于 $s_2(n)$ ，有

$$\tan\theta_2 = \frac{c_1}{c_3} \cdot \frac{\tan\phi_2 - c_2}{\tan\phi_2 + c_4} \tag{3.1.16}$$

推导可得两路信号之间的相位差为

$$\Delta\theta = \arctan\left[\frac{m_1(\tan\phi_2 - \tan\phi_1)}{m_2 + m_3(\tan\phi_1 + \tan\phi_2) + m_4\tan\phi_1\tan\phi_2}\right] \tag{3.1.17}$$

式 中， $m_1 = N(\sin\hat{\omega})^2 - (\sin\alpha)^2 / N$ ； $m_2 = N(\sin\hat{\omega})^2 + (\sin\alpha)^2 / N - 2\sin\hat{\omega}\sin\alpha$ $\cdot\cos(\alpha - \hat{\omega})$ ； $m_3 = 2\sin\hat{\omega}\sin\alpha\sin(\alpha - \hat{\omega})$ ； $m_4 = N(\sin\hat{\omega})^2 + (\sin\alpha)^2 / N + 2\sin\hat{\omega}\sin\alpha$ $\cdot\cos(\alpha - \hat{\omega})$ ； $\alpha = N\hat{\omega}$ 。

由 DTFT 算法的基本原理可知，在计算相位差之前需要预知信号频率，且信号频率的计算精度直接影响到相位差的计算精度。为此，Hou 等[12]将自适应格型陷波器用于信号频率的实时计算与跟踪，具有较高的计算精度与跟踪速度，同时，对信号的预处理提高了信噪比，为后续的 DTFT 奠定了良好的基础。但是，DTFT 算法是一个逐步迭代的过程，对于一段时间内较为恒定的信号具有较高的处理精度。当信号在一段时间内发生变化或者微小波动时，DTFT 算法无法良好地处理当前动态变化的相位差，造成较大的计算误差。为此，李叶等[13]提出了基于加窗的滑动 DTFT(sliding DTFT，SDTFT)算法，实现了对时变信号相位差的高精度测量；同时，通过递推算法减少了计算量，避免了序列不断叠加出现的数据溢出问题，便于实际系统的实现。

3.1.2　时域信号处理方法

科氏质量流量计时域信号处理方法的基本原理是：根据传感器输出信号所具有的时域特点，采取有针对性的分析与处理，实现对幅值、频率和相位差三个特征量的实时精确测量。

1. 基于希尔伯特变换的信号处理方法

希尔伯特(Hilbert)变换是根据科氏质量流量传感器输出信号的正弦性，通过 90° 移相器构造两路解析信号，利用正余弦信号的性质实现对相位差、频率和幅值的测量。

科氏质量流量传感器两路信号采样后的序列为

$$\begin{cases} x_1 = A\cos(\omega n + \theta_1) \\ x_2 = A\cos(\omega n + \theta_2) \end{cases} \tag{3.1.18}$$

经过 Hilbert 变换后，产生 90°相移的信号为

$$\begin{cases} y_1 = A\sin(\omega n + \theta_1) \\ y_2 = A\sin(\omega n + \theta_2) \end{cases} \tag{3.1.19}$$

得到两路信号的相位差、幅值和频率分别为

$$\theta_1 - \theta_2 = \arctan\left(\frac{y_1}{x_1}\right) - \arctan\left(\frac{y_2}{x_2}\right) \tag{3.1.20}$$

$$A = \sqrt{x_1^2 + y_1^2} \tag{3.1.21}$$

$$f = \left\{\arctan\left[\frac{y_1(n+1)}{x_1(n+1)}\right] - \arctan\left[\frac{y_1(n)}{x_1(n)}\right]\right\} f_s / (2\pi) \tag{3.1.22}$$

Hilbert 变换方法测量原理如图 3.1.2 所示。

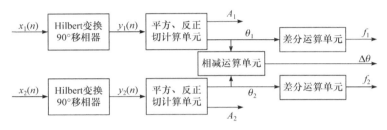

图 3.1.2　Hilbert 变换方法测量原理

Hilbert 变换方法具有无须预知信号频率、无收敛过程、计算精度高等优点，但是其抗干扰能力较弱，计算精度受噪声干扰较大，要求信号具有较高的信噪比。因此，信号的预滤波环节十分重要。杨辉跃等[14]、黄丹平等[15]和刘维来等[16]分别提出了基于奇异值分解(singular value decomposition, SVD)降噪、基于小波变换和多相抽取滤波以及带通滤波的信号预处理方法，有效增强了信噪比，提高了相位差的计算精度。张建国等[17]将格型自适应滤波与 Hilbert 变换方法相结合，设计了一种科氏质量流量计的信号处理方法，采用窗函数有效抑制了 Hilbert 变换存在的端点效应，提高了测量精度。在以 TMS320F28335 DSP 为核心的变送器上实时实现该方法，进行了电信号测试和水流量标定实验，在量程比为 10∶1 的范围内，测量准确度为 0.1 级，测试结果表明该方法是可行、有效的。

2. 基于过零检测方法的信号处理方法

过零检测方法的基本原理是通过提取周期性的过零点得到相位信息和频率信息。过零检测方法具有运算量小、无收敛过程和响应速度快等优点，但是其为时域处理方法，容易受到谐波噪声和随机噪声的干扰，导致计算结果波动大。同时，过零点的计算精度直接决定了频率和相位差的计算精度。为此，郑德智等[18]提出了将多抽一滤波的有限冲激响应(finite impulse response, FIR)滤波器和切比雪夫曲线拟合相结合的数字式过零检测方法，侯其立等[19]提出了将带通滤波和二次拉格朗日(Lagrange)插值拟合相结合的数字式过零检测方法,均实现了对噪声的良好抑制与过零点的精确提取,提高了频率与相位差的计算精度。刘翠等[20]针对微弯形科氏质量流量计测量小流量时精度差的问题,设计了高精度调理电路,研究两级滤波与四点拉格朗日插值相结合的高精度过零检测方法。在变送器调理电路方面,采用"前置放大器+抗混叠无源 RC 滤波器+Σ-Δ 型 ADC"的结构,降低了信号相位差受温度的影响,而且大大提升了系统的零点稳定性。在变送器软件方面,采用两级滤波器更彻底地滤除传感器固有频率之外的噪声干扰;采用四点拉格朗日插值方法计算信号的过零点,计算量更小、零点检测更精确,而且加强了后期的平均处理,提高了测量结果的准确性及稳定性。在以 TMS320F28335 DSP 为核心的硬件平台上实时实现方法时,采取了一些有效措施,以保证方法精度。例如,为减少运算量,采用反向四点拉格朗日插值;为充分发挥零点作用,以相邻四个零点为一组进行平均,从而得到频率值。将研制的变送器与不同的微弯形科氏质量流量传感器相匹配进行水流量标定实验,取得了较好的实验结果。

3. 基于相关法的信号处理方法

相关法的基本思想是:在理想情况下,噪声与信号之间、噪声与噪声之间是互不相关的。因而,利用相关法计算两路信号的相位差,可以有效消除随机噪声的干扰。

将科氏质量流量计的两路信号定义为

$$\begin{cases} x_1 = \sin(\omega t + \theta_1) + n_1(t) \\ x_2 = \sin(\omega t + \theta_2) + n_2(t) \end{cases} \tag{3.1.23}$$

式中, $n_1(t)$ 和 $n_2(t)$ 为互不相关的噪声信号。

两路信号的自相关运算为

$$R_{x_1 x_2} = \frac{1}{T} \int_0^T [\sin(\omega t + \theta_1) + n_1(t)] \cdot [\sin(\omega t + \theta_2) + n_2(t)] \mathrm{d}t \tag{3.1.24}$$

根据信号与噪声以及噪声与噪声之间的不相关性,式(3.1.24)可以简化为

$$R_{x_1 x_2} = \frac{1}{2} \cos(\theta_1 - \theta_2) \tag{3.1.25}$$

所以,两路信号的相位差为

$$\theta_1 - \theta_2 = \arccos(2R_{x_1 x_2}) \tag{3.1.26}$$

由相关法的原理可知,相关运算是要求信号为整周期的积分运算,在实际情况下,周围环境的变化和其他因素的干扰使得传感器信号的频率在一个微小范围内波动,实际采样时很难做到要求的整周期采样,使得相关法在计算相位

差时产生了较大的误差。为此，杨俊等[21]提出了一种整周期采样的调整方法，使得参与相关运算的序列尽可能地接近整周期，在一定程度上减小了非整周期采样带来的计算误差。涂亚庆等[22]提出了一种基于构造参考信号和多次相关运算的信号处理方法，可以实现任意长序列相关运算的相位差计算，消除相关法中非整周期采样带来的计算误差。虽然相关法可以很好地消除随机噪声的干扰，但是其受谐波噪声的影响较大，需要对信号进行预处理，以消除谐波噪声对相位差计算的影响。

4. 基于正交解调的信号处理方法

科氏质量流量传感器的信号频率随着流体密度的变化而变化，因此可以将该信号看作调频信号，并使用正交解调的方法对信号进行处理。

科氏质量流量传感器输出信号为

$$\begin{cases} x_1(n) = A_1 \sin[(\omega + \Delta\omega)n + \theta_1] + \varepsilon_1(n) \\ x_2(n) = A_2 \sin[(\omega + \Delta\omega)n + \theta_2] + \varepsilon_2(n) \end{cases} \tag{3.1.27}$$

式中，ω 为没有流体流过时的固有频率；$\Delta\omega$ 为有流体流过时引起的固有频率的变化；$\varepsilon_1(n)$ 和 $\varepsilon_2(n)$ 分别为两路信号中的噪声。

使用频率固定为 ω 的正弦、余弦信号对原信号进行解调：

$$\begin{aligned} S_{i1}(n) &= x_1(n)\cos(\omega n) + \tilde{\varepsilon}_{i1}(n) \\ &= \frac{A_1}{2}\sin(\Delta\omega n + \theta_1) - \frac{A_1}{2}\sin[(2\omega + \Delta\omega)n + \theta_1] + \tilde{\varepsilon}_{i1}(n) \\ S_{q1}(n) &= x_1(n)\sin(\omega n) + \tilde{\varepsilon}_{q1}(n) \\ &= \frac{A_1}{2}\cos(\Delta\omega n + \theta_1) - \frac{A_1}{2}\cos[(2\omega + \Delta\omega)n + \theta_1] + \tilde{\varepsilon}_{q1}(n) \end{aligned} \tag{3.1.28}$$

可以看出，解调后的第一路信号包括低频分量、高频分量和噪声分量，假设经过低通滤波之后高频分量与噪声分量可以被完全滤除，则此时只剩下低频分量。

$$\begin{cases} I_1(n) = \dfrac{A_1}{2}\sin(\Delta\omega n + \theta_1) \\ Q_1(n) = \dfrac{A_1}{2}\cos(\Delta\omega n + \theta_1) \end{cases} \tag{3.1.29}$$

同理，可得解调后第二路信号的低频分量为

$$\begin{cases} I_2(n) = \dfrac{A_2}{2}\sin(\Delta\omega n + \theta_2) \\ Q_2(n) = \dfrac{A_2}{2}\cos(\Delta\omega n + \theta_2) \end{cases} \tag{3.1.30}$$

可得两路信号的幅值分别为

$$\begin{cases} A_1 = 2\sqrt{I_1^{\,2}(n)+Q_1^{\,2}(n)} \\ A_2 = 2\sqrt{I_2^{\,2}(n)+Q_2^{\,2}(n)} \end{cases} \tag{3.1.31}$$

信号的频率为

$$\Delta\omega = \arctan\left[\frac{I_1(n)}{Q_1(n)}\right] - \arctan\left[\frac{I_1(n-1)}{Q_1(n-1)}\right] \tag{3.1.32}$$

$$\omega_0 = \omega + \Delta\omega \tag{3.1.33}$$

两路信号的相位差为

$$\theta_1 - \theta_2 = \arctan\left[\frac{I_1(n)}{Q_1(n)}\right] - \arctan\left[\frac{I_2(n)}{Q_2(n)}\right] \tag{3.1.34}$$

正交解调算法实现原理如图 3.1.3 所示。

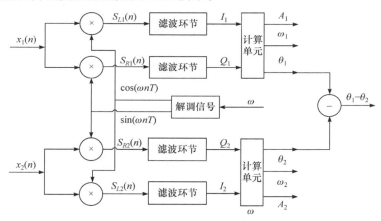

图 3.1.3　正交解调算法实现原理

正交解调算法可以同时对幅值、频率和相位差进行跟踪计算。该算法具有测频范围广、对谐波干扰抑制能力强和短时间内检测到频率偏移的优点，但是其计算的精度受随机噪声的干扰较大。同时，该算法实现的基础是能够对高频分量和噪声分量进行良好滤波，如果滤波效果不好，将会带来较大的测量误差。因此，低通滤波器的设计是正交解调算法的一个关键环节，直接决定了算法后续的处理精度。为此，徐科军等[23]提出了梳状滤波器与低通加窗 FIR 滤波器相结合的两级低通滤波器，实现了对高频谐波噪声和随机噪声的良好抑制，保证了正交解调算法的计算精度。

此外，Henry 等[24]提出了基于同步调制的科氏质量流量计信号处理方法。徐科军等[25]对其中的相位差计算方法进行了探讨，给出了正确的公式推导，并进行了仿真和性能分析。

Freeman 等[26]提出了基于数字锁相环的科氏质量流量计信号处理方法。徐文福等[27]、徐科军等[28]对其进行了改进，并进行了仿真。仿真结果表明，在有谐波干扰的情况下，基于数字锁相环的科氏质量流量计信号处理方法可以准确跟踪信号频率的变化和计算相位差。

3.1.3　不同方法比较

科氏质量流量计频域信号处理方法中的 DFT 算法、Goertzel 算法和 DTFT 算法本质上都是通过傅里叶系数来计算两路信号之间的相位差的，但是这三种算法是一个逐步改进的过程，在改进的过程中，也会带来一些新的问题。频域信号处理方法的演变与改进过程如图 3.1.4 所示[4]。

图 3.1.4　频域信号处理方法的演变与改进过程

科氏质量流量计时域信号处理方法的基本原理是：根据传感器输出信号具有的时域特点，采取有针对性地分析与处理，形成特定的算法，实现对相位差、频率和幅值三个特征量的实时精确提取。时域信号处理方法归纳总结如图 3.1.5 所示[4]。

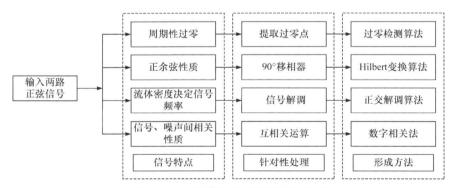

图 3.1.5　时域信号处理方法归纳总结

对于科氏质量流量计时频域不同的信号处理方法，其对特征量测量基本原理的差异，使得不同的信号处理方法之间呈现出明显的差异性，即不同的信号处理方法均具有各自独特的优缺点。上述 7 种科氏质量流量计信号处理方法优缺点对比分析如表 3.1.1 所示[4]。

表 3.1.1　7 种科氏质量流量计信号处理方法优缺点对比分析

方法	优点	缺点
DFT 频谱分析方法	有效抑制谐波噪声和随机噪声干扰	需要整周期采样和频谱校正
Goertzel 算法	计算固定频率点傅里叶系数，消除非整周期采样带来的频谱泄漏	需要预知信号基频，收敛过程较长
DTFT 算法	考虑负频率对相位计算的影响，逐点输出傅里叶系数，相位差计算精度高	需要预知信号基频，迭代过程使得响应速度较慢
Hilbert 变换算法	同时跟踪频率、相位差和幅值信息，无收敛过程，无迭代	易受噪声干扰，信号的信噪比要求较高，需要良好的信号预处理
过零检测算法	运算量小，无收敛过程，响应速度快	易受谐波噪声和随机噪声干扰，对过零点提取要求较高
数字相关法	有效抑制随机噪声干扰	易受谐波噪声影响，需要整周期采样
正交解调算法	同时跟踪频率、相位差和幅值信息，有效抑制谐波噪声，信噪比高时计算精度高	易受随机噪声干扰，对低通滤波器设计要求较高

3.2　基于 DTFT 的信号处理方法

针对固有频率较低的 U 形科氏质量流量计，将具有陷波器结构的带通滤波器、格型自适应陷波滤波器和计及负频率影响的 DTFT 算法进行有机结合来处理传感器信号，以提高小流量测量精度、拓展量程比、增强系统的抗干扰能力。具体地，两路传感器信号经 ADC 采样后，先经过带通滤波器进行预处理，以消除噪声的影响；滤波后的信号经过格型自适应陷波滤波器计算出信号的频率，并且实现对信号的二次滤波；采用计及负频率影响的 DTFT 算法计算两路信号的相位差，以提高算法的收敛速度和计算精度[29,30]。

3.2.1　带通滤波器

实际工业现场存在很多噪声，如随机噪声、工频干扰、电机和管道振动等引起的某一固定频率干扰，此外，在流体流速大时，流体的冲击力还会引入很大的谐波干扰，这些干扰的频带分布很宽，而科氏质量流量计两路传感器信号间的相位差非常小，为实现精确测量，必须要最大限度地消除噪声干扰的影响。本节结合陷波器的特性，采用一种具有陷波器结构的 IIR 带通滤波器对传感器信号进行滤波[29,30]。

带通滤波器的传递函数为

$$H\left(z^{-1}\right) = \frac{1 + \rho_1 \alpha z^{-1} + \rho_1^2 z^{-2}}{1 + \rho_2 \alpha z^{-1} + \rho_2^2 z^{-2}} \tag{3.2.1}$$

式中，$\alpha = -2\cos\omega$，ω 为陷阱频率；$0 < \rho_1 < 1$；$0 < \rho_2 < 1$。

将 $z = \mathrm{e}^{j\omega} = \cos\omega + j\sin\omega$ 和 $\alpha = -2\cos\omega$ 代入式(3.2.1)，可得其在陷阱频率处的增益为

$$\left| H\left(z^{-1}\right) \right| = \sqrt{\left| \frac{1 + \rho_1 \alpha z^{-1} + \rho_1^2 z^{-2}}{1 + \rho_2 \alpha z^{-1} + \rho_2^2 z^{-2}} \right|} = \sqrt{\frac{(1-\rho_1)^2\left[(1+\rho_1)^2 - 4\rho_1\cos^2\omega\right]}{(1-\rho_2)^2\left[(1+\rho_2)^2 - 4\rho_2\cos^2\omega\right]}} \tag{3.2.2}$$

当 ρ_1、ρ_2 非常接近于 1，而 ω 不在 0、π、2π 附近时，式(3.2.2)可以简化为

$$H\left(z^{-1}\right) \approx \frac{1-\rho_1}{1-\rho_2} \tag{3.2.3}$$

可见，当 $\rho_1 > \rho_2$ 时，陷阱处为衰减；当 $\rho_1 < \rho_2$ 时，陷阱处为放大。陷阱深度由 ρ_1、ρ_2 决定，而受 ω 影响很小。

滤波器的陷阱宽度由 ρ_1 和 ρ_2 的值决定，并且主要由 ρ_2 决定。当设计滤波器时，可先固定 ρ_1，通过调节 ρ_2 来改变陷波器的陷阱宽度，其值越接近于 1，陷阱宽度越窄；再调节 ρ_1，改变陷阱深度。

3.2.2　格型自适应谱线增强器

谱线增强器的目的在于把正弦信号从宽带噪声中提取出来，而当正弦信号是需要抑制的噪声时，实现这一功能的滤波器称为陷波器。自适应谱线增强器可以由陷波器来实现，如图 3.2.1 所示[31]。

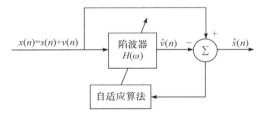

图 3.2.1　自适应谱线增强器

设带噪声的信号 $x(n) = s(n) + v(n)$，其中 $s(n)$ 是正弦信号，$v(n)$ 是宽带噪声信号。当经过陷波器时，正弦信号 $s(n)$ 将被抑制，产生 $v(n)$ 的最优估计 $\hat{v}(n)$。在原始信号与噪声的估计信号相减后，便得到正弦信号的估计信号为

$\hat{s}(n) = s(n) + v(n) - \hat{v}(n)$。

采用如图 3.2.2 所示的格型 IIR 陷波器处理科氏质量流量传感器信号，其由两个格型滤波器级联而成。

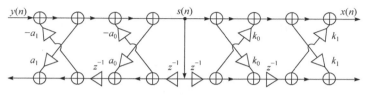

图 3.2.2　格型 IIR 陷波器

$s(n)$ 左侧的格型滤波器 $H_1(z)$ 输入为 $y(n)$，输出为 $s(n)$，其右侧格型滤波器 $H_2(z)$ 的输入为 $s(n)$，输出为 $x(n)$，$H_1(z)$ 和 $H_2(z)$ 的输出方程为

$$\begin{cases} s(n) + a_0(1+a_1)s(n-1) + a_1 s(n-2) = y(n) \\ s(n) + k_0(1+k_1)s(n-1) + k_1 s(n-2) = x(n) \end{cases} \tag{3.2.4}$$

其传递函数为

$$\begin{cases} H_1(z) = \dfrac{1}{1 + a_0(1+a_1)z^{-1} + a_1 z^{-2}} \\ H_2(z) = 1 + k_0(1+k_1)z^{-1} + k_1 z^{-2} \end{cases} \tag{3.2.5}$$

整个格型 IIR 陷波器的传递函数为

$$H(z) = \frac{1 + k_0(1+k_1)z^{-1} + k_1 z^{-2}}{1 + a_0(1+a_1)z^{-1} + a_1 z^{-2}} \tag{3.2.6}$$

格型 IIR 陷波器由一个全零点和一个全极点格型滤波器组成。$H_1(z)$ 为整个格型 IIR 陷波器的极点部分，而 $H_2(z)$ 为整个格型 IIR 陷波器的零点部分。为构成陷波器，令 $a_0(1+a_1) = \rho k_0(1+k_1)$，$a_1 = \rho^2 k_1$，考虑到 $\rho \to 1$，所以近似有 $a_1 = \rho k_1$、$a_0 = k_0$。

为了减少算法的计算量，将零点固定在单位圆上，即令 $k_1 = 1$，则格型 IIR 陷波器的传递函数为

$$H(z) = \frac{1 + 2k_0 z^{-1} + z^{-2}}{1 + k_0(1+\rho)z^{-1} + \rho z^{-2}} \tag{3.2.7}$$

参数 ρ 决定了陷波器的宽度，在初始时，将陷波器的宽度设置得略大一些，然后慢慢减小陷阱宽度，这样有助于陷波器在初始时刻快速捕获信号频率；在陷波器跟踪到信号后，陷阱宽度慢慢减小，使得最终跟踪频率的精度得到提高。在陷波器参数收敛后，为保证陷波器能够较好地跟踪信号频率的变化，陷波器的宽度不宜太小。仿真发现，当 ρ 的终值设置为 0.99 时，既可以保证陷波器频率的计算精度，

也可以保证陷波器能够较好地跟踪信号频率的变化。其迭代过程如下[32,33]：

$$\rho(n) = 0.99 - 0.195 \times 0.99^{(n-1)} \tag{3.2.8}$$

整个算法的自适应过程如下：

$$s(n) = \frac{y(n)}{1 + \hat{k}_0(n-1)(1 + \rho(n))z^{-1} + \rho(n)z^{-2}} \tag{3.2.9}$$

$$D(n) = \lambda(n)D(n-1) + 2(1 - \lambda(n))s^2(n-1) \tag{3.2.10}$$

$$C(n) = \lambda(n)C(n-1) + (1 - \lambda(n))s(n-1)[s(n) + s(n-2)] \tag{3.2.11}$$

$$\hat{k}_0(n) = -C(n)/D(n) \tag{3.2.12}$$

式中，λ 为遗忘因子，迭代过程为

$$\lambda(n) = 1 - 0.05 \times 0.99^{(n-1)} \tag{3.2.13}$$

为保证格型 IIR 陷波器的稳定，对 k_0 的值进行限定：

$$\hat{k}_0(n) = \begin{cases} \hat{k}_0(n), & -1 \leqslant \hat{k}_0(n) \leqslant 1 \\ 1, & \hat{k}_0(n) > 1 \\ -1, & \hat{k}_0(n) < -1 \end{cases} \tag{3.2.14}$$

信号的频率估计为

$$\hat{\omega}(n) = \arccos(-\hat{k}_0(n)) \tag{3.2.15}$$

整个陷波器的输出为

$$x(n) = s(n) + 2\hat{k}_0(n)s(n-1) + s(n-2) \tag{3.2.16}$$

则传感器信号的增强信号为

$$\hat{y}(n) = y(n) - x(n) \tag{3.2.17}$$

格型自适应算法与直接型相比，只需要调节一个参数，即可使得运算量大大减少。同时，格型自适应算法收敛速度快，收敛后数值稳定。通过调整 ρ，可在保证计算精度的同时对信号有较强的跟踪能力。

3.2.3 计及负频率影响的 DTFT 算法

设两路同频率的正弦信号为

$$\begin{cases} s_1(t) = A_1 \cos(2\pi f_0 t + \theta_1) \\ s_2(t) = A_2 \cos(2\pi f_0 t + \theta_2) \end{cases} \tag{3.2.18}$$

式中，A_1、A_2 为信号的幅值；f_0 为信号的频率；θ_1、θ_2 为信号的初始相位值。

采样频率为 f_s，同时对两路信号进行采样，得到序列为

$$\begin{cases} s_1(n) = A_1 \cos(\omega n + \theta_1) \\ s_2(n) = A_2 \cos(\omega n + \theta_2) \end{cases}, \quad n = 0, 1, \cdots, N-1 \tag{3.2.19}$$

式中，$\omega = 2\pi f_0 / f_s$。

设 ω 的估计值为 $\hat{\omega}$，则 $s_1(n)$ 在 $\hat{\omega}$ 处的 DTFT 为

$$S_{1N}(\hat{\omega}) = \sum_{n=0}^{N-1} A_1 \cos(\omega n + \theta_1) \cdot e^{-j\hat{\omega}n} = \sum_{n=0}^{N-1} \frac{A_1}{2} \left[e^{j(\omega n + \theta_1)} + e^{-j(\omega n + \theta_1)} \right] \cdot e^{-j\hat{\omega}n} \tag{3.2.20}$$

在此，考虑负频率的影响[34]，有

$$\begin{aligned} S_{1N}(\hat{\omega}) &= \sum_{n=0}^{N-1} \frac{A_1}{2} e^{j(\omega n + \theta_1)} \cdot e^{-j\hat{\omega}n} + \sum_{n=0}^{N-1} \frac{A_1}{2} e^{-j(\omega n + \theta_1)} \cdot e^{-j\hat{\omega}n} \\ &= \frac{A_1}{2} e^{j\theta_1} \sum_{n=0}^{N-1} e^{j(\omega - \hat{\omega})n} + \frac{A_1}{2} e^{-j\theta_1} \sum_{n=0}^{N-1} e^{-j(\omega + \hat{\omega})n} \end{aligned} \tag{3.2.21}$$

经推导，有

$$\tan\theta_1 = \frac{c_1}{c_3} \cdot \frac{\tan\phi_1 - c_2}{\tan\phi_1 + c_4} \tag{3.2.22}$$

式中，ϕ_1 为 $S_{1N}(\hat{\omega})$ 的相位。

$$\begin{cases} c_1 = \sin\alpha_1 \sin\alpha_2 \cos(\alpha_1 - \alpha_3) + \sin\alpha_3 \sin\alpha_4 \cos(\alpha_4 - \alpha_2) \\ c_2 = \sin\alpha_1 \sin\alpha_2 \sin(\alpha_1 - \alpha_3) - \sin\alpha_3 \sin\alpha_4 \sin(\alpha_4 - \alpha_2) \\ c_3 = \sin\alpha_1 \sin\alpha_2 \sin(\alpha_1 - \alpha_3) + \sin\alpha_3 \sin\alpha_4 \sin(\alpha_4 - \alpha_2) \\ c_4 = \sin\alpha_1 \sin\alpha_2 \cos(\alpha_1 - \alpha_3) - \sin\alpha_3 \sin\alpha_4 \cos(\alpha_4 - \alpha_2) \\ \alpha_1 = N(\omega - \hat{\omega})/2 \\ \alpha_2 = (\omega + \hat{\omega})/2 \\ \alpha_3 = (\omega - \hat{\omega})/2 \\ \alpha_4 = N(\omega + \hat{\omega})/2 \end{cases} \tag{3.2.23}$$

对于 $s_2(n)$，有

$$\tan\theta_2 = \frac{c_1}{c_3} \cdot \frac{\tan\phi_2 - c_2}{\tan\phi_2 + c_4} \tag{3.2.24}$$

因而，两路信号的相位差为

$$\Delta\theta = \arctan\left[\frac{m_1(\tan\phi_2 - \tan\phi_1)}{m_2 + m_3(\tan\phi_1 + \tan\phi_2) + m_4 \tan\phi_1 \tan\phi_2} \right] \tag{3.2.25}$$

式中，

$$m_1 = N(\sin\hat{\omega})^2 - (\sin\alpha)^2 / N \tag{3.2.26}$$

$$m_2 = N(\sin\hat{\omega})^2 + (\sin\alpha)^2 / N - 2\sin\hat{\omega}\sin\alpha\cos(\alpha - \hat{\omega}) \tag{3.2.27}$$

$$m_3 = 2\sin\hat{\omega}\sin\alpha\sin(\alpha - \hat{\omega}) \tag{3.2.28}$$

$$m_4 = N(\sin\hat{\omega})^2 + (\sin\alpha)^2 / N + 2\sin\hat{\omega}\sin\alpha\cos(\alpha - \hat{\omega}) \tag{3.2.29}$$

$$\alpha = N\hat{\omega} \tag{3.2.30}$$

综上，采用计及负频率的 DTFT 算法计算相位差的基本步骤如下：

(1) 求出信号频率 ω 的估计值 $\hat{\omega}$。

(2) 利用 DTFT 算法分别求出两路信号在 $\hat{\omega}$ 处的 DTFT，求出 $\tan\phi_1$ 和 $\tan\phi_2$，

$$\tan\phi_1 = \frac{\text{Im}[S_{1N}(\hat{\omega})]}{\text{Re}[S_{1N}(\hat{\omega})]}, \quad \tan\phi_2 = \frac{\text{Im}[S_{2N}(\hat{\omega})]}{\text{Re}[S_{2N}(\hat{\omega})]}。$$

(3) 由 $\hat{\omega}$、N 求出 $m_1 \sim m_4$，结合 $\tan\phi_1$、$\tan\phi_2$，代入式(3.2.25)中，求出相位差。

DTFT 算法可以在每个采样点输出傅里叶系数，满足科氏质量流量计信号处理的实时性要求，同时，考虑负频率的影响，提高了算法的收敛速度和收敛精度。

3.2.4 方法仿真结果

1. 方法抗干扰仿真结果

产生的信号为 $x = 1.0 \cdot \sin(2\pi \cdot \text{fre} / f_s \cdot n) + \text{noise1} + \text{noise2} + \text{noise3}$，信号频率 fre 为 187.8Hz(为 CNG050 型科氏质量流量传感器满管时的固有频率)，采样频率 f_s 为 2kHz，采样点数为 6000；noise1 为整个频带的随机噪声，幅度为 0.02；noise2 为信号频率的二次谐波干扰，幅度为 0.05；noise3 为频带范围为 150～250Hz 的随机噪声，幅度为 0.02。信噪比约为 26dB，用本节设计的滤波器对信号进行预处理，滤波前后的信号频谱如图 3.2.3 所示[35]。

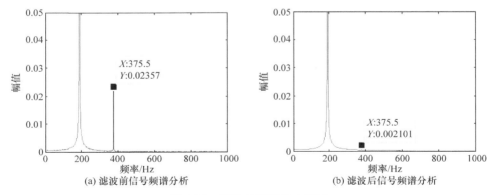

(a) 滤波前信号频谱分析　　　　　　(b) 滤波后信号频谱分析

图 3.2.3　算法抗干扰能力测试

可见，采用的滤波器较好地滤除了二次谐波干扰，并对随机噪声进行了有效抑制。

2. 方法稳定性仿真结果

先对带噪声的信号进行滤波预处理，再采用格型自适应算法计算信号频率，格型自适应陷波器仿真结果如图 3.2.4 所示。由图可见，格型自适应算法收敛后数值稳定，波动小，经过 1000 点的数据收敛后，计算频率的精度优于0.002%。

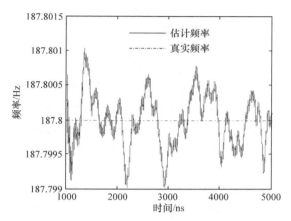

图 3.2.4　格型自适应陷波器仿真结果

根据格型自适应算法得出的信号频率，调用 DTFT 算法，求取两路信号的相位差。为了消除格型自适应算法收敛过程的影响，取 2000 点以后的数据进行DTFT。DTFT 算法亦存在收敛过程，故对 1500 点以后的 DTFT 计算结果进行后续平均处理，DTFT 算法仿真数据如表 3.2.1 所示。

表 3.2.1　DTFT 算法仿真数据

给定相位差/(°)	算法计算均值/(°)	相对误差/%	给定相位差/(°)	算法计算均值/(°)	相对误差/%
0.1	0.099986	−0.013	0.2	0.199985	−0.007
0.3	0.299986	−0.005	0.4	0.399958	−0.010
0.5	0.500051	0.010	0.6	0.599958	−0.006
0.7	0.699915	−0.012	0.8	0.799905	−0.012
0.9	0.900049	0.005	1.0	1.000074	0.007
1.3	1.299878	−0.009	1.6	1.599852	−0.009
2.0	2.000232	0.012	3.0	2.999703	−0.010

由表 3.2.1 可见，当相位差在[0.1°，3.0°]变化时，DTFT 算法的计算误差小于0.02%，并具有较好的稳定性。

3.3　基于过零检测的信号处理方法

与 U 形科氏质量流量计相比，微弯形科氏质量流量计具有体积小、重量轻和安装方便的特点，特别适合化工工业管道密集的场合，且压力损失更小，不容易产生流量的淤积；其流量管的固有频率更高，一般在 300Hz 左右，易与低频的噪声进行区分，因此更受用户欢迎[35]。但是，微弯形科氏质量流量计的信号处理更加困难。一方面，由于微弯形流量管的固有频率高，变送器必须用较高的采样频率采集传感器信号，这就对算法的实时实现提出了更高的要求。例如，针对 U 形科氏质量流量计，其固有频率为 70～120Hz，采样频率为 2kHz，DSP 指令执行速度为 150MIPS(百万条指令/秒)，平均每点运算所需时间为 450μs(包括预处理、格型自适应算法、DTFT 算法以及后续平均处理)。对于微弯形科氏质量流量计，为了保证计算精度，需要提高采样频率；为了实时反映流量的变化，必须在两个相邻采样数据之间完成算法的运算。而 TMS320F28335 DSP 芯片由于受资源限制，无法实时完成算法的运算。若简化目前的算法，减少计算量，则势必会降低计算精度。另一方面，微弯形流量管的振幅较小，两路信号的相位差更小。例如，U形科氏质量流量计最大流量点对应的相位差约为 3°，而微弯形科氏质量流量计最大流量点对应的相位差约为 0.5°，因此更加难以测量。

针对微弯形科氏质量流量计信号，首先，应该采用一种运算量较小的算法，以实时实现该算法；其次，在实时实现算法的前提下，实现对微小相位差的测量，保证算法的测量精度。为此，本节采用运算量较小的基于拉格朗日插值的过零检测方法，来计算科氏质量流量计的频率和相位差[19,20]。

3.3.1　方法仿真验证

过零检测方法的原理见 2.6.1 节。本节对该方法进行仿真验证。用 MATLAB产生信号：

$$x = 1.0 \cdot \sin(2\pi \cdot \text{fre} / f_s \cdot n) + noise1 + noise2 + noise3 \tag{3.3.1}$$

式中，信号频率 fre 为 326Hz(微弯形科氏质量流量管满管时的固有频率)；采样频率 f_s 为 3.75kHz；noise1 为整个频带的随机噪声，幅度为 0.02；noise2 为信号频率的二次谐波干扰，幅度为 0.05；noise3 为频带范围为 260～390Hz 的随机噪声，幅度为 0.02，信噪比约为 26dB。

先对带噪声的信号经过带通滤波器进行预处理，再调用过零检测方法，计算信号的频率及相位差。频率仿真结果如图 3.3.1 所示。由图可见，频率计算的精度优于 0.003%。

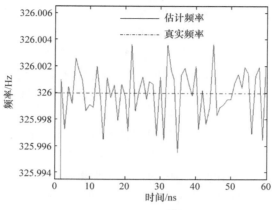

图 3.3.1　频率仿真结果

相位差计算结果如表 3.3.1 所示，表中结果为 1s 时间内数据计算的均值。

表 3.3.1　相位差计算结果

给定相位差/(°)	算法计算均值/(°)	相对误差/%	给定相位差/(°)	算法计算均值/(°)	相对误差/%
0.01	0.0099961	−0.038	0.02	0.0199944	−0.028
0.03	0.0299881	−0.040	0.04	0.0399975	−0.006
0.05	0.0499842	−0.031	0.06	0.0599628	−0.062
0.07	0.0699810	−0.027	0.08	0.0799884	−0.014
0.09	0.0899639	−0.040	0.10	0.0999703	−0.030
0.20	0.1999373	−0.031	0.30	0.2999554	−0.015
0.40	0.3999513	−0.012	0.50	0.4999209	−0.016
0.70	0.6998325	−0.024	1.00	0.9999312	−0.007
2.00	1.9995669	−0.021	3.00	2.9988015	−0.040

由表 3.3.1 中数据可见，当相位差在[0.01°，3.00°]变化时，算法的计算误差小于 0.07%[36,37]。

3.3.2　方法改进

分别从滤波器的选择、零点检测的准确性、后期平均处理三个方面着手，提出两级滤波器、四点拉格朗日插值、加强平均处理相结合的过零检测方法[38]。

1. 两级滤波器

尽管具有陷波器结构的 IIR 带通滤波器具有很窄的通带，适合于频率稳定的科氏质量流量计传感器信号的处理,但是其对远离通带处的信号衰减力度不够大。当噪声信号较大时,远离通带的频率信号(如工频干扰、二倍频噪声等)并不能完全消失,仍然叠加于传感器信号上,从而影响零点检测的准确性。因此,为了进一步改善滤波效果,加强通带以外频率信号的幅值衰减力度,提高信噪比,选择了比较简单实用的二阶巴特沃思型 IIR 带通滤波器,并与具有陷波器结构的 IIR 带通滤波器的滤波性能进行分析比较。

以上海一诺生产的 YN15 微弯形传感器为例,通过 MATLAB 软件设计滤波器,其中,信号频率为 $f = 301\text{Hz}$,采样频率为 $f_s = 3750\text{Hz}$,分别设置两种滤波器的特有参数。在设计具有陷波器结构的带通滤波器时,令 $\rho_1 = 0.75$、$\rho_2 = 0.98$;在设计二阶巴特沃思带通滤波器时,将通带设为[280Hz,320Hz],则仿真得到的巴特沃思带通滤波器的幅频特性如图 3.3.2(a)所示,两种滤波器的幅频特性对比如图 3.3.2(b)所示。

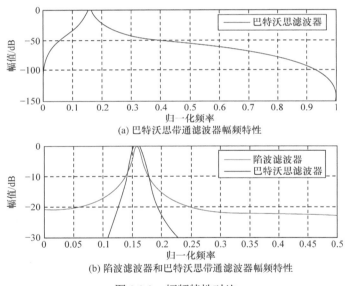

(a) 巴特沃思带通滤波器幅频特性

(b) 陷波滤波器和巴特沃思带通滤波器幅频特性

图 3.3.2　幅频特性对比

由图 3.3.2 可见,与陷波滤波器相比,巴特沃思带通滤波器具有更好的滤波效果,通带以外频率成分的幅值衰减程度更彻底,有效滤除了通带以外的噪声干扰;但是,在通带以内的频率范围内,陷波滤波器的幅频特性曲线更窄,滤波效果更好,可以更好地滤除传感器振动频率附近的窄带噪声干扰。

因此,两种滤波器的滤波特性各有优劣,为了更加彻底地滤除传感器信号的噪声干扰,将两种滤波器串联起来形成两级滤波器,两者互补,使得两级滤波器无论在通带之内还是在通带之外都具有很好的滤波效果。

科氏质量流量计两路信号经过参数相同的两级 IIR 数字滤波器后，尽管单路信号会产生一定程度的相移，但是两路信号的相位差并不会受到任何影响，因此不会影响瞬时流量的测量。

2. 四点拉格朗日插值

为了提高正弦信号零点检测的准确性，本节将三点拉格朗日插值方法进行了改进，采用了精度更高的四点拉格朗日插值方法进行曲线拟合[39]。正弦信号在零点处的曲线是奇对称的，因此围绕零点选择四个点进行拟合比三个点更具有几何上的对称性，其曲线拟合也更加切合实际曲线。当采样序列中相邻两点满足 $x(n-1) \cdot x(n) < 0$ 的条件时，选择零点左右各两点，即 $x(n-2)$、$x(n-1)$、$x(n)$、$x(n+1)$ 四点进行拉格朗日插值，插值公式如式(3.3.2)所示。

$$
\begin{aligned}
x = x(n-2) \cdot & \frac{[t-(n-1)] \cdot (t-n) \cdot [t-(n+1)]}{[(n-2)-(n-1)] \cdot [(n-2)-n] \cdot [(n-2)-(n+1)]} \\
+ x(n-1) \cdot & \frac{[t-(n-2)] \cdot (t-n) \cdot [t-(n+1)]}{[(n-1)-(n-2)] \cdot [(n-1)-n] \cdot [(n-1)-(n+1)]} \\
+ x(n) \cdot & \frac{[t-(n-2)] \cdot [t-(n-1)] \cdot [t-(n+1)]}{[n-(n-2)] \cdot [n-(n-1)] \cdot [n-(n+1)]} \\
+ x(n+1) \cdot & \frac{[t-(n-2)] \cdot [t-(n-1)] \cdot (t-n)}{[(n+1)-(n-2)] \cdot [(n+1)-(n-1)] \cdot [(n+1)-n]}
\end{aligned}
\tag{3.3.2}
$$

由式(3.3.2)可以看出，采用四点拉格朗日插值方法拟合的曲线是三阶的，因此要想准确得到过零点的位置，就要解三阶方程，计算出 $x=0$ 时对应的方程根，满足[$n-1$, n]条件的根即为过零点位置。但是，求解三阶方程的方法比较复杂且计算量大，会影响过零检测方法的实时性，所以并不适用。

本节采取反向拉格朗日插值方法来解决零点计算问题。由于正弦波在过零点处具有较好的线性及对称性，所以将采样信号的数值与对应的时间值交换，再进行四点拉格朗日插值计算，即 $x(n)$ 作为自变量，时间值 n 作为因变量进行曲线拟合。在得到拟合公式后，只需令因变量等于 0 并代入公式计算结果，即得到零点位置。此外，为了保证零点在[$n-1$, n]之内，每次对计算结果进行判断，一旦零点不属于要求范围，就用两点线性插值结果代替。四点拉格朗日插值方法计算零点流程图如图 3.3.3 所示。

3. 加强平均处理

每 500 点数据调用一次过零检测方法，得到一组信号时间差的计算结果。将计算结果按从小到大的顺序进行排列，两端各截掉 20% 的数据后，再对剩余结果求平均，得到第一级平均处理结果。第一级平均处理可以去除掉计算结果中的奇异值，为第二级平均处理做准备。

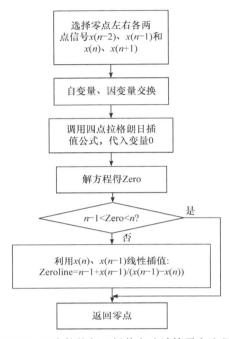

图 3.3.3　四点拉格朗日插值方法计算零点流程图

第二级平均处理采用滑动平均处理方式，在算法中定义了一个 float64 类型的临时数组 TimeDiffArray[MeanN]，用来存储时间差的第一级平均处理结果，并对数组长度 MeanN 进行宏定义。在程序运行时，将第一级平均处理结果依次保存到临时数组中，当第一级平均处理结果数不足 MeanN 时，仅对已有长度数的结果进行平均求出第二级平均处理结果；第一级平均处理结果装满临时数组后，开始滑动平均，程序如下：

```
#define MeanN 10
TimeDiffMean = TimeDiffMean + (TimeDiff – TimeDiffArray[mean_cur]) / MeanN;
TimeDiffArray[mean_cur] = TimeDiff;
mean_cur++;
if (mean_cur>= MeanN) {mean_cur = 0;}
```

上述程序中临时数组长度为 10，采用 IIR 类型的滑动平均，每次需要用到上一级的平均处理结果。但是，由于 DSP 运算精度有限，上一级的二级平均处理结果加上新增加的一级平均处理结果，再减去被替换的一级平均处理结果后，并不完全等同于当前临时数组内数据的均值，而且长时间容易造成累积误差，对算法精度产生负面影响。因此，将此段程序进行更改，每次都对临时数组内的数据进行——累加再平均，以避免产生累积误差，并且将数组长度加长为 30，增加算法计算结果的稳定性，具体程序如下：

```
#define MeanN 30
int i;
float64 TimeDiffSum = 0.0L ;
TimeDiffArray[mean_cur] = TimeDiff;
for(i=0;i<MeanN;i++){TimeDiffSum += TimeDiffArray[i];}
TimeDiffMean = TimeDiffSum / MeanN;
mean_cur++;
if(mean_cur>= MeanN) mean_cur = 0;
```

3.3.3　方法改进后仿真验证

本节以上海一诺的微弯形传感器为研究对象，通过 MATLAB 仿真对两种插值方法进行比较。在 MATLAB 中产生信号频率为 301Hz、幅值为 4.0、采样频率为 3750Hz 的两路正弦传感器信号，并且信号中添加了随机噪声、二倍频噪声以及窄带噪声干扰，信噪比约为 25.9dB。

设置两路信号的相位差为 0.5°，信号经过滤波器滤波后，分别采用三点及四点拉格朗日插值计算零点，然后根据零点计算结果得出信号的频率及相位差，结果如图 3.3.4 所示。

可见，过零检测方法中采用四点拉格朗日插值后，频率及相位差计算结果更加平稳，精度也有所提高。

此外，设两路仿真信号保持不同的相位差，则相位差计算结果如表 3.3.2 所示。

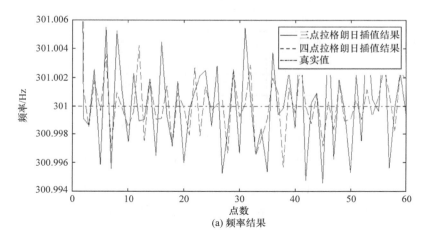

(a) 频率结果

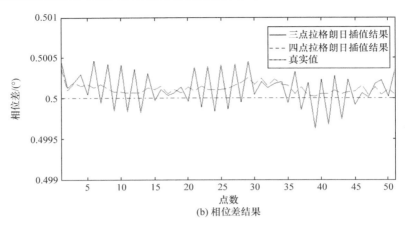

(b) 相位差结果

图 3.3.4　仿真结果

表 3.3.2　三点和四点拉格朗日插值相位差计算结果

标准值/(°)	三点拉格朗日插值		四点拉格朗日插值	
	测量值/(°)	误差/%	测量值/(°)	误差/%
0.012	0.011997	−0.025	0.012001	0.006
0.036	0.035990	−0.028	0.036009	0.024
0.072	0.071974	−0.036	0.072010	0.014
0.1	0.099997	−0.003	0.100024	0.024
0.3	0.299884	−0.039	0.300023	0.008
0.5	0.499875	−0.025	0.500007	0.001
0.7	0.699584	−0.059	0.699930	−0.010
0.9	0.899815	−0.021	0.900157	0.017
1.2	1.199557	−0.037	1.200135	0.011
1.4	1.399589	−0.029	1.400256	0.018
1.6	1.599595	−0.025	1.600295	0.018
1.8	1.799732	−0.015	1.800492	0.027
2.0	1.999457	−0.027	2.000297	0.015
2.5	2.499019	−0.039	2.500093	0.004
3.0	2.999376	−0.021	3.000558	0.019

比较表 3.3.2 中的数据可知，在[0.012°，3.0°]的相位差范围内，两种算法的计算精度均优于 1‰，但是，四点拉格朗日插值过零检测方法比三点拉格朗日插值的相位差计算精度更高。

参 考 文 献

[1] 张瀚, 徐科军. 新型数字式科氏质量流量变送器[J]. 自动化仪表, 2005, 26(1): 25-28.

[2] 郑德智, 樊尚春, 邢维巍. 数字科氏质量流量计闭环系统及信号解算[J]. 北京航空航天大学学报, 2005, 31(6): 623-626.

[3] 郑德智, 樊尚春. DSP 在科氏质量流量计中的应用[J]. 测控技术, 2004, 23(3): 21-23.

[4] 张建国, 徐科军, 方正余, 等. 数字信号处理技术在科氏质量流量计中的应用[J]. 仪器仪表学报, 2017, 38(9): 2087-2102.

[5] 徐科军, 吕迅竑, 陈荣保. 基于 DFT 的科氏流量计信号处理方法[J]. 中国科技大学学报, 1998, 28(专辑): 180-183.

[6] 于翠欣, 徐科军, 刘家军. 基于DFT 的科里奥利质量流量计信号处理方法的改进[J]. 合肥工业大学学报, 2000, 23(6): 935-939,943.

[7] Jacobsen E, Lyons R. The sliding DFT[J]. IEEE Signal Processing Magazine, 2003, 20(2): 74-80.

[8] Goertzel G. An algorithm for the evaluation of finite trigonometric series[J]. The American Mathematical Monthly, 1958, 65: 34-35.

[9] 倪伟, 徐科军. 基于时变信号模型的科里奥利质量流量计信号处理方法[J]. 仪器仪表学报, 2005, 26 (4): 358-364.

[10] 倪伟, 徐科军. 一种改进的基于时变信号模型的科里奥利质量流量计信号处理方法[C]. 第五届全球智能控制与自动化大会(WCICA 2004), 杭州, 2004: 3787-3790.

[11] 徐科军, 徐文福. 基于 AFF 和 SGA 的科氏质量流量计信号处理方法[J]. 计量学报, 2007, 28(1): 48-51.

[12] Hou Q L, Xu K J, Fang M, et al. A DSP-based signal processing method and system for CMF[J]. Measurement, 2013, 46(7): 2184-2192.

[13] 李叶, 徐科军, 朱志海, 等. 面向时变的科里奥利质量流量计信号的处理方法研究与实现[J]. 仪器仪表学报, 2010, 31(1): 8-14.

[14] 杨辉跃, 涂亚庆, 张海涛, 等. 一种基于SVD 和 Hilbert 变换的科氏流量计相位差测量方法[J]. 仪器仪表学报, 2012, 33(9): 2101-2107.

[15] 黄丹平, 汪俊其, 于少东, 等. 基于小波变换和改进 Hilbert 变换对科氏质量流量计信号处理[J]. 中国测试, 2016, 42(6): 37-41.

[16] 刘维来, 赵璐, 王克逸, 等. 基于希尔伯特变换的科氏流量计信号处理[J]. 计量学报, 2013, 34(5): 446-451.

[17] 张建国, 徐科军, 董帅, 等. 基于希尔伯特变换的科氏质量流量计信号处理方法研究与实现[J]. 计量学报, 2017, 38(3): 309-314.

[18] 郑德智, 樊尚春, 邢维巍. 科氏质量流量计相位差检测新方法[J]. 仪器仪表学报, 2005, 26(5): 441-443, 477.

[19] 侯其立, 徐科军, 李叶, 等. 用于微弯型科氏质量流量计的数字变送器研制[J]. 电子测量与仪器学报, 2011, 25(6): 540-545.

[20] 刘翠, 侯其立, 熊文军, 等. 面向微弯型科氏质量流量计的高精度过零检测算法实现[J]. 电子测量与仪器学报, 2014, 28(6): 675-682.

[21] 杨俊, 武奇生, 孙宏琦. 基于相关法的相位差检测方法在科氏质量流量计中的应用研究[J]. 传感技术学报, 2007, 20(1):138-145.

[22] 涂亚庆, 沈廷鳌, 李明, 等. 基于多次互相关的非整周期信号相位差测量算法[J]. 仪器仪表学报, 2014, 35(7): 1578-1585.

[23] 徐科军, 徐文福. 基于正交解调的科里奥利质量流量计信号处理方法研究[J]. 仪器仪表学报, 2005, 26(1): 23-27, 66.

[24] Henry M P, Clarke D W, James V H. Digital Flowmeter:US2002/0038186A1[P]. 2002-3-28.

[25] 徐科军, 张瀚. 一种科氏流量计的数字信号处理与驱动方法研究[J]. 计量学报, 2004, 25(4): 339-343, 379.

[26] Freeman B S, Ashevillc N C. Digital phase locked loop signal processing for Coriolis mass flow meter: US5804741[P]. 1998-9-08.

[27] 徐文福, 徐科军. 科里奥利质量流量计数字信号处理方法和系统[J]. 合肥工业大学学报, 2002, 25(S1): 806-810.

[28] 徐科军, 徐文福. 基于数字锁相环的科氏质量流量计信号处理方法[J]. 计量学报, 2003, 24(2): 122-128.

[29] 徐科军, 朱永强, 李叶, 等. 一种基于 DSP 的科氏质量流量变送器: ZL200910185560.8[P]. 2011-3-30.

[30] 李叶. 科里奥利质量流量计数字信号处理算法的研究与实现[D]. 合肥: 合肥工业大学, 2010.

[31] Cho N I, Lee S U. Tracking analysis of an adaptive lattice Notch filter[J]. IEEE Transactions on Circuits and Systems II: Analog and Digital Signal Processing, 1995, 42(3): 186-195.

[32] 倪伟, 徐科军. 基于时变信号模型和归一化格型陷波器的科氏流量计信号处理方法[J]. 计量学报, 2007, 28(3):243-247.

[33] 徐科军, 倪伟, 陈智渊. 基于时变信号模型和格型陷波器的科氏流量计信号处理方法[J]. 仪器仪表学报, 2006, 27(6): 596-601.

[34] 张海涛, 涂亚庆. 计及负频率影响的科里奥利质量流量计信号处理方法[J]. 仪器仪表学报, 2007, 28(3): 539-544.

[35] 王力勇, 王兴才. 弯管式 CMF 和直管式 CMF 的特点比较[J]. 自动化与仪器仪表, 2001, (3): 54-57, 60.

[36] Hou Q L, Xu K J, Fang M, et al. Development of Coriolis mass flowmeter with digital drive and signal processing technology[J]. ISA Transactions, 2013, 52(5): 692-700.

[37] 侯其立. 三种科氏质量流量计数字信号处理方法研究与实现[D]. 合肥: 合肥工业大学, 2011.

[38] 刘翠. 科氏质量流量计数字信号处理方法改进与实现[D]. 合肥: 合肥工业大学, 2013.

[39] 朱功勤. 数值计算方法[M]. 合肥: 合肥工业大学出版社, 2004.

第4章 科氏质量流量计模拟驱动技术

科氏质量流量计由一次仪表和变送器(二次仪表)组成。一次仪表由流量管、电磁激振器、磁电式速度传感器、温度传感器和外壳组成。变送器由驱动模块和数字信号处理模块等组成。驱动模块为电磁激振器提供信号和能量；电磁激振器驱动流量管，使流量管稳幅振动；流过流量管的流体使流量管发生扭曲，造成 2 个速度传感器输出信号的相位差发生变化。数字信号处理模块接收两个速度传感器的输出信号，对这两路信号进行处理，得到质量流量。其中，流量管的稳幅振动是科氏质量流量计工作的前提[1]，所以驱动部分是科氏质量流量计的重要组成部分[2,3]。

根据驱动信号产生方式的不同，将科氏质量流量计的驱动方式分为三种：模拟驱动、半数字驱动与全数字驱动[4]。模拟驱动依靠模拟电路对驱动信号进行幅值、频率、相位的调节，复杂度低，成本低[4]。在单相流工况下，流量管的固有频率、阻尼比较为稳定，模拟驱动可以取得较好的驱动效果。半数字驱动是模拟驱动向全数字驱动发展的过渡产物，它的频率、相位调节方法与模拟驱动相同，幅值的调节是通过软件调节增益来实现的，驱动能力更强[5,6]。全数字驱动的驱动信号来自数字系统的合成，幅值、频率、相位完全受数字系统的控制，驱动能力最强。当遇到气液两相流和批料流等复杂工况时，流量管的固有频率和阻尼比将发生很大的变化，数字驱动也能驱动流量管振动[7-9]。但是，全数字驱动技术复杂，实现较为困难[10,11]。本章介绍模拟驱动，具体包括自激振荡系统原理、驱动信号的选择、常规模拟驱动技术、变送器的匹配、模拟驱动耐高低温技术以及新型模拟驱动技术。

4.1 自激振荡系统原理

科氏质量流量变送器中的模拟驱动电路与一次仪表组成一个自激振荡系统，如图 4.1.1 所示。图中，前向通路 $G(s)$ 为科氏质量流量计模拟驱动电路的传递函数，反馈通路 $H(s)$ 为科氏质量流量计一次仪表的传递函数[12,13]。一次仪表主要由两根流量管、一个电磁式激振器和两个磁电式速度传感器组成，其中，流量管的质量远远大于电磁式激振器和磁电式速度传感器的质量。

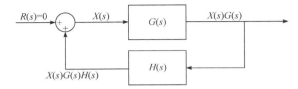

图 4.1.1　自激振荡系统

自激振荡的平衡条件为

$$|G(j\omega)H(j\omega)|=1 \tag{4.1.1}$$

$$\varphi_G + \varphi_H = 2n\pi，\quad n = 0, \pm1, 2, \cdots \tag{4.1.2}$$

式(4.1.1)称为幅值平衡条件，式(4.1.2)称为相位平衡条件。

若要系统自行建立振荡，则应满足

$$\left|H(j\omega)F(j\omega)\right| > 1 \tag{4.1.3}$$

在流量管起振后，逐渐减小增益。当满足式(4.1.1)时，流量管稳幅振动。

科氏质量流量计的流量管为无限自由度受迫振动体系，有无限多个主振型，相应地也有无限多个自振频率。科氏质量流量计的激振系统一般都采用第一主振型。为了简化分析，采用一维有阻尼受迫振动系统来模拟第一主振型。其流量管振动的微分方程为

$$\ddot{x}(t) + 2\zeta\omega_n\dot{x}(t) + \omega_n^2 x(t) = \frac{f(t)}{m} \tag{4.1.4}$$

又有

$$f(t) = B_1 l_1 i(t) = k_1 u(t) \tag{4.1.5}$$

$$v(t) = B_2 l_2 \dot{x}(t) = k_2 \dot{x}(t) \tag{4.1.6}$$

式中，$x(t)$为振动的位移；$f(t)$为驱动力；$u(t)$为驱动电压；$v(t)$为流量管振动线速度；l_1为激振器线圈长度；l_2为磁电式速度传感器线圈长度；ζ为阻尼比；ω_n为无阻尼振荡频率(固有频率)；m为振动系统质量。

由式(4.1.4)~式(4.1.6)可得

$$\frac{\dot{v}(t)}{k_2} + \frac{2\zeta\omega_n v(t)}{k_2} + \omega_n^2 \int v(t)\mathrm{d}t = \frac{k_1 u(t)}{m} \tag{4.1.7}$$

对式(4.1.7)进行拉普拉斯变换，推出科氏质量流量管振动系统的传递函数为

$$H(s) = \frac{v(s)}{u(s)} = \frac{(k_1 k_2 / m)s}{s^2 + 2\zeta\omega_n s + \omega_n^2} = \frac{ks}{s^2 + 2\zeta\omega_n s + \omega_n^2} \tag{4.1.8}$$

在式(4.1.8)中，阻尼比一般非常小，这里取$\zeta = 0.005$。对于 U 形或 Ω 形流量管，固有频率一般为 100~200Hz。国内大多数科氏质量流量计厂家的大弯管形流

量管的固有频率为 100Hz 左右，这里取 $\omega_n \approx 2\pi \times 100$rad/s，取 $k = 1$，则 $H(s)$ 的幅频和相频特性如图 4.1.2 所示。

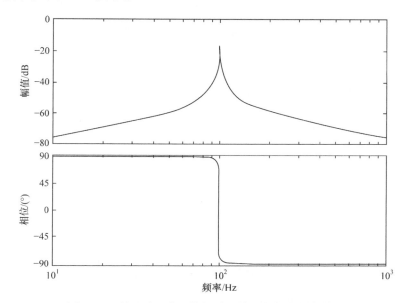

图 4.1.2　科氏质量流量管振动系统的幅频和相频特性

由图 4.1.2 可知，科氏质量流量管振动系统事实上是一个带通滤波器，当激励信号频率等于流量管固有频率时，消耗的能量最少。驱动系统要求能跟踪科氏质量流量管固有频率，且构成正反馈，在驱动过程中，增益要根据信号幅值的大小自动调节。

4.2　驱动信号的选择

由于流量管的带通特性，其能通过等于固有频率的信号而抑制其他频率的信号，一个信号中包含固有频率分量，且该分量的幅值足够大，可作为驱动信号，如常见的波形——正弦波、三角波、矩形波、锯齿波、不连续的正弦半波、连续的正弦半波等[14]。下面对比这几种波形作为驱动信号的优劣。需要说明的是，以下各种波形的基波频率等于流量管的固有频率。因此，基波信号分量是用于激励流量管的有用分量。

1) 正弦波

正弦波 $x(t) = X\sin(\omega t)$ 的全部能量用于驱动流量管，效率为 100%，其功率为

$$P_T = \frac{1}{T}\int_0^T (X\sin(\omega t)R)^2 \mathrm{d}t = \frac{1}{2}X^2 R \tag{4.2.1}$$

2) 三角波

三角波的傅里叶级数为

$$x(t) = \frac{8X}{\pi^2} \left(\sin(\omega_0 t) - \frac{1}{9}\cos(3\omega_0 t) + \frac{1}{25}\cos(5\omega_0 t) - \cdots \right) \tag{4.2.2}$$

式中，X 是三角波的幅值。

基波的幅值为 $X_0 = \dfrac{8X}{\pi^2}$，总功率为 $P_T = \dfrac{1}{3}X^2 R$，基波功率占总功率的百分比

为 $\lambda = \dfrac{0.5X_0^2 R}{P_T} = \dfrac{96}{\pi^4} \approx 99.6\%$，即效率为 99.6%。

3) 矩形波

矩形波的傅里叶级数是

$$x(t) = \frac{4X}{\pi} \left(\sin(\omega_0 t) + \frac{1}{3}\sin(3\omega_0 t) + \cdots \right) \tag{4.2.3}$$

式中，X 是矩形波的幅值。

基波的幅值为 $X_0 = \dfrac{4X}{\pi}$，总功率为 $P_T = \dfrac{1}{T}\int_0^T x^2(t)R\mathrm{d}t = X^2 R$，基波功率占总

功率的百分比为 $\lambda = \dfrac{0.5X_0^2 R}{P_T} = \dfrac{8}{\pi^2} \approx 81\%$，即效率为 81%。

4) 锯齿波

锯齿波的傅里叶级数是

$$x(t) = \frac{2X}{\pi} \left(\sin(\omega_0 t) - \frac{1}{2}\sin(2\omega_0 t) + \frac{1}{3}\sin(3\omega_0 t) + \cdots \right) \tag{4.2.4}$$

式中，X 是锯齿波的幅值。

基波的幅值为 $X_0 = \dfrac{2X}{\pi}$，总功率为 $P_T = \dfrac{1}{3}X^2 R$，基波功率占总功率的百分比

为 $\lambda = \dfrac{\dfrac{1}{2}X_0^2 R}{P_T} = \dfrac{6}{\pi^2} \approx 60.8\%$，即效率为 60.8%。

5) 不连续的正弦半波

不连续的正弦半波的傅里叶级数是

$$x(t) = \frac{2X}{\pi} \left(\frac{1}{2} + \frac{\pi}{4}\sin(\omega_0 t) - \frac{1}{3}\cos(2\omega_0 t) - \frac{1}{15}\cos(4\omega_0 t) - \cdots \right) \tag{4.2.5}$$

式中，X 是不连续的正弦半波的幅值。

基波的幅值为 $X_0 = \dfrac{X}{2}$，总功率为 $P_T = \dfrac{1}{4}X^2 R$，基波功率占总功率的百分比

为 $\lambda = \dfrac{0.5X_0^2 R}{P_T} = \dfrac{1}{2} = 50\%$，即效率为 50%。

6) 连续的正弦半波

连续的正弦半波的傅里叶级数是

$$x(t) = \frac{4X}{\pi}\left(\frac{1}{2} - \frac{1}{3}\cos(\omega_0 t) - \frac{1}{15}\cos(2\omega_0 t) + \cdots\right) \tag{4.2.6}$$

式中，X 是连续的正弦半波的幅值。

基波的幅值为 $X_0 = \dfrac{4X}{3\pi}$，总功率为 $P_T = \dfrac{1}{2}X^2 R$，基波功率占总功率的百分比

为 $\lambda = \dfrac{0.5X_0^2 R}{P_5} = \dfrac{16}{9\pi^2} \approx 18\%$，即效率为 18%。

7) 各种驱动波形的优劣

由前面的分析可知，为流量管提供相同的驱动能量，连续的正弦波所消耗的总能量最小，因此从效率的角度考虑，连续的正弦波是最佳选择。其他波形也有优点，例如，非正弦波含有较丰富的谐波分量，在流量管起振初期、未检测出流量管的固有频率时，谐波分量丰富的非正弦波更容易使流量管起振。

4.3　常规模拟驱动技术

对于科氏质量流量计的驱动系统，当驱动力的频率接近流量管的固有频率时，消耗的能量最少。所以，在科氏质量流量计工作的过程中，驱动电路要能够自动地跟踪流量管固有频率的变化，这样有利于流量管的起振以及增强对流量管振动的控制能力。本节主要介绍常规模拟驱动技术。

4.3.1　组成框图

模拟方式不需要微处理器的参与，能够满足稳定的单相流测量场合的要求。由于正弦波包含三个要素：幅值、相位和频率，所以提供合适的驱动电压，其实就是控制这三个参数，使其满足要求。

首先，对于相位的要求相对较低，要求构成正反馈，根据理论分析和实际测试，只要相位偏误不超过±90°就能工作，只是相位偏误越大，要求信号幅值越大。硬件电路带来的相位误差一般不超过 5°，不足以造成明显影响。因此，相位条件很容易满足。其次，流量管、激振器、磁电式速度传感器构成自选频网络，只有等于其固有频率的信号才能通过，因此频率自动满足要求。所以，只需控制幅值，维持流量管以期望的振幅振动即可[6,15]。模拟驱动系统的组成框图如图 4.3.1 所示。

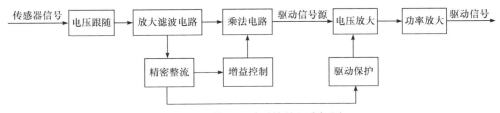

图 4.3.1　模拟驱动系统的组成框图

传感器信号(磁电式速度传感器输出电压)的频率为 75～150Hz，幅值约为 0.3V。为了提高带负载能力，先使信号经过一个电压跟随电路；对该信号进行初步放大和低通滤波，滤掉其中的高频成分；再进行精密线性全波整流，得到一个近似为恒定值的直流信号。该直流信号一方面作为增益控制信号，另一方面也是振动保护电路的动态输入电压。从增益控制电路出来的信号与由速度传感器输出、经过放大滤波后的信号相乘，达到利用增益控制信号控制驱动信号幅值的目的。相乘后的信号经过电压及功率放大，送至激振线圈，驱动流量管振动。

在整个模拟驱动电路中，增益控制电路是关键，如图 4.3.2 所示。

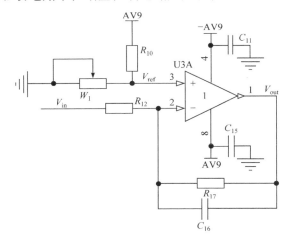

图 4.3.2　增益控制电路

V_{in} 为整流电路输入，与传感器信号幅值成正比；反馈电容 C_{16} 起滤波作用。为了简化分析，可不考虑 C_{16}，则有

$$V_{out} = (R_{12} + R_{17})V_{ref}/R_{12} - R_{17}V_{in}/R_{12} \tag{4.3.1}$$

取 $R_{12} = R_{17}$，则有

$$V_{out} = 2V_{ref} - V_{in} \tag{4.3.2}$$

这是一个单调递减函数，输出 V_{out} 随输入 V_{in} 的变化呈反向变化，能在传感器振幅较小时提供较大增益，在传感器振幅较大时提供较小增益，达到维持流量管

振幅稳定的目的。调节电位器 W_1 可设定期望的振幅。

4.3.2　起振原理

模拟驱动技术的起振依赖噪声，包括应用现场的噪声和系统上电过程中产生的噪声。在运算放大器上电时，其输出会摆动到接近电源轨，这相当于提供了一个阶跃信号。阶跃信号含有丰富的谐波分量，因此能提供流量管起振所需要的频率。实际测试发现，若将连接驱动线圈的导线断开，待上电后再接上，则流量管的起振速度会减慢。由于激振系统是正反馈系统，流量管振幅不断增大，驱动信号和速度传感器输出信号的信噪比亦不断增大，最后振幅达到稳定，此时，两个速度传感器输出稳定的正弦信号。

若更换不同厂家不同口径的一次仪表，则模拟驱动电路的参数可能需要稍做调整，一般调整放大倍数即可。对于同一厂家不同口径的一次仪表，其参数接近，模拟驱动电路应具有普遍适用性。实际调试时发现，在更换不同口径的一次仪表时，需要调整电路放大倍数或调整电位器 W_1，表明电路参数没有达到最优化。

将式(4.3.1)改写为

$$V_{\text{out}} = (R_{12} + R_{17})V_{\text{ref}}/R_{12} - R_{17}V_{\text{in}}/R_{12} = K_P(V_{\text{ref}} - V_{\text{in}}) \tag{4.3.3}$$

则有

$$K_P = R_{17}/R_{12} + V_{\text{ref}}/(V_{\text{ref}} - V_{\text{in}}) \tag{4.3.4}$$

实际上，增益控制电路是一个比例控制器，其比例系数为 K_P。当流量管需要更大的驱动电压时，可通过增大比例系数 K_P 或增大误差$(V_{\text{ref}} - V_{\text{in}})$实现。前面提到的调大电路放大倍数就是增大比例系数 K_P。在实际应用中，不方便随时调整电路放大倍数，因此在不调整电路放大倍数的前提下，只能通过增大误差来达到驱动流量管的目的。增大误差意味着速度传感器输出信号离设定值更远，即信号幅值减小，这是不希望看到的。但是，如果比例系数 K_P 足够大，误差增大数十倍，绝对误差仅增加数毫伏，即信号仅衰减数毫伏，这是可以接受的。所以，要使模拟驱动电路具有较强的普遍适用性，应增大模拟驱动电路的放大倍数；同时，图 4.3.2 中的 U3A 要选用低失调电压的运算放大器。另外，电路放大倍数越大，起振速度越快。

4.3.3　起振性能测试

将研制的科氏质量流量变送器与 CMF025 型号的一次仪表相匹配，进行模拟驱动实验[15]。在实验中，将经过放大的速度传感器信号幅值的期望值设置为 4.3V，起振时间设定为传感器信号幅值达到设定值 90%时的时间。整个实验过程中用示波器同时保存驱动信号和传感器信号，以便进行分析对比。

图 4.3.3 为采用模拟驱动技术的起振过程。由图 4.3.3 可见，起振时间约为 15.7s，起振时间较长，这是因为驱动信号来自传感器信号，而起振初期传感器没

有输出，所以只能靠电路上的噪声慢慢起振。

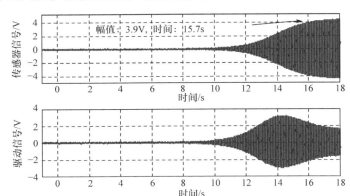

图 4.3.3　采用模拟驱动技术的起振过程

4.4　变送器的匹配

　　科氏质量流量计由一次仪表(流量管、磁电式速度传感器和电磁式激振器)和二次仪表(变送器)组成。在科氏质量流量计的研制和使用过程中，会遇到一次仪表与变送器之间的匹配问题。一次仪表与变送器的不良匹配会影响流量计本身的性能，如零点稳定性和使用寿命，最终反映出来的是测量精度和重复性降低。有时一次仪表与变送器匹配不好，会造成流量计无法正常起振，严重影响测量。而一次仪表与变送器的良好匹配不仅能提高流量计测量的性能，而且能提升驱动效率，这在有低功耗要求的场合尤为重要。但是，国外厂家大都对具体的匹配技术极端保密，实行严格的技术垄断。国内一次仪表和变送器的制造技术水平相对较低，且优势各异，对用户来说一次仪表与变送器的匹配问题更加严峻。因此，研究科氏质量流量计一次仪表与变送器之间的匹配问题具有重要的实际意义。

　　本节基于模拟驱动技术，分析自激振荡的条件；提出基于模拟驱动电路的稳态幅值方程及其图解分析方法。在此基础上，分析流量管的最佳起振和最佳稳态振荡匹配的工作过程，并提出匹配方法和改善的建议[16]。

4.4.1　稳态幅值方程及其图解分析方法

　　1. 自激振荡平衡条件分析

　　式(4.1.1)和式(4.1.2)给出了自激振荡平衡条件。在这两个条件中，要先满足相位条件，再满足幅值条件。相位条件是科氏质量流量变送器与一次仪表匹配的基础，而幅值条件则是能否实现最佳匹配的关键。

自激振荡的工作过程为：开始时 $|G(\mathrm{j}\omega)H(\mathrm{j}\omega)|>1$，流量管在满足相位的条件下迅速起振，随着磁电式速度传感器信号(以下简称传感器信号)的幅值越来越大，频率越来越稳定，由模拟驱动电路 $G(s)$ 的相频特性决定的相位延迟 φ_G 越来越稳定；一次仪表为了满足自激稳定振荡的相位条件 $\varphi_G + \varphi_H = 2n\pi$，自动地根据自身 $H(s)$ 的相频特性找到对应的相位差 φ_H 和振荡频率 ω，这也就是实际传感器信号和驱动信号的频率 ω；同时，一次仪表根据 $H(s)$ 的幅频特性找到幅值增益 $H(\mathrm{j}\omega)$；最后模拟驱动电路通过幅值控制电路不断调节幅值增益 $G(\mathrm{j}\omega)$ 以满足自激稳定振荡的幅值条件，直至满足 $|G(\mathrm{j}\omega)H(\mathrm{j}\omega)|=1$，流量管稳幅振动。

需要说明的是：实际传感器信号和驱动信号的频率 ω 与流量管 $H(s)$ 的固有频率 ω_n 和理想振动频率 ω_d 是有差别的。但是，一般流量管的阻尼比都很小，可以认为 $\omega_d \approx \omega_n$。同时，流量管的 Q 值都很大，导致实际振动频率与固有频率大小几乎相等。

2. 稳态幅值方程

在实际应用中，往往比较关注信号的幅值，而非相位。这是因为当自激系统稳态振动时，其相位条件都是自动满足的，不需要人为调节。所以，下面基于模拟驱动电路和一次仪表的频率特性，在满足稳态振动的幅值条件下，分析和推导传感器信号和驱动信号幅值之间的关系。

设自激回路稳定振荡时，传感器信号和驱动信号的频率均为 ω，幅值分别为 V_1 和 V_2，相位分别为 φ_1 和 φ_2，则有传感器信号为 $X_{\mathrm{sig}}=V_1\sin(\omega t+\varphi_1)$，驱动信号为 $X_{\mathrm{dir}}=V_2\sin(\omega t+\varphi_2)$。

从一次仪表的角度来看，由 $H(s)$ 的频率特性可知：传感器信号与驱动信号的幅值关系为 $V_1/V_2=|H(\omega)|=K$，相位关系为 $\varphi_2-\varphi_1=\angle\varPhi(\omega)=\varphi_H$。科氏质量流量管振动系统的频率和相频特性如图 4.1.2 所示，$H(s)$ 的品质因数 $Q=f_0/(f_H-f_L)$，其中，f_0 为幅频特性峰值点对应的频率，f_H 为通带的高频截止频率，f_L 为通带的低频截止频率，$\omega_n=2\pi f_0$，Q 值一般很大，当频率在 ω_n 附近变化较小时，能引起较大的相移和幅值增益的变化。

从变送器的角度来看，模拟驱动电路结构如图 4.4.1 所示。跟随放大器的倍数为 K_1；带通滤波器的幅频响应为 $F(\omega)$；整流电路的输出直流分量为输入交流信号有效值的 0.9 倍，输出的其他谐波分量经过充分的滤波幅值很小，可以忽略不计；幅值控制采用比例控制，输入输出关系为 $V_o=(1+K_2)V_{\mathrm{ref}}-K_2V_i$；模拟乘法器的输入输出关系为 $Z_o=X_iY_i/10$；驱动保护电路在正常稳态振动时的电压放大倍数为定值 K_3；功率放大器在放大驱动电流的同时也放大驱动电压，电压放大倍数为 K_4。

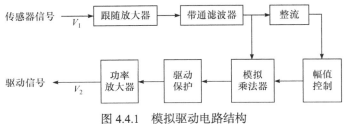

图 4.4.1　模拟驱动电路结构

根据图 4.4.1 的电路结构框图可以得出传感器信号幅值和驱动信号幅值之间有如下关系：

$$V_2 = \frac{1}{10} K_3 K_4 \left[V_1 K_1 F(\omega) \right] \left[(1 + K_2) V_{\text{ref}} - 0.9 K_2 \frac{V_1}{\sqrt{2}} K_1 F(\omega) \right] \tag{4.4.1}$$

将式(4.4.1)展开，则有

$$V_2 = -\frac{9}{100\sqrt{2}} K_1^2 K_2 K_3 K_4 F(\omega)^2 V_1^2 + \frac{1}{10} K_1 K_3 K_4 (1 + K_2) F(\omega) V_{\text{ref}} V_1$$
$$= -A V_1^2 + B V_1 = A V_1 \left(\frac{B}{A} - V_1 \right) = -A \left(V_1 - \frac{B}{2A} \right)^2 + \frac{B^2}{4A} \tag{4.4.2}$$

式中，

$$\begin{cases} A = \dfrac{9}{100\sqrt{2}} K_1^2 K_2 K_3 K_4 F(\omega)^2 \\ B = \dfrac{1}{10} K_1 K_3 K_4 (1 + K_2) F(\omega) V_{\text{ref}} \end{cases} \tag{4.4.3}$$

$$\begin{cases} \dfrac{B}{A} = \dfrac{10\sqrt{2}}{9} \left(1 + \dfrac{1}{K_2} \right) V_{\text{ref}} \dfrac{1}{K_1 F(\omega)} \\ \dfrac{B^2}{4A} = \dfrac{\sqrt{2} K_3 K_4}{9} \left(\dfrac{1}{K_2} + K_2 + 2 \right) V_{\text{ref}}^2 \end{cases} \tag{4.4.4}$$

综上，当稳态振动时，传感器信号幅值 V_1 和驱动信号幅值 V_2 既要满足一次仪表 $H(s)$ 的幅频特性条件，也要满足模拟驱动电路的输入输出关系，联立得到稳态幅值方程为

$$\begin{cases} V_2 = -A V_1^2 + B V_1 \\ V_2 = V_1 / \left| H(\omega) \right| = V_1 / K \end{cases} \tag{4.4.5}$$

3. 稳态幅值方程图解分析方法

根据稳态幅值方程可以得到稳态幅值曲线，如图 4.4.2 所示，横坐标 V_1 表示传感器信号的幅值，纵坐标 V_2 表示驱动信号的幅值。二次曲线表示模拟驱动电路输

入与输出的幅值关系 $V_2 = -AV_1^2 + BV_1$，而直线表示一次仪表 $H(s)$ 输入与输出的幅值关系 $V_2 = V_1 / K$。交点 $P(V_1, V_2)$ 是稳定振动时对应的传感器信号和驱动信号幅值。

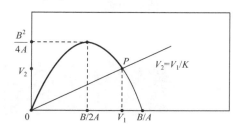

图 4.4.2　稳态幅值曲线

二次曲线的形状取决于 A 和 B 的值，A 和 B 是由特定的模拟驱动电路参数决定的，而幅值控制部分是其中主要的影响因素。显然一次曲线的斜率 $1/K$ 受到一次仪表 $H(s)$ 幅频特性的影响，但是最终影响 K 值大小的还是模拟驱动电路相移，从自激振荡的过程可以看出，特定的模拟驱动电路相移 φ_G 决定了 $H(s)$ 的相移 φ_H 和 ω，从而确定了 $K = |H(\mathrm{j}\omega)|$ 的大小。

有了稳态幅值方程及其图解分析方法就可以很容易地分析自激回路在各种状态下幅值的变化过程，为寻找一次仪表与变送器最佳匹配提供指导。

4.4.2　一次仪表与变送器匹配的应用

1. 最佳起振

科氏质量流量计的一次仪表与变送器匹配的首要问题就是起振。能否起振、怎样快速起振是实际应用中的两个关键问题，也是评价一次仪表与变送器是否匹配的主要指标。

1) 起振工作过程及其图解

在图 4.4.2 中，从初始状态的零点位置到最终的稳态振荡点 $P(V_1, V_2)$ 的过程中有两条幅值变化曲线，其中，二次曲线是从模拟驱动电路的角度来看传感器信号和驱动信号的幅值变化的，而一次曲线是从一次仪表的角度来看传感器信号和驱动信号的幅值变化的。

实际中任何一次仪表都存在一定的阻尼和延迟环节，其传感器信号的幅值变化总是滞后于驱动信号的幅值变化，所以实际的起振过程中传感器幅值不可能随着驱动信号幅值严格线性增加，即一次曲线不能反映实际的起振过程。而相比一次仪表而言，模拟驱动电路的输出能迅速地跟随输入的变化，其幅值关系能真实地反映实际的起振过程，如图 4.4.2 中粗线所示。

从二次曲线来看，随着传感器信号幅值不断增大，驱动信号的幅值先增后减，出现了超调，这主要是由于受到模拟驱动电路中幅值控制部分的影响。当幅值调节至 $P(V_1,V_2)$ 点时，流量管稳态振动，起振结束。图 4.4.3 为实际起振过程中，用示波器观察到的传感器信号与驱动信号的幅值变化过程，实际的幅值变化趋势与理论分析完全一致。

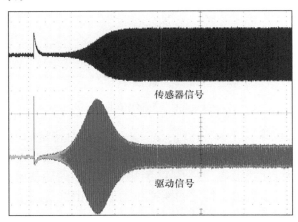

图 4.4.3　实际起振信号波形

2) 起振条件

为了使流量管能够顺利起振，且起振后传感器有较大的信号幅值，科氏质量流量计的变送器与一次仪表需要满足一定的起振条件；否则，不能正常起振。在实际中，在使用同一台变送器匹配两个不同厂家的一次仪表时就出现了该问题。

首先，必须满足自激振荡的相位条件。根据驱动信号与传感器信号相位的不同，一次仪表可以分为两类：第一类相位基本相同，相位差只有几度，国内多数厂家生产的一次仪表就属于这种类型，本节的分析也主要基于该类一次仪表；第二类相位相差大概 180°，美国微动公司和国内少数厂家能够生产该类一次仪表，在分析这类一次仪表时，设传感器信号为 $X_{\mathrm{sig}} = V_1 \sin(\omega t + \varphi_1)$，由于驱动信号相位与传感器信号相位相差 180° 左右，所以设驱动信号为 $X_{\mathrm{dir}} = V_2 \sin(\omega t + \varphi_2 + 180°) = -V_2 \sin(\omega t + \varphi_2)$，第二类一次仪表稳态幅值曲线如图 4.4.4 所示，分析过程一样。

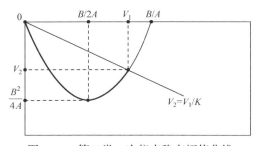

图 4.4.4　第二类一次仪表稳态幅值曲线

当利用匹配第一类一次仪表的变送器直接驱动第二类一次仪表时，无法起振。分析发现，第二类一次仪表共振频率点 ω 处的相移约为 $180°$，相移的变化范围为 $90°\sim270°$。但是，匹配第一类一次仪表的变送器模拟驱动电路相移很小，一般为几度左右。由自激振荡的相位条件可知，一次仪表 $H(s)$ 的相移也必须为几度左右，显然这不在一次仪表相移范围内。这种匹配不能满足自激振荡的相位条件，因此无法正常起振。若要实现二者的匹配，可以进行如下修改：在原有模拟驱动电路最后一级加上反向器或者接线时将一次仪表驱动线圈的两个接线端子反接。

其次，在满足自激振荡相位条件的前提下，需要保证有足够大的 $K=|H(\mathrm{j}\omega)|$，或者 K 较小时模拟驱动电路能提供较大的 $|G(\mathrm{j}\omega)|$，否则，也无法正常起振。不同 K 值下的起振过程如图 4.4.5 所示，当 K 较大时，流量管很容易起振，而当 K 很小时，稳态幅值点非常靠近零点，也是无法正常起振的。而决定 K 值大小的因素是模拟驱动电路相移，相移越大，K 值越小。所以，在满足自激振荡相位条件的基础上，要使流量管正常起振就要保证模拟驱动电路相移不能太大，最好不要超过 $45°$。

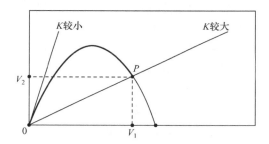

图 4.4.5　不同 K 值下的起振过程

3) 起振的快速性

起振的快速性由模拟驱动电路的幅值控制方法决定。由于采用的是模拟驱动技术，它不能像数字驱动技术的幅值控制方法那样灵活和迅速，所以模拟驱动技术的起振速度相比数字驱动技术而言较慢。但是，可以通过调节幅值控制部分的电路参数来提高起振速度。

不同幅值控制参数下的起振过程如图 4.4.6 所示，开始时模拟驱动电路幅值曲线为 b，现改变幅值控制部分的参数，幅值曲线变为 a，图中，粗曲线 2 和 1 分别表示各自的起振过程。用示波器观察，发现曲线 a 比曲线 b 的起振速度更快，但是驱动幅值出现了超调，而且超调越大，起振速度越快。在实际中不能无限增大超调，它受到模拟集成芯片、电源功耗和传感器线圈安全等方面的限制。

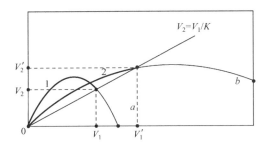

图 4.4.6　不同幅值控制参数下的起振过程

因此，需要在起振速度与超调之间进行折中。在一次仪表与变送器匹配的调试阶段，应该考虑各方面限制，适当地增加驱动电压的超调，以加快起振速度。按照上述方法调整模拟驱动部分的参数值，使得驱动稳态幅值为 2.4V(峰峰值)，如图 4.4.3 所示，而超调最大值为 12V(峰峰值)，器件最大耐压值为 18V(峰峰值)，起振时间为 3s 左右。当驱动无超调时，起振时间最短为十几秒，时间较长。

2. 最佳稳态幅值

在系统顺利起振后，需要确定传感器信号和驱动信号的幅值大小，即稳态幅值曲线中稳定工作点的位置。在不同的稳定工作点，传感器的工作性能不同，驱动的效率也不一样。每台一次仪表都有一个最佳稳态幅值点，在这个稳态幅值点工作时，测量性能最佳，驱动效率最高。

1) 最佳传感器信号幅值

在一次仪表进行出厂检测时，要驱动一次仪表使其信号幅值为一个特定值，该特定值就是一个最佳传感器信号幅值，流量管以该幅值稳态振动时能最大限度地提高仪表的测量性能，并延长流量管的使用寿命[17]。

因此，在流量管稳态振动时，需要调节模拟驱动电路幅值控制模块的参数，使得传感器信号幅值为最佳振动幅值。稳态幅值调整过程如图 4.4.7 所示。在图 4.4.7 中，假设按照粗曲线 0a 正常起振后，流量管稳定状态为 a 点，但是，a 点的传感器信号幅值并不是最佳幅值，改变幅值控制环节的参数，使二次曲线

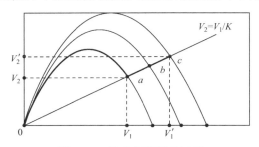

图 4.4.7　稳态幅值调整过程

形状发生改变，而一次曲线在驱动电路相位不变的情况下是不变的。图中 c 点为厂家推荐的最佳传感器幅值点，稳定状态调节过程为 $a \rightarrow b \rightarrow c$。

但是，在实际应用中，往往忽视传感器信号最佳幅值的问题。只关心信号进入 ADC 的幅值大小，并确保进入 ADC 的幅值接近 ADC 规定输入的满量程，以降低量化噪声的影响。但仅考虑这点是不够的，因为对于传感器信号幅值较小的情况，信号本身的信噪比就很小，为了达到 ADC 输入的最大动态范围要求，就需要加大信号调理电路的放大倍数，噪声同样也被放大。正确的做法是：先确定传感器信号的最佳幅值，然后根据 ADC 输入最大动态范围来确定信号调理电路的放大倍数，因此调节时只需要关注 ADC 输入端的值是否满足要求，而不需要关注传感器信号。

2) 最佳驱动信号幅值

当对同一台一次仪表进行测试时，保证传感器信号幅值都为最佳幅值，但是不同变送器的驱动信号幅值往往不同。为了提高驱动效率，要在得到相同最佳传感器信号幅值的前提下，使输出的驱动信号幅值最小。

不同驱动信号幅值时稳态幅值曲线如图 4.4.8 所示，为了得到相同最佳幅值的传感器信号，需要调整幅值控制部分的参数，变送器 1 对应的稳态幅值曲线为 a 和 b，变送器 2 对应的稳态幅值曲线为 c 和 d，稳态振荡工作点分别为 $P_1(V_1, V_2)$ 和 $P_2(V_1, V_2')$。考虑到传感器的 Q 值很高，传感器信号频率基本不变。但是，驱动信号幅值 $V_2' > V_2$，出现这种情况的原因是变送器 2 中驱动电路的相移 φ_G 相比变送器 1 的大，导致 K 值较小，稳态幅值曲线 d 的斜率比 b 大。

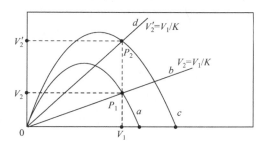

图 4.4.8　不同驱动信号幅值时稳态幅值曲线

从图 4.4.8 可以看出，一次仪表 K 值越大，驱动信号幅值越小，驱动效率也就越高，最理想情况是 K 无穷大，$1/K$ 为 0，这样驱动信号幅值几乎为 0。然而，根据 $H(s)$ 的幅频特性 $K_{\mathrm{MAX}} = H(\omega_n)$，此时 $\varphi_H = 0$，稳态振荡时 $\varphi_G = 0$。所以，为了使得驱动效率最高，模拟驱动电路相移必须为 0。这在实际中很难做到，因为模拟驱动电路中存在滤波电路，再加上模拟驱动电路本身的延迟，所以很难做到 $\varphi_G = 0$。

对于模拟驱动电路，应该尽量减小 φ_G 的值，以增大一次仪表的驱动效率，达到最佳驱动幅值。减小 φ_G 的方法很多，可以增加模拟驱动电路中滤波电路截止频率与信号频率之间的距离，以最大限度地减小信号的相移；如果现场干扰较小，也可省去滤波器。硬件电路本身的相位延迟一般较小，不超过 4°，基本不用考虑；还可以在硬件上进行相位补偿，但是每次只适用于一种一次仪表，一旦传感器信号频率发生改变，相位补偿参数就会改变。而对于数字驱动，软件控制更加灵活，可以在软件上对驱动相位进行补偿，具体做法是：先用信号发生器测得模拟驱动电路的相位延迟，然后在数字输出驱动相位时，减去该相位延迟。虽然不可能做到完全补偿，但是相比模拟驱动电路，驱动效率更高。

本节通过扩大滤波电路截止频率与信号频率之间的距离，在保证相同传感器信号的前提下，使驱动信号的幅值有所减小；V_2(峰峰值)从 2.9V 降到 2.4V，驱动效率提高了约 20%。由于常温下滤波电路导致的相移本来就小，所以效果不是很明显。但是，若传感器信号频率较大，且靠近滤波器截止频率，或者温度的变化使截止频率漂移至信号频率附近，则上述的调整效果就会比较明显。

4.5　模拟驱动耐高低温技术

科氏质量流量计在应用于石油化工行业时，常常会处在高温或低温的环境下，如太阳直射的沙漠环境、中国东北部和俄罗斯地区的寒冷环境等。这就对科氏质量流量变送器的耐高、低温性能提出了较高的要求。尤其是在高温环境下，变送器需要满足国家防爆隔爆的标准，所以在使用时，其表壳往往需要密封，这就造成表壳内部的温度更高。此时，表壳内的器件或电路结构可能会受到温度的影响，出现停止工作或信号畸变等问题，从而造成变送器无法正常工作或测量准确度降低。

为此，本节结合企业实际应用中遇到的温度问题，以科氏质量流量计的模拟驱动变送器为研究对象，分析高低温环境对变送器模拟驱动系统影响的具体原因，提出保证变送器模拟驱动系统在高低温环境下仍正常工作的措施[18]，并在实验室及企业现场进行温度实验[19,20]。

4.5.1　模拟驱动系统温度测试

1. 实验设备

为了分析科氏质量流量计模拟驱动系统在高低温环境出现问题的原因，首先需要对其进行温度测试，为此在实验室搭建了温度实验系统。温度实验系统由实验对象、控温设备以及观察设备三部分构成。其中，实验对象是科氏质量流量变送器和一次仪表。变送器由电源电路、安全栅电路、模拟驱动电路、输入信号调理电路和处理器最小系统五部分组成。处理器采用的是美国德州仪器半导体有限公司生产的 TMS320F28335 DSP。一次仪表由国内某企业提供，流量管为 DN25 口径，满管固有频率为 158Hz，最佳振动幅值为 200mV(峰峰值)。控温设备是上海森信实验仪器有限公司生产的 DGG-9053AD 鼓风恒温箱。该恒温箱温度可调节范围为 10～200℃，内部使用铂电阻测温，测温误差为 1℃，保温定时时间最长可达 999h。观察设备是 Tektronix DP04054 四通道数字示波器，具有高达 5GS/s 的采样率，可实现高达 200 万点数据的记录长度。

2. 实验结果

在实际应用中发现，当科氏质量流量变送器处在高温或低温环境时，驱动幅值会发生漂移，进而影响传感器信号幅值发生漂移，甚至传感器信号幅值有时会超出 ADC 芯片的电源上限，这无疑会影响后期对传感器信号的处理，从而影响测量准确度。

根据《科里奥利质量流量计检定规程》(JJG 1038—2008)规定的科氏质量流量计工作的温度范围为 5～45℃，在生产中，变送器在出厂前一般需要进行 45～60℃的高温实验。所以，在实验时，将高温设置为 60℃。

在实验中，将变送器的驱动参数与一次仪表进行匹配，并按流量管的最佳振动幅值调整好信号调理电路的放大倍数，加载程序，使变送器正常运行；然后，将其放入恒温箱中，连续进行 2.5h 的高温实验。用示波器观察并记录驱动信号的峰峰值与传感器信号的峰峰值。

首先，将环境温度设定至 60℃，并每隔 10min 记录一次数据，实验结果为：在常温状态下，当流量管稳幅振动时，驱动信号电压幅值为 0.74V(峰峰值)，此时，传感器信号的电压幅值为 4.76V(峰峰值)；当环境温度达到 60℃时，驱动信号电压幅值增加到 1.25V，相较于常温变化约 70%，驱动电压的增加使得传感器信号的幅值增加至 7.78V，超出了变送器中 ADC 的 5V 电源上限，相较于常温时变化约 63%。

由于使用的恒温箱的控温范围为 10～200℃，无法进行制冷功能，所以低温实验参照国内某企业提供的测试结果：当变送器处于低温环境时，驱动电压从 1.18V 增大至 1.23V，变化约为 4%。虽然较高温时驱动电压的变化小很多，但是同样发生了漂移现象。

综合上述实验结果可见，科氏质量流量计模拟驱动系统变送器在实际应用过程中存在高低温环境下驱动电压与传感器电压产生较大漂移的问题。

4.5.2　温度影响分析

1. 模拟驱动中精密整流电路分析

根据前面所述，科氏质量流量变送器模拟驱动系统全部由模拟电路组成，它与传感器可构成自激系统,其硬件组成框图如图 4.3.1 所示,可分为信号调理环节、精密整流环节、增益控制环节、乘法放大环节、驱动保护环节以及功率放大环节等部分。

通过精密整流环节得到信号的幅值信息。科氏质量流量传感器输出信号的幅值较低, 正常情况下仅为 200～800mV(峰峰值), 此时, 对于该幅值范围, 传统的二极管串联整流结构不再适用, 会产生较大的误差, 甚至无法正常工作。因此, 本节采用了精密整流结构。

目前, 精密整流电路大多采用运算放大器与二极管相结合, 通过运算放大器的高增益特性来改善整流的精度。一般做法是把整流二极管串接在运算放大器的反馈回路中来检测信号发生的微小变化, 因此整个电路能够方便地对毫伏级信号进行整流。

传感器输出的振动信号经过精密整流环节, 得到所需的幅值信息, 用于后级驱动信号的幅值增益控制。所以, 精密整流环节耐温性的好坏将直接影响驱动信号幅值的大小。传统模拟驱动电路精密整流环节原理图如图 4.5.1 所示。

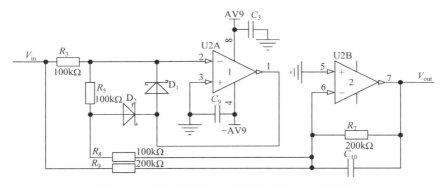

图 4.5.1　传统模拟驱动电路精密整流环节原理图

在电路工作时, 从 R_3 处输入正弦的传感器振动信号属于交流信号, 所以在分析时, 需要将信号的正负半周分开。当信号处于正半周时, 二极管 D_2 导通, D_1 截止, 所以图 4.5.1 所示整流电路可等效为图 4.5.2。

根据叠加定理, 此时输入与输出满足关系为

$$V_{out} = (-V_{in}) \times (-2) + (-V_{in}) = V_{in} \tag{4.5.1}$$

由式(4.5.1)可知, 此时信号输出跟随输入。

同理, 当信号处于负半周时, 二极管 D_2 截止, D_1 导通, 图 4.5.1 所示整流电路可等效为图 4.5.3。

根据叠加定理, 此时输入与输出满足关系为

$$V_{out} = -V_{in} \tag{4.5.2}$$

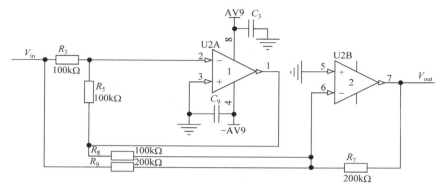

图 4.5.2 信号正半周时的等效电路图

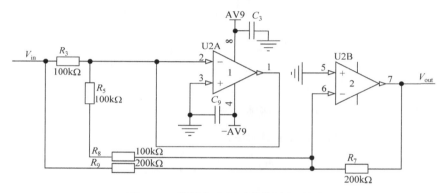

图 4.5.3 信号负半周时的等效电路图

由式(4.5.2)可知，此时输出与输入反相。

综上所述，当输入正弦信号为正半周时，电路输出与输入相同；当输入正弦信号为负半周时，输出信号等于输入信号的绝对值，所以该电路具备整流的作用。另外，在图 4.5.1 中，电容 C_{10} 与第二级运算放大器 U2B 组成低通滤波器结构，对整流后的波形再进行滤波，使得整个电路的输出为整流信号波形的有效值。

2. 二极管漏电流及其受温度影响

由上述分析可知，传统变送器采用的整流电路是利用二极管的正向导电性来实现的。为了实现精密整流功能，通常会选择导通电压低、速度快的开关器件，如肖特基二极管。但是，实际上，所有的二极管在反向截止时并非处于完全截止状态。二极管在承受反压时，反向漏电流通常很小，为毫安级别。然而，随着反向承受电压的增大，二极管内的反向漏电流也在增加，而且温度越高，反向漏电流越大。在 25~75℃范围内，反向漏电流甚至随着温度的增加而成倍地增加。

3. 考虑反向漏电流后精密整流电路分析

在高温环境下，需要考虑在反向漏电流的情况下，再次对上述整流电路进行分析。

二极管在承受反向电压时会产生漏电流，此时二极管可等效为一个阻值较大的电阻。图 4.5.4 为输入信号处于正半周，并且考虑反向漏电流的等效电路图。图中，R_{10} 等效为处于反向截止状态的二极管。

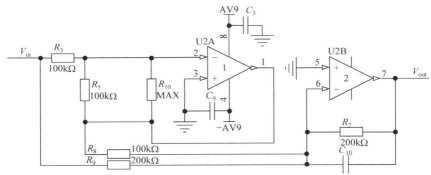

图 4.5.4　考虑反向漏电流后的正半周等效电路图

根据叠加定理，此时输入输出满足关系式为

$$V_{out} = \left(\frac{R_5 // R_{10}}{R_3} \right)(-V_{in}) \times (-2) + (-V_{in}) < V_{in} \tag{4.5.3}$$

由式(4.5.3)可以看出，考虑反向漏电流后，当输入信号处于正半周时输出电压相较于输入电压有所降低，又因为后级的幅值控制电路为反比例结构，所以整流输出电压的降低将造成后级的幅值控制电路中驱动输出电压增大，从而导致调理电路中传感器采集电压的增加。

同理，图 4.5.5 为输入信号处于负半周，并且考虑反向漏电流的等效电路图，其中，R_{10} 等效为处于反向截止状态的二极管。

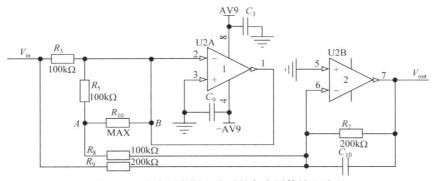

图 4.5.5　考虑反向漏电流后的负半周等效电路图

电阻 R_{10} 的存在，给电流提供了回流路径，反向漏电流在 R_{10} 左侧 A 点将产生相对于 GND(地)的负电压 V_A。该电压将通过后级的运算放大器 U2B 叠加在电路的输出端，同样会使输出电压降低，从而增大驱动电压，并增大传感器输出电压。

综上，当考虑二极管反向漏电流时，传感器输出电压将略小于输入电压 V_{in}，从而增大驱动电压，造成传感器信号振动幅值升高。

4. 传感器幅值变化的影响

若传感器输出电压发生过大的变化，则硬件有可能超过信号调理电路 ADC 芯片的供电电压，若信号幅值长时间超过 ADC 的供电范围，则会增大芯片损坏的风险。

在软件上，若传感器信号幅值发生变化或产生削顶的情况，则会给信号处理增加难度，影响信号的频率与相位计算，从而影响整体测量的重复性与准确性。

为此，需要对模拟驱动电路进行改进，使其能够克服高低温情况下驱动信号和传感器信号幅值漂移的问题。

4.5.3　电路改进及实验结果

1. 精密整流电路

根据前面的分析，有两种方案可供选择来降低整流电路中二极管反向漏电流对传感器信号幅值产生的影响。

第一种方案是更换反向漏电流更低的二极管，如 1N4148。经查阅，1N4148 的反向漏电流为微安级。但是，该二极管的反向漏电流仍然会随温度的变化而成倍的变化，所以这种方案并不能解决本质问题。同时，通常具有低反向漏电流特性的二极管的导通电压较高，这一点也会影响整流电路的效果。

第二种方案是彻底更换模拟驱动系统中的精密整流电路，根据实际需要，经过对比和选择，将原有精密整流电路用图 4.5.6 所示电路替换，本节选择第二种方案。下面对该电路的工作原理进行分析。

输入信号 V_{in} 为正弦交流信号，同样需要将信号的正负半周情况分开分析。

当输入信号为正半周时，前级运算放大器 U1 作为单位增益跟随器，使后级运算放大器 U2 的同向输入端电压与反向输入端相同，这样电阻 R_1、R_2 上没有电流流过，所以后级运算放大器 U2 的输出 V_{out} 将跟随输入 V_{in} 变化。

当输入信号为负半周时，由于运算放大器 U1 为单电源供电，所以 U1 将输出强制拉低至 GND，从而使运算放大器 U2 同向输入端接至 GND。此时，U2 为单位增益的反相放大器，所以输入输出满足关系式为

$$V_{out} = -V_{in} \tag{4.5.4}$$

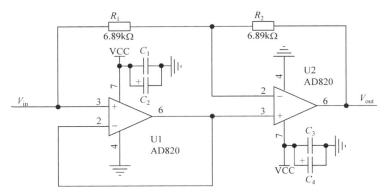

图 4.5.6　单极性精密整流电路

综上，单极性精密整流电路对输入信号起到了整流的作用，通过运算放大器单电源供电时输入超出电源轨范围的特性，省去了二极管，避免了二极管反向漏电流产生的影响。

需要注意的是，第二种方案需要选择允许输入超出电源轨范围的运算放大器，如亚德诺半导体技术有限公司的芯片 AD820。这款运算放大器由于特殊的结构设计，允许反相输入端的输入电压低于地电平 20V，适合在第二种方案的整流电路中使用。

2. 低通滤波电路

经精密整流后的信号还需要再通过低通滤波环节，以得到输入信号的幅值信息，所以在整流电路后面还需要增加低通滤波电路。

常用的低通滤波电路可分为无源和有源两种。无源低通滤波电路一般由电容、电感、电阻等无源器件构成，有源低通滤波电路由运算放大器及周围分立元件构成。由于运算放大器的开环电压增益及输入阻抗高、输出阻抗低，所以有源低通滤波电路具有电压放大及阻抗匹配的优点。此外，有源低通滤波电路还具有滤波特性受负载影响小、体积小、重量轻等特点，因此本节选择有源低通滤波电路。

滤波器的阶数越高，过渡带越陡峭。然而，阶数越高，滤波器的结构也越冗余，其成本也就越高。所以，本节在性能满足的基础上选择了二阶滤波器。

对于有源低通滤波器的频率响应类型，选择常用的巴特沃思滤波器。巴特沃思滤波器提供了最大的通带幅度响应平坦度，具有良好的综合性能，其脉冲响应优于切比雪夫滤波器，衰减速度优于贝塞尔滤波器。

对于有源低通滤波器的结构，有两种选择，分别是多路反馈(multiple feedback，MFB)结构及 Sallen-Key 结构，前者的增益可变，对元件值改变的敏感度较低，而且采用了负反馈，相较于 Sallen-Key 结构更稳定。因此，考虑克服温度漂移的影响，选择 MFB 结构能进一步减弱滤波器中分立元件温度系数的影响，但是，需要注意该结构具有反相的特点。

根据实际参数要求，实际使用的二阶有源低通滤波电路原理图如图 4.5.7 所示。

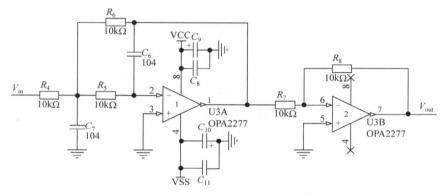

图 4.5.7　二阶有源低通滤波电路原理图

图 4.5.7 中，U3A 与其周围分立元件组成二阶有源低通滤波器，U3B 与电阻 R_7、R_8 组成单位增益的反相跟随器。

3. 实验结果

为了验证方案的有效性，在实验室对改进后的模拟驱动系统进行了高温实验。实验中，同样将高温设置为 60℃。实验结果表明，当环境温度达到 60℃时，驱动电压相较于常温(28℃)时的变化约为 2%，同时可以看到，传感器信号电压变化约为 0.2%。

为了验证方案的有效性，作者课题组在国内某大型企业现场进行了温度实验。

实验开始前，首先调整变送器模拟驱动参数与该企业提供的 DN15 传感器相匹配，并按传感器的最佳振动幅值调整好信号调理电路中的放大倍数，使其正常工作后，放入恒温箱中，将温度调节至企业要求的高温 55℃和低温−10℃，分别进行 2.5h 的温度实验。

在实验中，用示波器观察传感器信号幅值，并随机记录，由于所用示波器仅能测量瞬时值，所以结果会发生微小跳动，为了保证数据记录的可靠性，实验结果记录了测量数值的跳动范围。

另外，需要注意的是，实验时需要按照先高温实验再低温实验的顺序，因为在低温实验结束、温度恢复的过程中，电路板上会凝结出大量液滴，此时需要断电结束实验，否则，电路板很可能发生短路。

实验结果表明，在高温和低温的环境下，传感器信号幅值相较于常温情况基本不变，能满足系统软件的测量要求。

4.6　新型模拟驱动技术

　　模拟驱动技术由模拟驱动电路组成，结构简单，由噪声起振，在单相流等稳定流体下可以正常工作。但是，在应用现场，被测液体流量中往往会混入气体，形成了气液两相流的工况，此时流量管的振动阻尼变大，速度传感器输出信号的幅值较低，驱动信号理应变大。但是，模拟驱动电路幅值控制环节的局限性，导致驱动信号幅值反而减小，导致流量管停振，使得科氏质量流量计无法正常工作。目前，国内生产和使用的大部分是模拟驱动的科氏质量流量计[21]。若能够深入分析模拟驱动技术的问题，提出有效的改进措施，在保持模拟驱动电路结构简单，不需要处理器参与等优点的情况下，能够测量含气量不高的气液两相流，即在测量含有气体的液体流量时不停振，并保证足够的测量精度，对国内推广和应用科氏质量流量计是非常有益的。

　　为此，本节提出采用驱动特性图法分析已有模拟驱动技术存在的问题，得出传感器停振的原因。在此基础上，提出三种不同的改进方案。第一种改进方案是由原来的单端驱动方式改为双端驱动方式，形成差分模拟驱动系统，从而提高驱动能量[22,23]。第二种改进方案是通过增大驱动放大倍数来提高驱动能量，形成改进的单端模拟驱动系统[24]。第三种改进方案是结合差分模拟驱动和改进的单端模拟驱动的特点，形成改进的差分模拟驱动系统[25]。

4.6.1　单端模拟驱动系统

　　单端模拟驱动电路由电压跟随、放大滤波、精密整流、增益控制、乘法电路、电压放大、驱动保护和功率放大等模块组成，由于本质安全要求，驱动信号必须经过安全栅后才能作用于电磁激振器，以防止因电压过大而损坏电磁激振器。其中，幅值限制环节输出范围受功率放大电路电源可提供范围和本质安全电路限制。单端模拟驱动电路原理框图如图 4.6.1 所示。

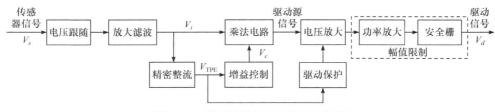

图 4.6.1　单端模拟驱动电路原理框图

　　设电压跟随模块的放大倍数为 1；放大滤波模块的幅频响应为 $F(\omega)$；精密整流模块的输出为直流电压，其大小为 90% 的输入信号有效值，即 $V_{\text{TPE}} = 0.9V_i / \sqrt{2}$；

增益控制模块的电压放大倍数为 K_1，其基准比较电压为 V_{ref}，则增益控制模块的输入、输出关系为

$$V_c = (1 + K_1)V_{ref} - K_1 V_{TPE} \tag{4.6.1}$$

乘法电路的输入为 V_i 和 V_c，输出为 10%的 $V_i \times V_c$；在流量管正常振动时，驱动保护电路不起作用，电压放大电路的电压放大倍数为 K_2；功率放大电路采用正负电源供电，能同时放大电压和电流，电压放大倍数为 K_3；幅值限制环节的输出范围为 $\pm V_{max}$，超出该范围的输入信号则以最大值 V_{max} 输出，推导出模拟驱动电路输出 V_d 与输入 V_s 的关系为

$$V_d = -\frac{9}{100\sqrt{2}} F^2(\omega) K_1 K_2 K_3 V_s^2 + \frac{1}{10}(1 + K_1) K_2 K_3 F(\omega) V_{ref} V_s \tag{4.6.2}$$

将式(4.6.2)转化为二次函数标准表达式为

$$V_d = -A V_s^2 + B V_s = -A\left(V_s - \frac{B}{2A}\right)^2 + \frac{B^2}{4A} \tag{4.6.3}$$

式中，$A = \dfrac{9}{100\sqrt{2}} F^2(\omega) K_1 K_2 K_3$；$B = \dfrac{1}{10}(1 + K_1) K_2 K_3 F(\omega) V_{ref}$。

当流量管以固有频率稳幅振动时,传感器的输入信号(驱动信号)、输出信号(传感器信号)的幅值呈线性关系[26]。若以传感器的输入信号幅值为自变量、传感器的输出信号幅值为因变量，则在测量单相流时，流量管振动阻尼小，较小的输入便能得到较大的输出，即线性关系的斜率较小；在测量气液两相流时，流量管振动阻尼增大，若要维持流量管振动幅值不变，则需要更大的驱动能量，即线性关系的斜率较大。由此，结合式(4.6.3)绘出单端模拟驱动系统的特性图，如图 4.6.2 所示。

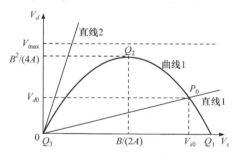

图 4.6.2　单端模拟驱动系统的特性图

在图 4.6.2 中，以 Q_1-Q_2-Q_3 轨迹的曲线 1 表示单端模拟驱动电路的驱动特性，直线 1、直线 2 分别表示在单相流、气液两相流时传感器的响应特性。在单相流时，曲线 1 与直线 1 的交点为 P_0，该点能同时满足驱动电路特性和传感器响应特性，即为模拟驱动系统的稳定工作点；当发生气液两相流时，直线 2 与曲线 1 没

有交点，即模拟驱动系统无稳定工作点，流量管停振；当满管零流量时，在流量管由零初始状态至稳定工作点处的起振过程中，驱动信号幅值沿曲线 1 经 Q_3-Q_2-P_0 先增大后减小，最终实现稳幅振动，完成起振。在起振过程中，驱动信号幅值缓慢变化，起振速度慢。

可见，单端模拟驱动系统的特点为：①当测量单相流时，能平稳驱动，流量管易振动；②当测量气液两相流时，系统无稳定工作点，流量管停振；③起振速度慢。

4.6.2　差分模拟驱动系统

单端模拟驱动系统属于单端驱动方式，驱动电路输出一路驱动信号经过安全栅后作用于激振线圈的一端，而激振线圈的另一端与变送器共地。增加一路功率放大电路和安全栅电路，构成双运算放大器结构的功率放大电路，从而输出一对等幅反相的差分信号，形成差分模拟驱动系统[21,22]。两种驱动方式的系统对比示意图如图 4.6.3 所示。

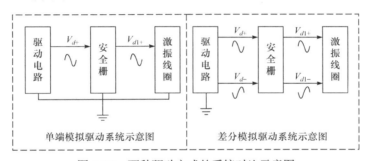

图 4.6.3　两种驱动方式的系统对比示意图

其中，差分模拟驱动系统的驱动电路原理框图及两种模拟驱动的功率放大电路原理对比图分别如图 4.6.4、图 4.6.5 所示。

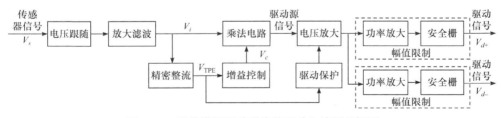

图 4.6.4　差分模拟驱动系统的驱动电路原理框图

在图 4.6.4 中，差分模拟驱动系统的幅值限制环节的输出范围为 $\pm 2V_{\max}$。

在图 4.6.5 中，电阻满足 $R_{10} = R_8 + R_9$，单端驱动中的功率放大环节输出和输入关系为

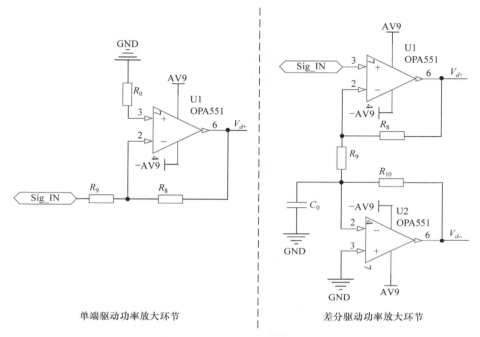

单端驱动功率放大环节　　　　　　差分驱动功率放大环节

图 4.6.5　两种模拟驱动中的功率放大电路原理对比图

$$V_{d+} = -\left(R_8 / R_9\right)\mathrm{Sig\_IN} \tag{4.6.4}$$

差分模拟驱动中的功率放大环节输出和输入关系为

$$
\begin{aligned}
V_d &= V_{d+} - V_{d-} \\
&= \left(1 + R_8 / R_9 + R_{10} / R_9\right)\mathrm{Sig\_IN} \\
&= 2[(1 + R_8 / R_9)\mathrm{Sig\_IN}]
\end{aligned} \tag{4.6.5}
$$

设差分模拟驱动的功率放大电路的电压放大倍数为 K_3'，若不考虑正负号，则由式(4.6.4)、式(4.6.5)可知，差分模拟驱动与单端模拟驱动的功率放大环节的电压放大倍数关系满足 $K_3' = 2\left(1 + R_9 / R_8\right)K_3$。故差分模拟驱动电路的输出与输入关系为

$$V_d = -\frac{9}{100\sqrt{2}}F^2\left(\omega\right)K_1 K_2 K_3' V_s^2 + \frac{1}{10}\left(1 + K_1\right)K_2 K_3' F\left(\omega\right)V_{\mathrm{ref}}V_s \tag{4.6.6}$$

令 $K_3'' = 2\left(1 + R_9 / R_8\right)$，则将式(4.6.6)转化为二次函数标准表达式为

$$V_d = K_3''\left[-A\left(V_s - \frac{B}{2A}\right)^2 + \frac{B^2}{4A}\right] \tag{4.6.7}$$

根据式(4.6.7)和差分模拟驱动的幅值限制环节允许的最大输出电压 $2V_{\max}$，绘制出差分模拟驱动系统的特性图，如图 4.6.6 所示。

在图 4.6.6 中，以 Q_1-Q_4-Q_5-Q_3 为轨迹的曲线 2 表示差分模拟驱动电路的驱动特性。在单相流时，驱动系统的稳定工作点为 P_1；当发生气液两相流时，驱动系统存在稳定工作点 P_2。差分模拟驱动显著提高了驱动信号幅值，但是驱动信号幅值在 Q_5 处便开始衰减，在传感器信号较小时衰减尤为严重；在起振过程中，驱动信号幅值沿曲线 2 经 Q_3-Q_5-Q_4-P_1 完成起振，提高了驱动信号幅值，加快了起振过程。

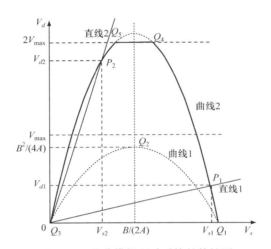

图 4.6.6　差分模拟驱动系统的特性图

可见，差分模拟驱动系统的特点如下：

(1) 当测量单相流时，稳定工作点处的驱动信号幅值略有增大。

(2) 当测量气液两相流时，存在稳定工作点，驱动信号幅值显著增大。但是，在传感器信号较小时，驱动信号幅值过早衰减。

(3) 在起振过程中，驱动信号幅值更大，起振过程加快。

4.6.3　改进的单端模拟驱动系统

增益控制环节系数取决于单相流时传感器的最佳振幅，通过增大系数来提高驱动信号幅值会导致单相流时传感器振幅过大，且对于提高气液两相流时的驱动效果不明显。为此，在乘法器前后各增加一个倍数可调的电压放大电路，形成改进的单端模拟驱动系统，使得在不影响单相流驱动特性的情况下，改善驱动系统在气液两相流发生时的驱动特性。改进的单端模拟驱动电路原理框图如图 4.6.7 所示。其中，倍数可调的电压放大电路 2 由倍数可调的电压放大电路 1 和图 4.6.1 中的电压放大电路组成。

在图 4.6.7 中，倍数可调的电压放大电路原理图如图 4.6.8 所示。

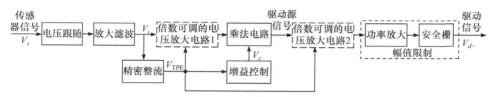

图 4.6.7　改进的单端模拟驱动电路原理框图

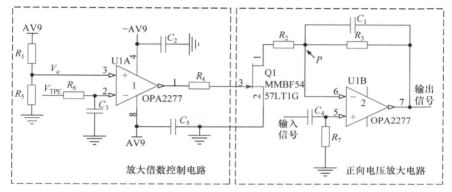

图 4.6.8　倍数可调的电压放大电路原理图

在图 4.6.8 中，对于倍数可调的电压放大电路 1，设其电压放大倍数为 K_4，并通过合理设置其参考电压 V_a，使得单相流时 $K_4 = 1$，气液两相流时 $K_4 = 1 + R_3 / R_2 > 1$，结合图 4.6.8 和式(4.6.2)，可以推导出模拟驱动电路输出与输入关系为

$$V_d = -\frac{9}{100\sqrt{2}} F^2(\omega) K_1 K_2 K_3 K_4^2 V_s^2 + \frac{1}{10}(1 + K_1) K_2 K_3 K_4^2 F(\omega) V_{\text{ref}} V_s \quad (4.6.8)$$

将式(4.6.8)转化为二次函数标准表达式为

$$V_d = K_4^2 \left[-A \left(V_s - \frac{B}{2A} \right)^2 + \frac{B^2}{4A} \right] \quad (4.6.9)$$

根据式(4.6.9)，设置倍数可调的电压放大电路中的参考电压为 $V_a = B / 2A$，使得系统能根据参考电压 V_a 与直流电压 V_{TPE} 的大小关系调整电压放大倍数。当 $V_{\text{TPE}} > V_a$ 时，传感器信号的幅值较大，电压放大倍数 $K_4 = 1$，式(4.6.9)写为 $V_d = -A(V_s - B / (2A))^2 + B^2 / (4A)$；当传感器信号的幅值 $V_{\text{TPE}} < V_a$ 时，传感器信号的幅值较小，电压放大倍数 $K_4 = 1 + R_3 / R_2 > 1$，式(4.6.9)写为 $V_d = K_4^2 [-A(V_s - B / (2A))^2 + B^2 / (4A)]$。当驱动信号幅值大于幅值限制模块允许输出的最大电压时，按允许的最大电压值 V_{max} 输出。因此，改进的单端模拟驱动系统的特性图如图 4.6.9 所示。

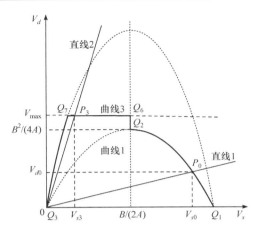

图 4.6.9　改进的单端模拟驱动系统的特性图

在图 4.6.9 中，以 Q_1-Q_2-Q_6-Q_7-Q_3 为轨迹的曲线 3 表示改进的单端模拟驱动电路的驱动特性。在单相流时，改进的单端模拟驱动电路与单端模拟驱动电路具有相同的驱动特性，驱动系统稳定工作点为 P_0；当发生气液两相流时，驱动系统的稳定工作点为 P_3。在 Q_6-Q_7 段传感器信号较小时，驱动信号幅值维持在最大值 V_{max}，有效避免了流量管停振。但是，由于幅值限制模块，在传感器信号幅值较小时，无法提供更大的驱动信号；在起振过程中，驱动信号幅值沿曲线 3 经 Q_3-Q_7-Q_6-Q_2-P_0 最后稳定于 P_0 点，完成起振。在起振初期，驱动信号幅值快速增大至最大值，并通过灵活控制驱动信号幅值，加快起振速度。

可见，改进的单端模拟驱动系统的特点为：

(1) 当测量单相流时，不改变系统驱动特性。

(2) 当测量气液两相流时，驱动信号幅值增大，存在稳定工作点，有效避免了流量管停振。但是，当传感器信号幅值较小时，驱动信号幅值受限，无法提供更大的驱动能量。

(3) 在起振过程中，通过灵活控制驱动信号幅值，可以加快起振速度。

4.6.4　改进的差分模拟驱动系统

差分模拟驱动系统是利用一对等幅反相的差分信号驱动流量管振动，使驱动能量几乎提高了一倍；改进的单端模拟驱动系统则利用倍数可调的电压放大电路，当传感器信号幅值小于设定值时，自动调大放大倍数，从而增加驱动能量。因此，结合差分模拟驱动和倍数可调的电压放大电路的特点，将倍数可调的电压放大电路应用于差分模拟驱动电路，形成一种改进的差分模拟驱动系统，即新型差分模拟驱动系统，其电路原理框图如图 4.6.10 所示。

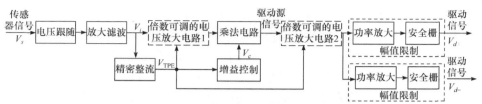

图 4.6.10　新型差分模拟驱动系统电路原理框图

结合式(4.6.6)、式(4.6.8)，得到新型差分模拟驱动系统电路输出 V_d 与输入 V_s 的关系为

$$V_d = -\frac{9}{100\sqrt{2}} F^2(\omega) K_1 K_2 K_3' K_4^2 V_s^2 + \frac{1}{10}(1+K_1) K_2 K_3' K_4^2 F(\omega) V_{\text{ref}} V_s \quad (4.6.10)$$

根据式(4.6.7)、式(4.6.9)，将式(4.6.10)转化为二次函数标准表达式为

$$V_d = K_3'' K_4^2 \left[-A\left(V_s - \frac{B}{2A}\right)^2 + \frac{B^2}{4A} \right] \quad (4.6.11)$$

当 $V_{\text{TPE}} > B/(2A)$ 时，传感器信号的幅值较大，则电压放大倍数 $K_4=1$，式(4.6.11)可写为 $V_d = K_3''[-A(V_s - B/(2A))^2 + B^2/(4A)]$，新型差分模拟驱动系统电路的驱动特性与差分模拟驱动系统电路的相同；当传感器信号幅值 $V_{\text{TPE}} < B/2A$ 时，传感器信号幅值较小，则电压放大倍数 $K_4=1+R_3/R_2>1$，新型差分模拟驱动系统电路的驱动特性如式(4.6.11)所示。当驱动信号幅值大于差分模拟驱动的幅值限制模块允许输出的最大电压时，按 $2V_{\text{max}}$ 电压值输出。因此，新型差分模拟驱动系统的特性图如图 4.6.11 所示。

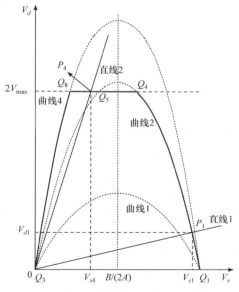

图 4.6.11　新型差分模拟驱动系统的特性图

在图 4.6.11 中，Q_1-Q_4-Q_5-Q_8-Q_3 轨迹的曲线 4 为新型差分模拟驱动系统的特性曲线。在单相流时，新型差分模拟驱动系统电路的特性与差分模拟驱动系统的相同，稳定工作点都为 P_1；当发生气液两相流时，新型差分模拟驱动系统的稳定工作点为 P_4，在 Q_5-Q_8 段传感器信号较小时，驱动信号的幅值依然保持最大值，有效避免了驱动信号幅值过早衰减；在起振过程中，驱动信号的幅值沿曲线 4 的轨迹 Q_3-Q_8-Q_5-Q_4-P_1 迅速增大，起振速度更快。

4.6.5　驱动特性对比分析

为了理论验证所提出的新型差分模拟驱动系统能有效提高驱动能力，基于特性图分析方法，对 4 种模拟驱动系统的特性进行对比分析，如图 4.6.12 所示。

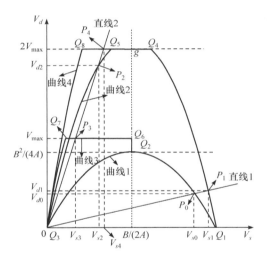

图 4.6.12　4 种模拟驱动系统的特性对比图

根据图 4.6.12，对 4 种模拟驱动系统的驱动特性进行对比和总结，如图 4.6.13 所示。

显然，在单相流时，稳定工作点 P_0、P_1 对应的驱动信号幅值相差较小，故 4 种模拟驱动系统的驱动特性无明显差异；当发生气液两相流时，稳定工作点对应的驱动信号幅值的大小顺序为：$P_4 > P_2 > P_3$，故驱动能力从强到弱的顺序为：新型差分模拟驱动>差分模拟驱动>改进的单端模拟驱动>单端模拟驱动；在起振过程中，驱动信号幅值曲线斜率的大小为：Q_3-$Q_8 > Q_3$-$Q_7 > Q_3$-$Q_5 > Q_3$-Q_2，故起振速度的快慢顺序为：新型差分模拟驱动>改进的单端模拟驱动>差分模拟驱动>单端模拟驱动。因此，根据理论分析，新型差分模拟驱动系统能有效提高系统的驱动性能。

新型差分模拟驱动系统的特点为：

(1) 当测量单相流时，与差分模拟驱动的驱动特性相同。

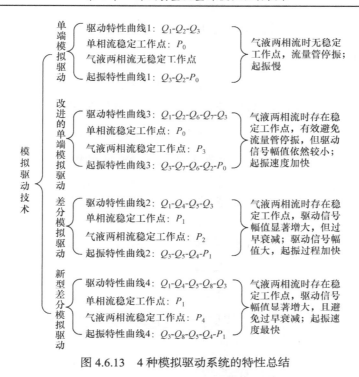

图 4.6.13　4 种模拟驱动系统的特性总结

(2) 当测量气液两相流时，有效提高了驱动信号幅值，避免了驱动信号过早衰减，克服了模拟驱动停振问题。

(3) 在起振过程中，驱动信号迅速增大，并通过控制驱动信号幅值加快了起振速度。

4.6.6　系统实现

将 4 种模拟驱动电路整合至同一电路中，并通过硬件切换选择不同的模拟驱动，进行对比实验。4 种模拟驱动系统的硬件电路原理框图如图 4.6.14 所示。

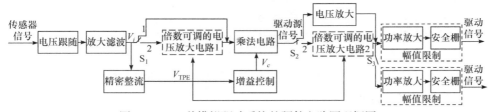

图 4.6.14　4 种模拟驱动系统的硬件电路原理框图

在图 4.6.14 中，通过开关 S_1、S_2、S_3 配合，实现 4 种模拟驱动的选择切换，具体为：单端模拟驱动 S_1 的 1 路导通、S_2 的 1 路导通、S_3 断开；差分模拟驱动 S_1 的 1 路导通、S_2 的 1 路导通、S_3 导通；改进的单端模拟驱动 S_1 的 2 路导通、S_2 的 2

路导通、S$_3$ 断开；新型差分模拟驱动 S$_1$ 的 2 路导通、S$_2$ 的 2 路导通、S$_3$ 导通。

4.6.7　驱动实验

利用研制的系统，依次切换 4 种模拟驱动系统，分别进行不同含气量的气液两相流驱动实验和零流量满管的起振实验，并对比分析实验结果[27]。

1. 实验装置

科氏质量流量计气液两相流实验装置(以下简称小装置)框图如图 4.6.15 所示[28]。其中，科氏质量流量计传感器均为美国微动公司的 CMF025 型号传感器。下游的 CMF025 匹配上述 4 种模拟驱动电路的变送器。小装置的实物图如图 4.6.16 所示。

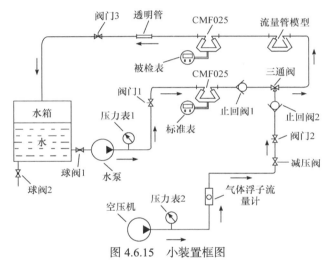

图 4.6.15　小装置框图

2. 实验步骤

通过对比 4 种模拟驱动在不同气体流量下的驱动信号和传感器信号幅值，可得出其驱动能力强弱，信号幅值越高驱动能力越强。由于需要对比单相流和气液两相流时的驱动情况，所以以本次实验也采集气体流量为零时的数据。本实验在小装置上进行，实验步骤如下：

(1) 分别采用单端模拟驱动、差分模拟驱动、改进的单端模拟驱动和新型差分模拟驱动电路进行实验。

(2) 进行驱动实验。开启阀门 1 至最大开度，调节阀门 3 开度控制流量，保持无气体加入时的水流量为 11.56L/min，同时调节驱动电路增益控制模块系数，确保在气体流量为 0L/min 时传感器放大信号 V_s 为 4.3V(峰峰值)。等待流量管振动稳定后，用泰克科技有限公司 MDO3024 示波器分别采集传感器放大信号 V_s 和驱动信

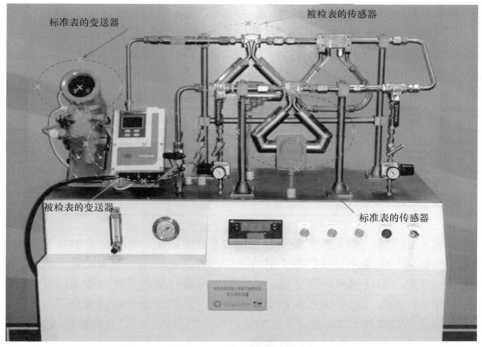

图 4.6.16　小装置的实物图

号V_d，记录 3 组数据。

(3) 调节流量含气量，采集气液两相流信号。开启阀门 2 加入气体，调节气体浮子流量计转子，使气体流量分别为 0.0L/min，0.2L/min，…，7.7L/min，并在不同气体流量下采集传感器信号和驱动信号，相同气体流量记录 3 组数据。

(4) 进行起振实验，采集起振信号。关闭阀门 1、阀门 2 和阀门 3，变送器断电，待传感器完全停振后，变送器上电，进行起振实验，同时分别采集不同气体流量下传感器的放大信号和驱动信号，记录 3 组数据。

(5) 进行数据分析。利用 MATLAB 对采集的数据进行去偏置、二阶巴特沃思带通滤波、三点法求峰值，求出每组数据的平均峰峰值，再取 3 组数据的平均值。

3. 实验结果与分析

当测量气液两相流时，模拟驱动系统的驱动信号和传感器信号幅值大小能够体现模拟驱动系统的驱动能力强弱。在 4 种模拟驱动系统中，新型差分模拟驱动系统结合了改进的单端模拟驱动系统和差分模拟驱动系统的优点，驱动信号幅值最大，并且更加稳定。当发生气液两相流时，模拟驱动的科氏质量流量计的传感器幅值均较小，并且幅值波动较大。其中，单端模拟驱动系统的传感器信号多次为零，意味着流量管容易停振，与理论分析相符；新型差分模拟驱动系统和差分模拟驱动系统的传感器幅值较大。

在不同含气量下,4 种模拟驱动系统的实验结果表明,模拟驱动的驱动信号 V_d 的幅值变化趋势与第 2 章的理论分析总体吻合。其中,测量气液两相流时的实验结果平均值和标准差如表 4.6.1 所示。

表 4.6.1　气液两相流时 4 种模拟驱动系统的数据特征值

系统	V_d 平均值	V_d 标准差	V_s 平均值
单端模拟驱动系统	5.53	2.76	0.09
改进的单端模拟驱动系统	14.69	0.66	0.24
差分模拟驱动系统	26.31	2.30	0.39
新型差分模拟驱动系统	28.65	0.08	0.43

由表 4.6.1 可知,当发生气液两相流时,差分模拟驱动系统显著提高了驱动信号和传感器信号幅值,有效提高了驱动能量;改进的单端模拟驱动系统减小了驱动信号标准差,驱动信号幅值更稳定;新型差分模拟驱动系统的驱动信号和传感器信号幅值均最大,与单端模拟驱动系统相比,其驱动信号幅值提高了 4.2 倍,传感器信号幅值提高了 3.8 倍,并且驱动信号的幅值最稳定,其标准差仅为 0.08。

模拟驱动系统的起振速度是驱动能力的另一个指标。下面对起振信号进行分析,得到 4 种模拟驱动系统的起振时间,如表 4.6.2 所示。

表 4.6.2　4 种模拟驱动系统的起振时间

参数	单端模拟驱动系统	改进的单端模拟驱动系统	差分模拟驱动系统	新型差分模拟驱动系统
起振时间/s	9.7	2.7	4.8	2.3

新型差分模拟驱动系统同时具备了改进的单端模拟驱动系统和差分模拟驱动系统的优点,不仅驱动信号幅值大,而且起振时间最短。

参 考 文 献

[1] 黄雅, 徐科军, 刘陈慈. 科氏质量流量计振幅对零点影响[J]. 计量学报, 2023, 44(2): 211-218.

[2] Anklin M, Drahm W, Rieder A. Coriolis mass flowmeters: Overview of the current state of the art and latest research[J]. Flow Measurement and Instrumentation, 2006, 17(6): 317-323.

[3] 徐科军, 何卫民, 陈荣保. 自动化仪表中流量测量新方法探讨——科里奥利质量流量计[J]. 合肥工业大学学报, 1995, 18(2): 148-153.

[4] 李苗, 徐科军, 朱永强, 等. 科氏质量流量计的 3 种驱动方法研究[J]. 计量学报, 2011, 32(1): 36-39.

[5] Seeger M. Coriolis flow measurement in two phase flow[J]. Computing and Control Engineering, 2005, 16(3):10-16.

[6] 朱永强. 数字式科氏质量流量变送器硬件研制[D]. 合肥: 合肥工业大学, 2010.

[7] Basse N T. Coriolis flowmeter damping for two-phase flow due to decoupling[J]. Flow Measurement and Instrumentation, 2016, 52:40-52.

[8] Charreton C, Béguin C, Ross A, et al. Two-phase damping for internal flow: Physical mechanism and effect of excitation parameters[J]. Journal of Fluids and Structures, 2015, 56:56-74.

[9] 徐浩然, 徐科军, 刘文, 等. 科氏质量流量计中全数字驱动技术[J]. 计量学报, 2020, 41(11): 1370-1379.

[10] 刘文, 徐科军, 方正余, 等. 用于振幅控制的科氏流量管模型的实验识别[J]. 电子测量与仪器学报, 2018, 32(6): 39-45.

[11] 刘文, 徐科军, 乐静, 等. 科氏流量计幅值控制中两类关键参数的确定[J]. 电子测量与仪器学报, 2018, 32(10): 183-189.

[12] 徐科军, 于翠欣, 苏建徽, 等. 科里奥利质量流量计激振电路的研制[J]. 合肥工业大学学报, 2000, 23(1): 37-40.

[13] 徐科军, 徐文福. 科氏质量流量计模拟驱动方法研究[J]. 计量学报, 2005, 26(2): 149-154.

[14] 朱永强, 徐科军, 李叶, 等. 基于 DSP 的数字式科里奥利质量流量变送器硬件设计[J]. 仪器仪表学报, 2009, 30(6 增刊): 348-353.

[15] 侯其立. 批料流/气液两相流下科氏质量流量计信号处理和数字驱动方法研究与实现[D]. 合肥: 合肥工业大学, 2015.

[16] 熊文军, 徐科军, 方敏, 等. 科氏流量计一次仪表与变送器匹配方法研究[J]. 电子测量与仪器学报, 2012, 26(6): 521-528.

[17] 黄雅, 徐科军, 刘陈慈. 基于实验数据分析的科氏质量流量计最佳振幅研究[J]. 计量学报, 2024, 45(7): 1015-1023.

[18] 熊文军, 方敏, 徐科军. 流量变送器耐高温对策[J]. 自动化仪表, 2012, 33(6): 79-82.

[19] 刘铮. 科氏质量流量计驱动系统中关键技术研究[D]. 合肥: 合肥工业大学, 2016.

[20] 徐科军, 刘铮, 方正余, 等. 一种科氏质量流量计的抗高温模拟驱动电路: ZL201610372978.X[P]. 2016-5-24.

[21] 纪爱敏, 李川奇, 沈连官, 等. 科里奥利质量流量计研究现状及发展趋势(一)[J]. 仪表技术与传感器, 2001, 6: 1-3.

[22] 徐科军, 刘铮, 董帅, 等. 一种科氏质量流量计驱动系统中的差分式功率放大电路: ZL2016 10214462.2[P]. 2018-10-2.

[23] 方正余, 徐科军, 张建国, 等. 科氏质量流量计差分驱动方式研究与实验[J]. 电子测量与仪器学报, 2017, 31(12): 2030-2035.

[24] 徐浩然, 徐科军, 张伦, 等. 基于驱动特性图法的科氏流量计模拟驱动设计[J]. 计量学报, 2020, 41(8): 953-959.

[25] 黄雅, 徐科军, 刘陈慈, 等. 基于特性图分析的科氏质量流量计模拟驱动研究[J]. 计量学报, 2021, 42(2): 189-198.

[26] 张建国, 徐科军, 董帅, 等. 基于希尔伯特变换的科氏质量流量计信号处理方法研究与实现[J]. 计量学报, 2017, 38(3): 309-314.

[27] 黄雅. 科氏质量流量计模拟驱动系统关键技术研究[D]. 合肥: 合肥工业大学, 2021.

[28] 李苗, 徐科军, 侯其立, 等. 科氏质量流量计气液两相流实验装置设计[J]. 实验技术与管理, 2012, 29(3): 75-79.

第 5 章　科氏质量流量计数字驱动技术

驱动系统是科氏质量流量变送器的重要组成部分，可以维持流量管的稳定振动，对实现质量流量的高精度测量起着关键的作用。第 4 章介绍了模拟驱动技术，本章介绍半数字驱动技术和全数字驱动技术，具体包括科氏质量流量计的半数字驱动技术、全数字驱动技术的原理和流程、全数字驱动技术的起振方法、频率跟踪、相位跟踪、幅值跟踪和起振性能测试。

5.1　半数字驱动技术

在模拟驱动中，增益控制电路是比例控制器，比例系数 K_P 随 V_{in} 的增大而增大，当输入为 0 时，为最小。在实际中，人们希望比例系数更大，以提供更大的增益，而这种结构的比例控制器与期望相反，所以起振速度不够快。因此，本节提出采用基于乘法数模转换器(multiplying digital-to-analog converter，MDAC)的半数字驱动技术[1]。之所以称为"半数字"，是因为有部分信号仍来自模拟信号。与模拟驱动技术相似，将驱动信号分解为两部分：一部分包含频率、相位信息，取自传感器输出信号，自动满足频率、相位条件；另一部分为增益控制信号，包含幅值信息，由 DSP 以数字方式给出，两个信号在 MDAC 中相乘得到驱动电压。可以采用先进的幅值控制方法，提供更适当的增益控制信号，因此能够从根本上加快起振速度。

5.1.1　MDAC 简介

MDAC 是一类专门的数模转换器，其模拟输出信号与模拟输入信号成一定比例，与普通数模转换器(digital-to-analog converter，DAC)相似，也有参考电压端和数字端。普通 DAC 的参考电压一般为某个恒定值，若要输出正弦波，则数字量按正弦规律变化；MDAC 的参考电压端可以接一个变化的信号，若为正弦波，则输出正弦波，而数字量则用于设置输出正弦波的幅值。利用两种 DAC 输出正弦波，参考电压端输入信号、数字量的设置以及输出信号都是不同的。以输出 2V(峰峰值)正弦波为例，可令普通 DAC 的参考电压为 $V_{REF}=2V$，则数字量 D 应按正弦规律变化，输出信号如图 5.1.1(a)所示，为有 N 个台阶的正弦波(N 为采样点数)；MDAC 则可在参考电压端输入 4V(峰峰值)的正弦波，而数字量 D 设为恒定值 0.5，输出信号如图 5.1.1(b)所示，为标准的正弦波。

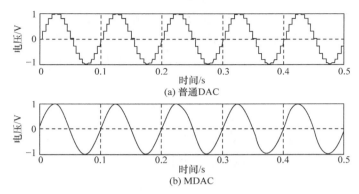

图 5.1.1　普通 DAC 与 MDAC 输出的正弦波

5.1.2　非线性幅值控制方法

幅值控制采用比例积分(proportional-integral，PI)控制器，非线性幅值控制方法[2-6]与传统方法的不同之处在于控制器的输入误差。采用传统方法的 PI 控制器如图 5.1.2 所示。

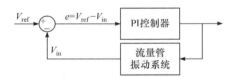

图 5.1.2　采用传统方法的 PI 控制器

PI 控制器的输入误差为 $e = V_{ref} - V_{in}$。要使流量管起振更快，需要提供更大的驱动电压，即提供更大的增益控制信号，也就是 PI 控制器的输出应尽量大。增大 PI 控制器输出有两种方法：①增大比例系数 K_p；②增大输入误差 e。增大比例系数 K_p，会使得 PI 控制器过度灵敏，出现很大超调，因此 K_p 不能无限制增大，考虑采用第二种方法(增大输入误差 e)。

分析自然对数可知，一个非常小的数的自然对数的绝对值很大。若在输入信号 V_{in} 很小时，将图 5.1.2 中的误差 e 用 $e' = \ln V_{ref} - \ln V_{in}$ 代替，那么误差 $e' \gg e$，PI 控制器输出更大的增益控制信号；随着输入信号 V_{in} 的增大，e' 变小，且它相对于 e 的优势越来越小，PI 控制器输出的增益控制信号减小，维持流量管于某个振幅，不至于无限制增大。另外，随着 V_{in} 的持续增大，e' 将小于 e，这时可用 e 代替 e' 作为 PI 控制器的输入。这种以 e' 代替 e 的方法称为非线性幅值控制方法。

5.1.3　半数字驱动实现

利用信号检测模块采集的传感器信号，在 DSP 内部采用非线性幅值控制方法得到增益控制信号，并以数字量 D 的形式送到 MDAC 数字端；传感器信号经过放大、滤波处理后送至 MDAC 模拟端，与增益控制信号相乘得到驱动电压[7]。MDAC 实现了模拟量与数字量相乘，系统选用了 16 位电流输出型 MDAC，其电路图如图 5.1.3 所示。

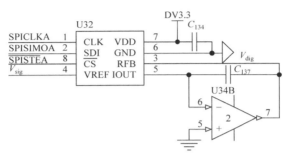

图 5.1.3　MDAC 电路图

MDAC 采用串口通信，DSP 通过串行外设接口(serial peripheral interface，SPI)往 MDAC 写控制字及数据。该 MDAC 为电流输出型，运算放大器 U_{34B} 与 MDAC 内部管脚 3 与 5 之间的电阻构成 I/V 转换，将电流转换为电压输出，输出信号 V_{dig} 与模拟输入信号 V_{sig} 的关系为

$$V_{dig} = -V_{sig} \times D/65536 \tag{5.1.1}$$

式(5.1.1)实现了模拟量 V_{sig} 与数字量 D 相乘，D 为增益控制信号。这里 MDAC 的作用与程控放大器相同，之所以不选用程控放大器，是因为后者的增益调节步长大(一般不优于 0.14dB/LSB)，增益精度低(一般不优于 0.02dB)；假设从信号输入到驱动电压输出整个信号链放大倍数为 100，则使用 16 位 MDAC，其增益调节步长为 20lg(100/65536)= −56dB/LSB，远小于程控放大器。

5.2　全数字驱动原理和流程

由前面的分析可知，对于半数字驱动，驱动电压 V_{drive} 可以表示为

$$V_{drive} = -V_{sig}D / (65536K) \tag{5.2.1}$$

式中，V_{sig} 为传感器信号；K 为整个驱动电路的放大倍数；$D / (65536K)$ 为增益，采用了非线性幅值控制方法，能提供较大的增益。但是，在初期，传感器信号 V_{sig} 很小，即使增益很大，得到的驱动电压也较小。因此，提出基于波形合成的全数字驱动方式。V_{sig} 不再取自传感器，而是由直接数字频率合成器(direct digital synthesizer，DDS)合成，不受传感器振幅的影响，初期也可合成幅值较大的信号，与增益控制

信号相乘后得到比半数字驱动更大的驱动电压，可显著加快起振速度。

　　在气液两相流下，科氏质量流量管的阻尼比会发生数量级的变化，传统的模拟驱动方法因为增益控制受限、增益控制不灵活等缺点，在气液两相流下无法维持流量管的振动[3,4]。

　　本节介绍一种基于 MDAC 和 DDS 的数字驱动方法，给出了该数字驱动的起振方法，以及数字驱动控制中频率、相位及幅值跟踪方法。基于 MATLAB 搭建了 Simulink 模块，对整套数字驱动方法进行了仿真验证[8-11]。

　　基于 MDAC 和 DDS 的数字驱动方法原理框图如图 5.2.1 所示。

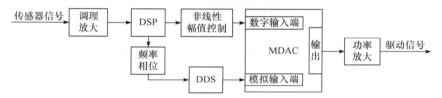

图 5.2.1　基于 MDAC 和 DDS 的数字驱动方法原理框图

　　图 5.2.1 所示数字驱动方法的主要工作流程如下：

　　(1) 传感器信号经过调理放大后，由 DSP 处理，并实时计算传感器信号参数，包括频率、相位和幅值。

　　(2) DSP 根据传感器信号频率确定驱动信号频率，根据驱动信号相位与传感器信号相位所需维持的关系，并结合软件、硬件延时，确定驱动信号的相位。

　　(3) DSP 通过数字接口将驱动信号的频率、相位信息写入 DDS 中，DDS 自动输出所需频率、相位的正弦信号，该正弦信号接入 MDAC 芯片的模拟输入端。

　　(4) DSP 根据传感器信号幅值，调用非线性幅值控制方法，计算出驱动信号的增益。

　　(5) DSP 通过数字接口将增益信息写入 MDAC 的数字输入端。

　　(6) MDAC 自动将其模拟输入端的正弦信号与数字输入端的增益信号进行相乘，输出所需幅值、频率、相位的正弦信号，该信号经过硬件功率放大后，接入流量管的激振线圈，对流量管进行驱动控制。

5.3　全数字驱动的起振方法

　　在数字驱动控制中，驱动信号完全由 DSP 根据理想的传感器信号控制合成，不依赖于实际的传感器信号，控制灵活，但带来的难题是：在流量管起振初期，传感器没有输出信号，DSP 无法确定传感器信号的频率，因而不能确定驱动信号的初始频率。

为了解决此问题，本节提出一种正负阶跃信号激励的方法用于流量管的起振[12]。该方法的优势在于：在传感器信号频率未知的情况下，可以使得流量管快速起振。

5.3.1　正负阶跃信号起振

流量管的传递函数为

$$G(s) = \frac{ks}{s^2 + 2\zeta\omega_n s + \omega_n^2} \tag{5.3.1}$$

式中，ζ 为阻尼比；ω_n 为无阻尼振荡频率。

设输入信号 $x(t)$ 为正阶跃信号，则有

$$x(t) = A_0(t) \tag{5.3.2}$$

其拉普拉斯变换为

$$X(s) = \frac{A_0}{s} \tag{5.3.3}$$

式中，A_0 大于 0，为阶跃信号的幅度。

将式(5.3.1)与式(5.3.3)相乘并进行拉普拉斯逆变换，得到流量管系统的阶跃响应为

$$y(t) = \frac{A_0 k}{\omega_d} \sin(\omega_d t) e^{-\sigma t} \tag{5.3.4}$$

式中，$\sigma = \zeta\omega_n$；$\omega_d = \omega_n\sqrt{1 - \zeta^2}$，为有阻尼振荡频率。

可见，流量管的正阶跃响应中只包含流量管固有频率的信号成分，而幅度相等的负阶跃信号对流量管的作用是等值反向的。

若在流量管振动的 0°相位处对流量管施加负阶跃信号，或者在流量管振动的 180°相位处对流量管施加正阶跃信号，则流量管的响应将与流量管已有的振动步调一致，因而流量管的振幅将不断增强。通过 MATLAB 仿真，当流量管输出信号相位在–90°~90°范围时，对流量管使用负阶跃信号驱动，以及当流量管输出信号相位在 90°~270°范围时，对流量管使用正阶跃信号驱动，均可使流量管振动加强，但在流量管输出信号为 0°或 180°时进行负阶跃信号或正阶跃信号驱动，可使流量管振动得到最大幅度的加强。为此，通过检测流量管振动信号的过零点，即可判断信号的相位，进而施加相应的正阶跃信号或负阶跃信号，实现流量管振幅的不断加强。在实际操作中，由于电路存在噪声，所以设置一个滞环带 b，以防止误动作。

正负阶跃激励起振方法可以通过图 5.2.1 所示的驱动框图实现。使 DDS 芯片处于复位状态，DDS 芯片将输出一个直流电平值，通过控制 MDAC 芯片输出 0 值和非 0 值实现正阶跃和负阶跃信号间的切换。

在 MATLAB 上搭建 Simulink 仿真模块，对正负阶跃信号的激励起振方法进

行仿真。仿真中，在电路上加上幅度为 0.01V 的随机噪声。基于 MDAC 和 DDS 的数字驱动 Simulink 仿真原理图和正负阶跃信号起振仿真结果分别如图 5.3.1 和图 5.3.2 所示。

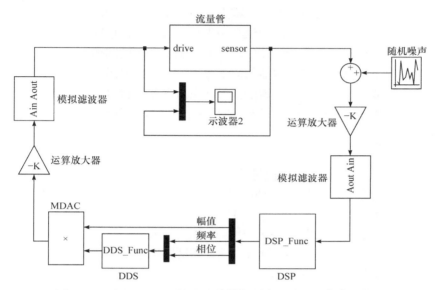

图 5.3.1　基于 MDAC 和 DDS 的数字驱动 Simulink 仿真原理图

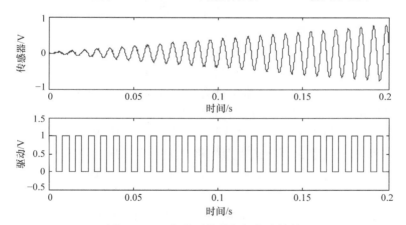

图 5.3.2　正负阶跃信号起振仿真结果

可见，在叠加噪声的情况下，正负阶跃信号激励可以使得流量管快速起振。流量管起振后，DSP 即可采集传感器信号，计算出信号参数，进而合成相应的正弦信号进行驱动。

正负阶跃信号激励起振的优点是在流量管固有频率未知的情况下，通过检测传感器信号的过零位置施加相应的阶跃信号，使流量管起振。但这种方法的不足之处是：在实际应用中，由于电路中存在噪声，所以滞环带 b 的值难以预先确定，在正阶跃信号和负阶跃信号激励之间切换时会导致误动作；而当电路存在直流偏置时，由于流量管未起振，所以在直流偏置的影响下，传感器输出信号可能全部大于 0 或全部小于 0，将检测不到过零点，不会施加正阶跃信号或负阶跃信号激励流量管，这两个因素均有可能导致起振失败。为避免该情况的发生，在检测信号过零点时，必须对信号进行滤波处理，但这也带来新的问题：在流量管固有频率未知的情况下，如何选取滤波器的通带频率，并且信号经过滤波后会带来相位延迟，因而不能及时施加正阶跃激励信号或负阶跃激励信号。所以，正负阶跃激励起振主要适用于硬件电路噪声较小且直流偏置较小的场合。

5.3.2　正弦信号起振

实际中，在流量管起振前，流量管振动的固有频率是未知的，但是根据流量管的类型，可以凭经验大概推算出其固有频率的范围，例如，对于 U 形或 Ω 形流量管，其固有频率较低，一般为 70～150Hz。在流量管固有频率范围已知的情况下，可以直接使用正弦波的方式来起振[13,14]。其中，实现起振的两个关键措施如下：

(1) 对驱动信号的频率进行限制。设置驱动频率下限值和上限值，确保驱动信号频率在流量管固有频率范围内。

(2) 根据流量管固有频率范围，设置软件滤波器的通带范围，以便对采集的传感器输出信号进行正确滤波，方便计算信号频率、相位等参数。

按照上述措施，使用正弦信号可以使流量管可靠起振，其依据是：流量管本身是一个选频网络系统，只有输入到系统的信号频率接近其固有频率时，系统才会有输出。起振初期，因对驱动信号频率的上下限进行了限制，驱动信号频率将较接近流量管的固有频率，故流量管将会产生微弱振动，传感器会输出较小的信号；而软件内的滤波器可以对传感器信号中固有频率范围之外的噪声加以滤除，且计算得到的频率值将更接近流量管的固有频率；再使用该频率值更新驱动信号的频率来激励流量管，则流量管振幅将会进一步加强，传感器输出信号也将进一步加大。由于流量管的选频特性，通过不断迭代，最终流量管将在固有频率处振动。

本节针对 CMF025 型传感器(其类型为 Ω 形，固有频率为 135Hz)，设置驱动信号频率上下限分别为 50Hz 和 200Hz，软件滤波器的通带频率范围设置为 50～200Hz，按照图 5.3.1 所示的 Simulink 模块进行起振仿真，仿真结果如图 5.3.3 所示[13]。

由图 5.3.3 可以看出，通过对驱动信号频率和软件滤波器通带频率范围进行限制，使用正弦信号也可以使流量管可靠起振。图 5.3.4 给出了整个起振过程中，传感器输出信号频率和驱动信号频率的变化过程。

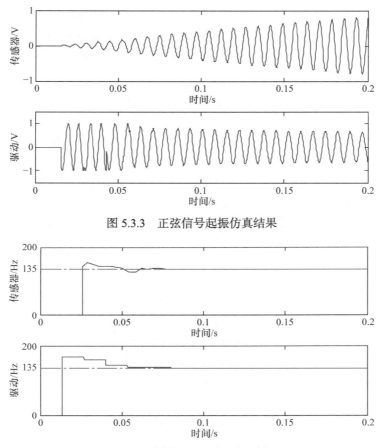

图 5.3.3 正弦信号起振仿真结果

图 5.3.4 起振过程中信号频率变化

由图 5.3.4 可知，在起振初期，流量管的选频特性使得传感器输出信号频率在流量管固有频率附近，通过不断检测传感器信号频率、更新驱动信号频率，最终使得流量管在固有频率处振动，传感器输出信号和驱动信号的频率也最终收敛到固有频率。

另外，从图 5.3.3、图 5.3.4 中可以看出，在整个起振过程中，驱动信号的频率不断地跟踪传感器信号频率的变化，并且驱动信号的相位、幅值也在进行相应调整。图 5.3.3 中所示的正弦信号起振过程也包含了驱动控制中的频率跟踪、相位跟踪和幅值控制，这些将在后面章节进行介绍。

5.4 频 率 跟 踪

频率跟踪是指驱动信号的频率需要不断跟踪传感器输出信号频率的变化，不断合成与传感器信号频率一致的驱动信号。这里频率跟踪方法可以是第3章介绍的格型自适应谱线增强器，也可以是第3章介绍的数字式过零检测方法。在计算得到传感器信号频率后，将频率值写入 DDS 中，以更新驱动信号的频率。

5.5　相位跟踪

在更新驱动信号频率时，还需要确定写入 DDS 的初始相位，以使得输出的驱动信号与传感器信号在相位上满足一定的关系，例如，对于 CMF025 型传感器，驱动信号和传感器信号间需要维持 180°的相位关系。因此，相位跟踪的任务是：在更新驱动信号时，首先估计出传感器信号的当前相位，并考虑系统软件滤波延时、硬件电路器件延时，结合驱动信号需与传感器信号维持的相位关系，确定需要写入 DDS 中的初始相位[13,14]。

5.5.1　相位估计

传感器信号的相位信息可由第3章提到的 DTFT 算法或第3章提到的过零检测方法得到。目前，DTFT 算法在用于科氏质量流量计信号处理时，只是用来计算两路信号的相位差，还未见使用 DTFT 算法计算信号初始相位的相关文献报道。本节给出使用 DTFT 算法计算正弦信号初始相位的推导过程。

在 3.2.3 节，信号 $s_1(N)$ 在 $\hat{\omega}$ 频率的 DTFT 为

$$S_{1N}(\hat{\omega}) = \sum_{n=0}^{N-1} A_1 \cos(\omega n + \theta_1) \cdot e^{-j\hat{\omega}n} = \sum_{n=0}^{N-1} \frac{A_1}{2} \left[e^{j(\omega n + \theta_1)} + e^{-j(\omega n + \theta_1)} \right] \cdot e^{-j\hat{\omega}n} \quad (5.5.1)$$

考虑到格型自适应陷波器收敛后，频率估计值 $\hat{\omega} \approx \omega$，则式(5.5.1)变为

$$S_1(N) = N \frac{A_1}{2} e^{j\theta_1} + \frac{A_1}{2} e^{-j\theta_1} \frac{\sin(\omega N)}{\sin\omega} e^{-j[(N-1)\omega]} \quad (5.5.2)$$

令 $K_1 = \dfrac{\sin(\omega N)}{\sin\omega}$，$\alpha = (N-1)\omega$，则式(5.5.2)变为

$$S_1(N) = \frac{A_1}{2} \left[N e^{j\theta_1} + K_1 e^{-j(\theta_1+\alpha)} \right] \quad (5.5.3)$$

将 $e^{j\theta_1}$ 和 $e^{-j(\theta_1+\alpha)}$ 转化成 $\sin\theta_1$ 和 $\cos\theta_1$ 的形式，得到

$$S_1(N) = \frac{A_1}{2} \{ [N\cos\theta_1 + K_1\cos(\theta_1+\alpha)] + j\cdot[N\sin\theta_1 + K_1\sin(\theta_1+\alpha)] \} \quad (5.5.4)$$

若 $S_1(N)$ 的相位为 φ_1，则有

$$\tan\varphi_1 = \frac{N\sin\theta_1 + K_1\sin(\theta_1+\alpha)}{N\cos\theta_1 + K_1\cos(\theta_1+\alpha)} \quad (5.5.5)$$

将分子分母分解成只含有 $\sin\theta_1$、$\cos\theta_1$、$\sin\alpha$、$\cos\alpha$ 的项，再提取 $\sin\theta_1$、$\cos\theta_1$ 的公因式，等式变形后得到

$$\tan\theta_1 = \frac{\sin\theta_1}{\cos\theta_1} = \frac{N\tan\varphi_1 + K_1(\tan\varphi_1\cos\alpha + \sin\alpha)}{N + K_1(\tan\varphi_1\sin\alpha - \cos\alpha)} \tag{5.5.6}$$

则初始相位为

$$\theta_1 = \arctan\left[\frac{N\tan\varphi_1 + K_1(\tan\varphi_1\cos\alpha + \sin\alpha)}{N + K_1(\tan\varphi_1\sin\alpha - \cos\alpha)}\right] \tag{5.5.7}$$

在具体实现时，首先对信号进行 DTFT，然后根据 DTFT 后的实部和虚部，计算得到 $\tan\varphi_1$，再根据式(5.5.7)计算得到初始相位。需要注意的是：tan 函数以 180°为周期，而 cos 函数以 360°为周期，所以在使用 arctan 函数求取信号的初始相位时，需要结合初始信号的特征，判断是否需要在计算结果的基础上加上或减去 180°。另一种解决方法是，在计算信号初始相位时，确保信号的初始相位为 $-90°\sim90°$，例如，对于 cos 函数，可通过检测信号的极大值点，以该极大值点为信号序列的起始点(即初始相位在 0°附近)，这样可以保证 arctan 函数求解出的结果与实际信号的初始相位相符。

若使用过零检测方法计算信号的初始相位，则首先通过过零检测方法找到信号的过零点(相位为 0°或 180°)，结合采样频率和信号频率，即可得到指定采样点处信号的相位。

5.5.2　相位跟踪过程

以使用过零检测方法为例，相位跟踪的主要过程如图 5.5.1 所示。

在图 5.5.1 中，图 5.5.1(a)为传感器的原始信号，图 5.5.1(b)为经过 ADC 采样且数字滤波后的离散信号，即 DSP 实际处理的信号，图 5.5.1(c)为拟向 DDS 写入的初始相位，图 5.5.1(d)为 DDS 输出信号经过硬件延迟后实际输出的驱动信号。

整个相位跟踪步骤如下：

(1) 假设 DSP 采集到 N 点数据，DSP 内部先对该 N 点数据进行滤波预处理，然后调用过零检测方法，找出信号的过零时刻，并确定 N 点采样数据中的最后一个过零时刻(设为 z)，该过零时刻的相位 $\varphi(z)$ 为 0°(上升沿零点)或 180°(下降沿零点)。

(2) 根据硬件、软件延迟，确定传感器信号的初始相位。由图 5.5.1(a)到图 5.5.1(b)，信号经过了 Δt_1 的时间延迟，其中包括硬件调理电路的延迟、ADC 采样转换的时间延迟、ADC 采样数据传送给 DSP 的时间延迟以及软件滤波器处理信号时带来的延迟。硬件调理电路带来的延迟可由硬件电路参数进行估计，也可以对电路进行实际测试，例如，对于 CMF025 型传感器的固有频率点，硬件调理电路会对信号造成 2.5°的相位延迟；ADC 采样数据转换更新时间可由 ADC

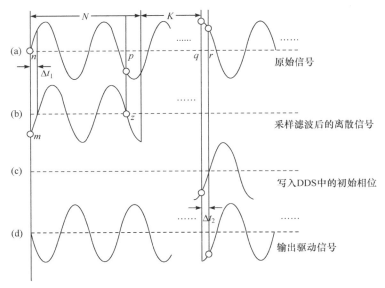

图 5.5.1　相位跟踪的主要过程

手册查到，例如，对于作者课题组采用的 ADC 芯片，其数据转换更新时间为 2.08μs；ADC 采样数据传输给 DSP 所需时间可由 ADC 采样数据的位数以及 ADC 与 DSP 通信的时钟频率确定；软件内数字滤波器对信号带来的相位延迟，可由滤波器的参数结构及信号频率实时计算得到。假设 Δt_1 的时间延迟对应的相位延迟为 $\varphi(\Delta t_1)$，则在图 5.5.1(a)中，与图 5.5.1(b)中 z 时刻对应的时刻 p 的相位为 $\varphi(p) = \varphi(z) + \varphi(\Delta t_1)$。

(3) 假设在 DSP 处理了 N 点采样数据后，ADC 又采集了 K 点数据，对应于图 5.5.1(a)中的 q 时刻，则 p 和 q 之间的时间间隔为 $\Delta t_{pq} = (K + N - p)T$，其中，$T$ 为 ADC 采样周期，若 Δt_1 对应的相位为 $\varphi(\Delta t_1)$，则时刻 q 的相位为 $\varphi(q) = \varphi(p) + \varphi(\Delta t_{pq})$，其中，$\varphi(\Delta t_{pq})$ 为 Δt_{pq} 对应的相位延迟。

(4) 确定写入 DDS 中的初始相位。DSP 拟在 q 时刻更新 DDS 的相位信息，以使得驱动信号相位与传感器信号相位匹配。这里同样需要考虑 DSP 与 DDS 数据通信、DDS 以及后续硬件电路带来的延迟 Δt_2。经过测试，DSP 与 DDS 数据通信约需 128μs，DDS 内部 DAC 的时间为 7～8 个系统时钟。经过实际测试，系统驱动部分硬件电路带来的延迟约为 1.6°。考虑到驱动信号需要与传感器信号之间维持一定的相位关系(对于 CMF025 型传感器，驱动信号和传感器信号需维持180°)，由此得到需要写入 DDS 中的初始相位为 $\varphi(\text{DDS}) = \varphi(q) + 180 + \varphi(\Delta t_2)$，其中，$\varphi(\Delta t_2)$ 为 Δt_2 对应的相位延迟。

(5) DSP 在 q 时刻将新的相位信息写入 DDS 中，经过 Δt_2 的时间延迟后，系

统最终在 r 时刻输出与传感器信号相位相匹配的驱动信号。

若使用DTFT方法计算相位，则首先对 N 点采样数据进行DTFT，按照式(5.5.7)求出 m 点的相位 $\varphi(m)$，并结合图 5.5.1 中的时间延迟 Δt_1，得到 N 点采样数据的初始相位 $\varphi(n)$，对于图 5.5.1 中的 q 时刻，其与初始点间隔了 $N+K-1$ 个采样点，因而结合采样周期可以推算出 q 时刻的相位 $\varphi(q)$，接下来的步骤与步骤(4)、步骤(5)相同。

5.6　幅　值　跟　踪

幅值跟踪是指驱动系统实时检测传感器信号的幅值，并相应调整驱动信号的幅值，以使得传感器信号快速、稳定地维持在设定值。

5.6.1　幅值检测

针对第 2 章和第 3 章提及的信号处理方法，传感器信号幅值可以通过 DTFT 算法或曲线插值拟合方法计算得到。

对于 DTFT 算法，式(5.5.7)已经得到 N 点采样数据的初始相位，将 θ_1 代入式(5.5.4)，等式两边同时取模，即可计算出传感器信号幅值。

对于曲线插值拟合方法，设采样序列为 $x(n)$，当出现 $(x(n)-x(n-1))\cdot(x(n)-x(n+1))>0$ 时，即表示在 $[n-1, n+1]$ 之间存在一个极值点，按照第 3 章提及的拉格朗日插值方法，生成序列的二次多项式，通过求取多项式的极值点得到信号幅值。

5.6.2　幅值控制

采用非线性幅值控制方法控制传感器信号幅值的变化。假设当前传感器信号幅值的计算值为 $a(t)$，期望的传感器信号幅值为 a_d，取其对数误差为

$$e(t) = \ln(a_d) - \ln(a(t)) \tag{5.6.1}$$

误差 $e(t)$ 送入 PI 控制器的输入，以获得驱动信号的增益为

$$K(t) = K_p e(t) + K_i \int e(t)\mathrm{d}t \tag{5.6.2}$$

式中，K_p 为比例系数；K_i 为积分系数。

DSP 计算得到驱动信号的幅值增益后，将增益值写入 MDAC 的数字端口，完成对驱动信号幅值的控制，进而控制传感器输出信号幅值，使其维持在期望值。

一些研究者将非线性幅值控制方法应用于科氏质量流量计，但是没有给出对数误差底数选取的规则和不同一次仪表的 PI 控制器参数整定的方法[3-7]。为此，首先建立被控对象的数学模型[15]。以流量管振动系统为被控对象，采用有限长度的正弦激励信号激励流量管，建立被控对象的数学模型。通过分析，发现稳态下

流量管振动系统相当于具有一固定增益的放大器。结合被控对象的稳态增益与流量管的最佳振动幅值，确定了被控对象输入信号的幅值，为后续 PI 参数的整定提供了基准。此外，也求出了闭环系统各个环节的增益。

然后给出对数误差底数的确定方法[16]。通过对直接误差和对数误差效果的比较，发现对数误差更符合动态特性和稳态特性的要求。而在选取对数误差时，需要先确定其底数。通过分析，发现底数的选取与设置的期望值有关，并且，期望值设置得越小，相对应的底数越大。

最后给出控制不同一次仪表时 PI 控制器参数的确定方法[16]。使用 PI 控制器对流量管的振动幅值进行控制，通过分析流量管的最佳振动幅值、流量管振动系统的稳态增益和闭环系统增益确定了初始 PI 控制器参数。将分析得到的初始控制参数应用于实际中，控制 CMF025 型一次仪表，根据实际的动态效果和稳态效果确定了最终的 PI 控制器参数。不同一次仪表之间的稳态增益和最佳振动幅值不同。在对不同的一次仪表执行控制时，根据得出的 PI 控制器稳态输出值，将 CMF025 型一次仪表的 PI 控制器参数按比例关系移植。

综上，给出了驱动控制中的频率、相位、幅值跟踪方法。使用图 5.3.2 搭建的 Simulink 模块，对先用正负阶跃信号起振、再切换到正弦信号驱动进行仿真，结果如图 5.6.1 所示[13]。

在图 5.6.1(a)中，使用格型自适应谱线增强器计算信号频率，使用 DTFT 算法计算信号相位和幅值，可以看出在切换到正弦信号驱动后，刚开始时驱动信号会出现明显的跳变，这是因为起始时合成的驱动信号频率与流量管固有频率之间有一定偏差，在使用格型自适应谱线增强器计算信号频率时，自适应算法需要一定的时间才能收敛到信号频率处。在图 5.6.1(b)中，信号频率和相位由过零检测方法求出，信号幅值由曲线插值拟合方法得到。可见，基于格型自适应谱线增强器和 DTFT 算法与基于过零检测方法的数字驱动技术仿真效果相当。

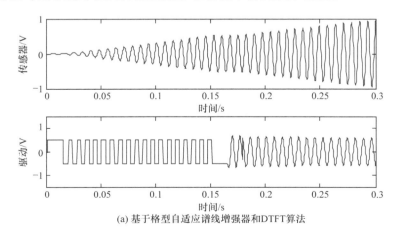

(a) 基于格型自适应谱线增强器和DTFT算法

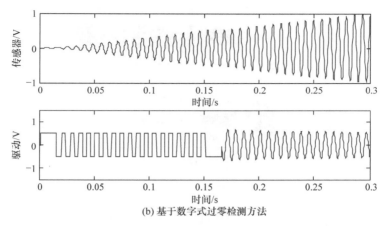

(b) 基于数字式过零检测方法

图 5.6.1　正负阶跃和正弦信号驱动仿真结果

在直接使用正弦信号起振时，基于格型自适应陷波器和 DTFT 算法以及基于过零检测方法的数字驱动技术结果与图 5.3.4 相似，在此不再赘述。

基于 MDAC 和 DDS 的驱动技术通过 DDS 自动合成一定频率、相位的正弦信号，通过 MDAC 控制驱动信号幅值，避免了文献[2]中存在计算量大、需较大存储空间的问题，并可以基于 DSP 芯片实现驱动技术。

5.7　起振性能测试

将研制的科氏质量流量变送器系统与 CMF025 型一次仪表相匹配，进行数字驱动起振实验。在实验中，将传感器信号幅值的期望值设置为 4.3V，起振时间设定为传感器信号幅值达到设定值 90%时的时间。整个实验过程中用示波器同时保存驱动信号和传感器信号，以便进行分析对比。

5.7.1　正负阶跃信号起振

图 5.7.1(a)为先采用正负阶跃信号起振，再使用正弦信号驱动的数字驱动起振实验全局结果。整个起振时间约为 1.4s，起振时间大大缩短，这是因为数字驱动技术中驱动信号由 DSP 合成，不依赖传感器信号，即使在起振初期、传感器没有输出信号的情况下，DSP 仍然可以合成相应的驱动信号激励流量管。图 5.7.1(b)和图 5.7.1(c)为起振过程中的局部放大。

5.7.2　正弦信号起振

图 5.7.2 为采用正弦信号起振且信号处理方法采用格型自适应谱线增强器和 DTFT 算法的数字驱动起振过程。这里，根据 CMF025 型流量管的形状，限定驱

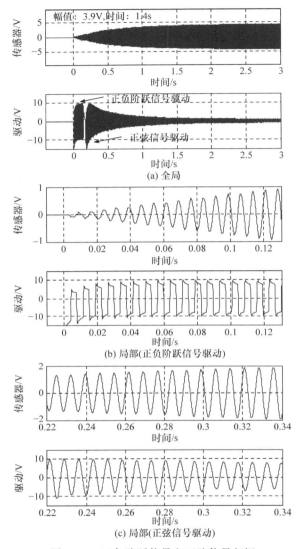

图 5.7.1　正负阶跃信号和正弦信号起振

动频率的上下限分别为 50Hz 和 200Hz。由图 5.7.2(a)可知，流量管的起振时间约为 1.7s。图 5.7.2(b)为起振初期的局部放大。从图中可以看出，传感器输出信号约在 0.38s 以后才开始逐渐增大，原因是格型自适应谱线增强器需要一定的时间才能收敛至信号频率，所以在起振初期，驱动信号频率偏离传感器信号频率较远，即使驱动信号幅值很大，传感器输出信号仍然较小。

图 5.7.3 为采用正弦信号起振且信号处理方法采用数字式过零检测方法的数字驱动起振过程。由图 5.7.3(a)可见，起振时间约为 1.5s。图 5.7.3(b)为起振过程

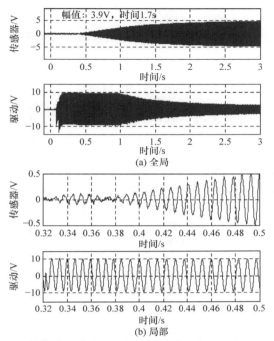

图 5.7.2   正弦信号起振(基于格型自适应谱线增强器和 DTFT 算法)

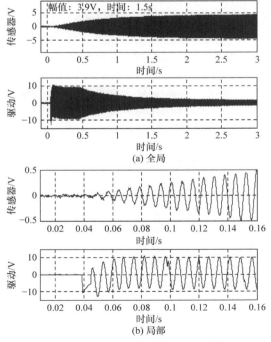

图 5.7.3   正弦信号起振(基于数字式过零检测方法)

的局部放大，由图中可以看出，因数字过零检测方法通过检测信号过零点得到信号频率，不需要收敛过程，故在起始时驱动信号频率较接近传感器信号频率，使得传感器信号快速增大。

参 考 文 献

[1] 朱永强. 数字式科氏质量流量变送器硬件研制[D]. 合肥: 合肥工业大学, 2010.

[2] Clarke D W. Non-linear control of the oscillation amplitude of a Coriolis mass-flow meter[J]. European Journal of Control, 1998, 4(3): 196-207.

[3] Henry M P, Clarke D W, Archer N, et al. A self-validating digital Coriolis mass-flow meter: An overview[J]. Control Engineering Practice, 2000, 8(5): 487-506.

[4] Zamora M, Henry M P. An FPGA implementation of a digital Coriolis mass flow metering drive system[J]. IEEE Transactions on Industrial Electronics, 2008, 55(7): 2820-2831.

[5] 李祥刚, 徐科军. 科氏质量流量管非线性幅值控制方法研究[J]. 电子测量与仪器学报, 2009, 23(6): 82-86.

[6] 李祥刚, 徐科军, 朱永强. 非线性幅值控制算法中2种PI控制器的比较[J]. 合肥工业大学学报(自然科学版), 2009, 32(11): 1665-1668, 1690.

[7] 李苗, 徐科军, 朱永强, 等. 科氏质量流量计的3种驱动方法研究[J]. 计量学报, 2011, 32(1): 36-39.

[8] 李苗, 徐科军, 侯其立, 等. 数字科氏质量流量计正负阶跃交替激励启振方法[J]. 仪器仪表学报, 2010, 31(1): 172-177.

[9] 侯其立, 徐科军, 方敏, 等. 科氏质量流量计数字驱动方法研究与实现[J]. 计量学报, 2013, 34(6): 554-560.

[10] Hou Q L, Xu K J, Fang M, et al. Development of Coriolis mass flowmeter with digital drive and signal processing technology[J]. ISA Transactions, 2013, 52(5): 692-700.

[11] 徐浩然, 徐科军, 刘文, 等. 科氏质量流量计中全数字驱动技术[J]. 计量学报, 2020, 41(11): 1370-1379.

[12] 徐科军, 李苗, 朱永强, 等. 科氏质量流量计正负阶跃交替激励启振方法和系统: ZL200910144210.7[P]. 2011-12-21.

[13] 侯其立. 批料流/气液两相流下科氏质量流量计信号处理和数字驱动方法研究与实现[D]. 合肥: 合肥工业大学, 2015.

[14] 徐科军, 侯其立, 方敏, 等. 一种科氏质量流量计的数字驱动跟踪方法和系统: ZL201110331814.X[P]. 2013-5-1.

[15] 刘文, 徐科军, 方正余, 等. 用于振幅控制的科氏流量管模型的实验识别[J]. 电子测量与仪器学报, 2018, 32(6): 39-45.

[16] 刘文, 徐科军, 乐静, 等. 科氏流量计幅值控制中两类关键参数的确定[J]. 电子测量与仪器学报, 2018, 32(10): 183-189.

第6章 基于 DSP 的变送器

本章介绍基于 DSP 的数字式科氏质量流量变送器的研制，以实现前几章研究的数字信号处理方法和驱动技术。具体包括基于 TMS320F28335 DSP 的硬件系统研制、基于 DTFT 方法的软件开发和测试、过零检测方法和数字驱动软件开发、测试结果等。

6.1 基于 TMS320F28335 DSP 的硬件研制

6.1.1 硬件功能框图

采用美国德州仪器半导体有限公司 TMS320F28335 DSP 芯片作为控制和处理核心，研制科氏质量流量变送器，其由驱动模块、信号调理与采集模块、温度补偿模块、人机接口、通信、4～20mA 电流输出和脉冲输出、外扩存储器、电源等组成，如图 6.1.1 所示[1-5]。图中，GPIO 为通用输入/输出端口(general purpose input/output)，XINTF 为外部接口(external interface)，SPDT 为单刀双掷(single pole double throw)，SRAM 为静态随机存取存储器(static random access memory)，McBSP 为多通道缓冲串行接口(multichannel buffered serial port)，LDO 为低压差稳压器(low-dropout regulator)。其中，驱动模块包括模拟驱动、基于 MDAC 的半数字驱动、基于波形合成的全数字驱动三种方式；信号调理与采集模块利用两片 24 位 Σ-Δ 型 ADC 同时采样两路信号并转换为数字量送入 DSP 参与计算；温度补偿模块将流量管上的温度传感器 Pt100 的电阻信号转换为电压信号，再由 ADC 采集，对测量值进行补偿修正；测量值显示在液晶显示器(liquid crystal display，LCD)上，同时以脉冲或 4～20mA 电流的形式传输到控制室的显示设备或控制设备上；通过按键可查看测量结果，设置仪表参数；上位机可通过 RS232 接口与 DSP 通信，利用上位机的人机接口可方便地采集、显示下位机数据，并可控制下位机；系统需要不同的电源分别为模拟、数字部分供电，将 24V 电源经 DC/DC(直流/直流)转换为略高于所需的电压后，再经线性稳压器稳压后给各芯片供电；当系统掉电时，需及时保存流量、参数设置等重要数据，系统中电源监视模块检测到电压降低到一定值后，向 DSP 发出中断请求，DSP 响应中断，并将数据保存到铁电存储器(ferroelectric random access memory，FRAM)中，保证可靠地保存数据。

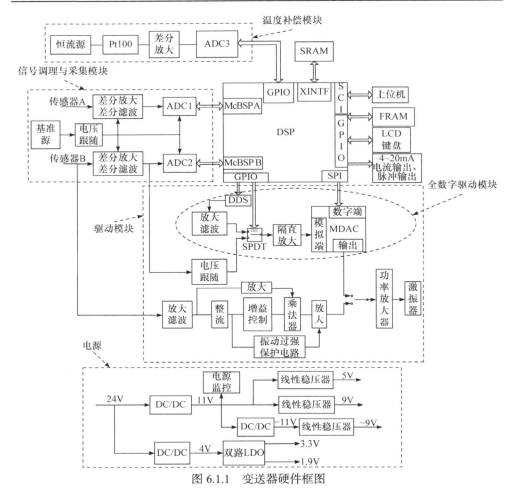

图 6.1.1　变送器硬件框图

6.1.2　信号调理与采集模块

信号调理与采集模块是测量的关键部分，直接关系到变送器的各项性能指标。

1. 信号调理与采集的实现

传感器输出两路具有相位差的正弦波，分别经两路调理电路放大、滤波，两路调理电路的结构、参数相同，两片相同型号的 ADC 同时采样两路信号并转换为数字量送入 DSP[6-8]，其中一路如图 6.1.2 所示。

信号以差分形式输入，被抬高至 2.5V 后，经 U16 及外围电阻构成的差分放大器放大，再经 U19 及外围电阻、电容构成的差分二阶有源滤波器滤波后送入 ADC 被采样。滤波器为无限增益多重反馈拓扑结构的巴特沃思低通滤波器；ADC 为 24 位 Σ-Δ 型 ADC。

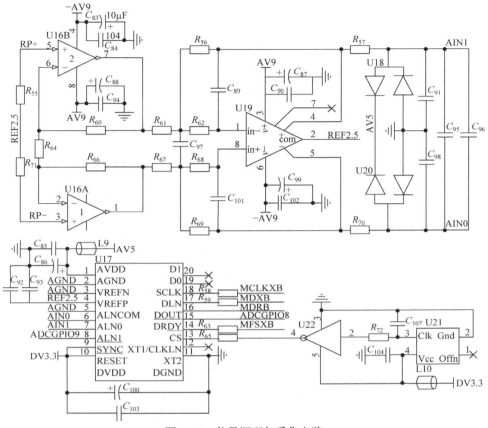

图 6.1.2 信号调理与采集电路

2. 滤波器设计

常见的滤波器有巴特沃思(Butterworth)滤波器、切比雪夫(Chebyshev)滤波器及逆切比雪夫(inverse Chebyshev)滤波器、贝塞尔(Bessel)滤波器、椭圆(elliptical)滤波器等[9]，以及在它们基础上进行改造的滤波器。巴特沃思滤波器在通带和阻带具有最大平坦度，但是通带到阻带的过渡频带较宽；切比雪夫滤波器通带有一定纹波而阻带平坦，逆切比雪夫滤波器在通带甚至比巴特沃思滤波器平坦，但是，阻带有纹波，它们从通带到阻带衰减速度快；贝塞尔滤波器具有线性相位的特点，适用于要求群延时相等的场合，如音频，贝塞尔滤波器通带到阻带的过渡比巴特沃思滤波器还慢；前面这几种滤波器的传递函数零点均为 0 或 ∞，称为全极点滤波器，椭圆滤波器的零点则为有限值，它从通带到阻带的过渡比切比雪夫滤波器还快，但是，在阻带的纹波较大，通带也有纹波。

考虑到对信号幅值要求较高，对通带到阻带的过渡速度要求不高，也无群延时相等的要求，而且传感器信号是单一的频率，因此选择巴特沃思滤波器。滤波器的加入必然会带来相移，截止频率距离信号频率越近，相移越大；电阻、电容参数的变化会带来截止频率的变化，从而带来相移的变化。若两路滤波电路的相移变化不对称，即相位差发生了变化，将直接影响到测量结果。因此，要求滤波器参数保持稳定，不要发生变化，但是在实际系统中，温度等造成参数发生变化是难免的，需要将变化降低到可接受范围内。

实际测试发现，电阻、运算放大器等参数相对稳定，温度影响主要来自电容。受工艺限制，普通电容的精度低、温度系数大。为了解决这个问题，一方面，要选用著名厂商(日本株式会社村田制作所)的 NP0(又称 C0G)陶瓷电容，该材质电容的精度可达±5%，温度系数为 $3\times10^{-5}/^{\circ}\mathrm{C}$；另一方面，从滤波器截止频率的选择入手，降低电容温度漂移带来的影响。在不同截止频率下，滤波器因器件参数变化导致截止频率发生变化，从而导致相移发生变化。因此，提高截止频率能明显减小滤波器对相位的影响。但是，截止频率的提高对于噪声的抑制能力减弱，因此需要在两者间进行折中，并在软件中加入数字滤波器以弥补硬件滤波器的不足。经现场实际测试，传感器输出信号频率为 100Hz 左右，噪声主要分布在 80kHz 以上，所以将截止频率设定为 5kHz。

3. $\varSigma$-$\varDelta$ 型 ADC

$\varSigma$-$\varDelta$ 型 ADC 的最大特点是利用过采样来提高信噪比，该类型 ADC 由 $\varSigma$-$\varDelta$ 调制器、数字滤波器和抽取器组成[10,11]，如图 6.1.3 所示。

图 6.1.3　$\varSigma$-$\varDelta$ 型 ADC 结构

$\varSigma$-$\varDelta$ 调制器以很高的采样频率采样信号，将量化噪声推向高频段，后级滤波器就能较容易地将高频段的噪声滤除，这就是过采样提高信噪比的原理。过采样对信噪比提高的程度还与 $\varSigma$-$\varDelta$ 调制器阶数有关，阶数越高，过采样对信噪比提高越多，现代 $\varSigma$-$\varDelta$ 型 ADC 一般采用 4 阶 $\varSigma$-$\varDelta$ 调制器。由于采样频率过高，实际应用中不需要如此高的采样频率，也处理不了如此大量的数据，所以 $\varSigma$-$\varDelta$ 型 ADC 中还有抽取器模块，通过取平均值将数据速率降到可用水平。

$\varSigma$-$\varDelta$ 型 ADC 中的滤波器有自己的特性，在应用中需加以注意，图 6.1.4 是其幅频特性示意图。

与普通滤波器不同的是，对高于截止频率 f_b 的信号不是全部衰减，而是在 $(kF_{ms}-f_b)\sim(kF_{ms}+f_b)$ 范围内呈现为通带特性。因此，无法滤除该频率范围内的噪声，需要 ADC 前端抗混叠滤波器将该频率范围内的噪声滤除。好在该频率段

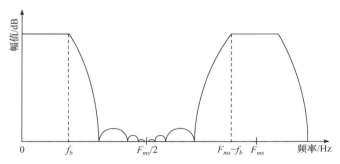

图 6.1.4 Σ-Δ 型 ADC 滤波器幅频特性示意图

相对于信号而言已经很高，简单的 RC 滤波电路就能胜任。

运算放大器不宜直接驱动 Σ-Δ 型 ADC。采样即是对采样电容进行充放电，当采样电容切换至输入信号时，运算放大器对采样电容充电，输出电压降低，运算放大器对此进行校正，在此过程中，运算放大器将达到压摆率极限，导致振荡。解决的办法是在 ADC 输入端并联一个小容值电容到接地(图 6.1.2 中 C_{91}、C_{98})，一般为几百皮法(pF)，同时在运算放大器输出端与 ADC 输入端串联一个小阻值电阻(图 6.1.2 中 R_{57}、R_{70}，一般为几十欧姆至 200Ω)。电容为采样电容充放电提供瞬态电流；电阻隔离运算放大器与采样电容。注意，电容要尽量靠近 ADC 输入端，并以最短路径连接到地平面。另外，该 RC 滤波电路同时还能起到抗混叠滤波的作用。值得注意的是，不要认为前面已经有一级二阶有源滤波电路就能把 ADC 产生的噪声滤除，前面的滤波电路只能滤除输入信号中的噪声，对于滤波器输出端的噪声是没有抑制作用的。

4. 基准源

ADC 将模拟量转化为数字量，数字量与参考电压成比例，即参考电压是一个标准，因此对参考电压要求很高，尤其是本书采用了 24 位高分辨的 ADC。基准源的主要参数有初始精度、温度漂移、长期稳定性、噪声、静态电流、拉电流及灌电流能力等。大多数应用场合对基准源"稳"的要求高于"准"，例如，用 ADC 采集模拟信号，也许并不是太在意模拟信号事实上是多大，而在乎的是模拟信号与数字量之间的比例关系是否稳定不变，因此要求基准"稳"，至于"准"的要求，很容易在软件上进行校准。

根据制造工艺，常见的基准源分为带隙基准源和齐纳二极管基准源，其中齐纳二极管基准源又分为表面齐纳管和隐埋型齐纳管[12]。由于隐埋型齐纳管表面覆盖了保护扩散层，不易受外界污染、机械应力、晶格紊乱的影响，所以精度和稳定性均很高；缺点是输出电压较高，一般大于 5V。

带隙基准源结构图如图 6.1.5 所示。

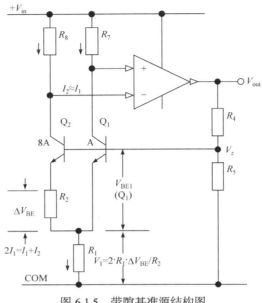

图 6.1.5　带隙基准源结构图

三极管 Q_2 的发射区是 Q_1 的 8 倍，两个三极管运行于不同的电流水平，均具有负温度系数，因此它们的基射极电压差 $\Delta V_{BE} = V_{BE1} - V_{BE2}$ 具有正温度系数，由图 6.1.5 可得到

$$V_z = V_1 + V_{BE1} = 2R_1 V_{BE} / R_2 + V_{BE1} \tag{6.1.1}$$

$$V_{out} = V_z \left(1 + R_4 / R_5 \right) \tag{6.1.2}$$

由式(6.1.1)可知，$V_1 = 2R_1 V_{BE} / R_2$ 具有正温度系数，V_{BE1} 具有负温度系数，两者相加互相补偿，虽然不可能将温度系数补偿为 0，但是温度系数可以低到其他类型基准无法达到的水平。V_z 可经放大后再输出，如图 6.1.5 和式(6.1.2)所示。

带隙基准源的精度和稳定性比最好的隐埋型齐纳管差些，但是温度系数可低至 3×10^{-6}，另外带隙基准源的输出电压可以低于 5V。系统需要 2.5V 基准电压，又要求"稳"，而"稳"主要体现在温度系数，因此采用带隙基准源。该款 ADC 内部基准源输入结构与模拟信号输入结构相似，亦是不断对采样电容充放电，表现为基准源的负载是变化的，因此基准源输出阻抗应很低，否则会有负载效应。

6.1.3　温度补偿模块

流体温度的变化会影响流量管的角弹性模量，即式(1.2.16)中的 K_s，从而影响质量流量的测量结果，流体温度在长期运行过程中必然要发生变化。另外，不同应用场合下流体温度差别较大，因此有必要对温度进行补偿，可选定某个温度(如25℃)作为标准，温度偏离这个值时进行修正。

流量管管壁上有 Pt100 温度传感器。对于电阻型温度传感器，常用的检测方法有：

(1) 电桥结构，温度偏离设定值时破坏电桥平衡，电桥有电压输出；

(2) 施加恒流源，检测电流在 Pt100 上产生的电压。

方法(1)的缺点是输出电压与电阻变化不呈线性关系，要求电桥上的电阻精度高、稳定性好；方法(2)输出电压与电阻呈线性，但是施加的电流较大时会在 Pt100 上产生热量，带来误差。电流产生热量的问题，只要电流足够小就不足以影响测量值，取电流为 500μA，0℃时在 Pt100 上的功率为 25μW，不足以影响结果，为了简化计算，采用方法(2)。

温度每变化 1℃，Pt100 电阻变化约 0.4Ω，因此导线电阻的影响不容忽视，尤其是当导线长度不确定，无法在软件中进行补偿时。科氏质量流量计一次仪表上的 Pt100 为三线制，可采用图 6.1.6 所示的电路结构对导线电阻进行补偿[13,14]。

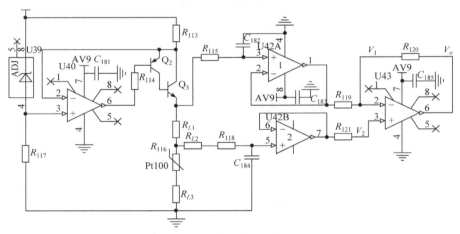

图 6.1.6　三线制导线电阻补偿法

R_{116} 为 Pt100，$R_{L1} = R_{L2} = R_{L3} = R_L$ 为导线电阻，$R_{119} = R_{120} = R_{121}$，令恒流源电流为 I，则输出电压 V_o 与 Pt100 阻值的关系为

$$
\begin{aligned}
V_o &= -\frac{R_{120}}{R_{119}}V_1 + \left(1 + \frac{R_{120}}{R_{119}}\right)V_2 = -V_1 + 2V_2 \\
&= -I(R_{L1} + R_{116} + R_{L3}) + 2I(R_{116} + R_{L3}) \\
&= -I(2R_L + R_{116}) + 2I(R_{116} + R_L) = I \times R_{116}
\end{aligned}
\tag{6.1.3}
$$

式(6.1.3)中不含导线电阻项，因此可消除导线电阻的影响。再将放大后的电压

信号送至 ADC 采样并转换为数字量，便可供 DSP 进行相关的补偿计算。

对于导线长度确定的场合，如一体式科氏质量流量计，可以采用两线制。

6.1.4 DSP 芯片

1. TMS320F28335 的组成

DSP 是系统运算与控制的核心，从信号检测、计算、补偿到显示、输出都依赖 DSP。本节选用了美国德州仪器半导体有限公司 C2000 系列 DSP 中的高端产品 TMS320F28335[15]，它拥有 150MHz 的时钟，片上资源丰富，包括硬件乘法器、浮点核、6 个直接存储器访问(direct memory access，DMA)控制器、片内 256K×16 位 Flash 和 34K×16 位静态随机存取存储器，以及 SPI、多通道缓冲串行接口、集成电路总线、SCI、加强型脉冲宽度调制(enhanced pulse width modulation，ePWM)、高精度脉冲宽度调制模块等外设。硬件乘法器加快了数字信号处理过程中乘法运算的速度；DMA 控制器使大量数据的传输更方便、更高效；丰富的外设使得 DSP 与 ADC、DAC、DDS 等外部器件的无缝连接变得容易。

2. DSP 的资源

TMS320F28335 资源分配如图 6.1.7 所示。

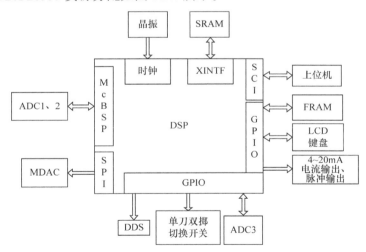

图 6.1.7　TMS320F28335 资源分配

两个 McBSP 模块分别接信号调理与采集电路中的两个 ADC，由于 McBSP 可采用 DMA 方式传输数据，节约了中央处理器(central processing unit，CPU)资源[16]；SPI 用于 MDAC，输出数字驱动的增益控制信号；温度补偿电路中的 ADC、DDS、FRAM 均与 GPIO 连接，DSP 模拟 ADC、DDS、FRAM 的接口时序；用于切换半数字与全数字驱动的开关也是用 GPIO 控制；液晶显示、按键操作及电流输出、脉冲输出均使用 GPIO 即可；由于系统数据量大，外扩了一片 64K×16 位静态随机存取存储器；可通过 SCI 模块与上位机通信。

需要说明的是，SRAM 使用了 16 根数据线、16 根地址线，在印制电路板布线时可根据需要分别将数据线、地址线任意打乱(即 DSP 的 XD0 不必对应 SRAM 的 XD0，可以是 SRAM 的任意数据线)，写数据时其实是往一个错误的地址写了一个错误的数据，读数据时亦是从相同的错误地址读取一个相同的错误数据，对 DSP 而言，读取到的数据与写入的数据相同，完全不用理会地址线、数据线上所做的调整。

6.1.5 电流输出和脉冲输出模块

工业上普遍需要将各类非电物理量(如温度、压力、物位、流量等)转换成电信号才能传输到几百米外的控制室或显示设备上。这种将非电物理量转换成电信号的设备称为变送器，通常有 4～20mA 电流输出和脉冲输出。

1. 4～20mA 电流输出

采用电流传输信号的原因是其不容易受到干扰，并且电流源内阻无穷大，导线电阻串联在回路中不影响精度，在普通双绞线上可以传输数百米。上限取 20mA 是因为防爆的要求，20mA 的电流通断引起的火花能量不足以引燃瓦斯；下限没有取 0mA 的原因是为了能检测断线，正常工作时环路电流不会低于 4mA，当传输线因故障断路时，环路电流降为 0mA。常取 2mA 作为断线报警值。4～20mA 电流环有两线制、三线制、四线制三种，常用的是两线制和三线制。

两线制电流传输的特点是仅用两根导线实现电源线和信号线复用，完成系统供电和信号输出，这就要求系统自身消耗的电流不能超过 4mA[17]。因此，系统的电源管理电路与 4～20mA 电流输出是一个不可分割的模块，这部分是整个系统能否实现低功耗、两线制的关键。图 6.1.8 为两线制 4～20mA 电流环示意图。24V 为上位机提供的电压，R_s 为上位机电流检测电阻，4～20mA 转换器实际上就是一个 I/V 转换电路，某些半导体厂商已经提供了相应的集成电路，使用起来很方便。为简单起见，这里用取样电阻 R_s 表示，通过检测电阻两端的压降 V，根据 $I_o = V/R_s$ 即可得出对应的输出电流值。

系统消耗电流大于 4mA 时无法应用两线制，需将信号线与电源线分开，即两根电源线、两根电流输出线，电流输出线与电源线可共用一根线(VCC 或 GND)，节约了一根线。

系统功耗约为 3W，因此采用三线制，信号回路与电源回路共用地线。选用美国德州仪器半导体有限公司的集成芯片 XTR110 作为 V/I 变换器[18,19]，用"DAC+V/I

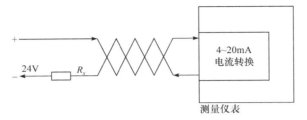

图 6.1.8 两线制 4～20mA 电流环示意图

变换器"的结构，被测量以数字量形式送到 DAC 转换为模拟电压，再由 V/I 变换器转换为 4～20mA 电流[20]，4～20mA 电流输出电路如图 6.1.9 所示。

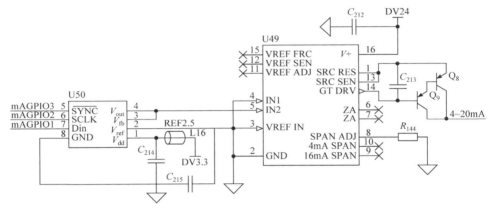

图 6.1.9 4～20mA 电流输出电路

2. 脉冲输出

工业上还将被测量以脉冲的方式传送到控制室，由于脉冲是数字信号，其精度更高，使用非常方便，许多标定装置都采用脉冲计数的方式。脉冲接收装置计脉冲个数，根据设定的脉冲当量转换为测量值。脉冲频率一般不超过 10kHz，脉冲接收装置的噪声容限大，因此传输距离可达几百米。脉冲输出电路如图 6.1.10 所示。

当输入脉冲为低电平时，光电耦合器(简称光耦)U48 截止，Q_6 基极电压被 D_{13}、D_{14} 钳位于 1.4V，Q_6 发射极电流 I_{e6} 由 R_{140} 设定，Q_6 集电极电流 $I_{c6} \approx I_{e6}$，在 R_{147} 上产生电压，该电压使 Q_4、Q_5 导通并设定流过 R_{146} 的电流 I_o，I_o 在 R_{141} 或 R_{142} 上产生 5V 或 12V 电压；当输入脉冲为高电平时，光耦 U48 导通，Q_6 截止，Q_4、Q_5 亦截止，输出低电平。光耦的退耦电容要引起重视，光耦在导通与截止状态间切换时，需要较大的开关电流，11V 电源需要一个钽电容(22μF 左右)与陶瓷电容并联退耦，以提供开关电流，否则，11V 电源电压不稳。

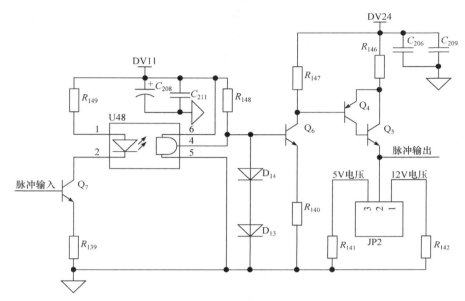

图 6.1.10　脉冲输出电路

6.1.6　驱动控制模块

驱动控制模块用于维持流量管在固有频率处稳幅振动。为便于实验对比及数字信号处理方法的实现，系统硬件平台包含模拟驱动和数字驱动两套驱动控制方案。

在驱动控制中，需要合成一定幅值、频率、相位的正弦信号。对于模拟驱动控制方案，其驱动信号取自于传感器信号，且因为硬件电路带来的相位延迟很小(一般不超过 5°)，所以驱动信号的频率、相位自动满足控制要求。而驱动信号的幅值增益则是通过整流电路及增益控制电路得到的。传感器信号经过放大滤波后，输入至整流电路，得到与传感器信号幅值呈线性关系的直流信号，该信号再送至增益控制电路，调节驱动信号的幅值增益。

对于数字驱动控制方案，驱动控制中的幅值、频率、相位信息均由 DSP 根据传感器信号计算得到。数字驱动控制主要包括 MDAC 和 DDS 两片芯片。DSP 使用 GPIO 模拟 SPI 协议与 DDS 芯片通信，控制 DDS 输出特定频率及相位的正弦信号，该正弦信号接入 MDAC 芯片的模拟输入端；DSP 使用 SPI 与 MDAC 芯片通信，控制 MDAC 的输出增益，进而控制正弦信号的幅值。

模拟驱动控制方法简单，整个驱动过程由硬件自动完成，不需要 CPU 参与，因而节省了 CPU 资源；但是，其驱动信号来源于传感器信号，所以起振时间较长，且驱动增益控制不灵活，在气液两相流下容易停振。而在全数字驱动方案中，驱动信号由 DSP 数字合成，不依赖传感器信号，而且可将起振方法、幅值控制方法灵活应用于驱动控制中，可使得流量管快速起振，并且在气液两相流下维持流量管的振动。

6.1.7 　电源管理模块

工业现场常见的供电方案有直流 24V 供电和交流 220V 供电，两种供电方案各有优势和适合的应用场合，很难说哪个更好。本节采用直流 24V 供电方案。

1. 系统供电方案

图 6.1.11 为系统供电方案框图。

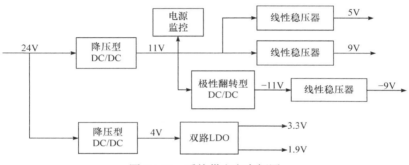

图 6.1.11 　系统供电方案框图

系统是一个数模混合的系统，需要不同的电压分别为数字电路和模拟电路供电，模拟电路需要 5V 和±9V 电源，数字电路则需要 3.3V 和 1.9V 电源。24V 与这些电源间的压差较大，且负载较大，不能用线性稳压器直接转换，以 DSP 为例，仅 1.9V 电源上就消耗了约 320mA 电流，若用线性稳压器从 24V 直接得到 1.9V，则线性稳压器上的功耗将达到(24−1.9)×0.32W=7.072W，这是无法接受的。

综合考虑压差和电源纹波，采用"DC/DC＋线性稳压器"的方案，由 DC/DC 先将电压降低到略高于所需电压，再由线性稳压器稳压。

2. 数字电源

数字电路功耗大，因此要用 DC/DC 将电压降到尽可能低，再采用 LDO 稳压，DC/DC 输出电压可以低至多少，由后级 LDO 的压差决定，选用了美国德州仪器半导体有限公司的 TPS767D301，它的典型压差值为 350mV，因此将 DC/DC 的输出电压设置为 4V，电路如图 6.1.12 所示。

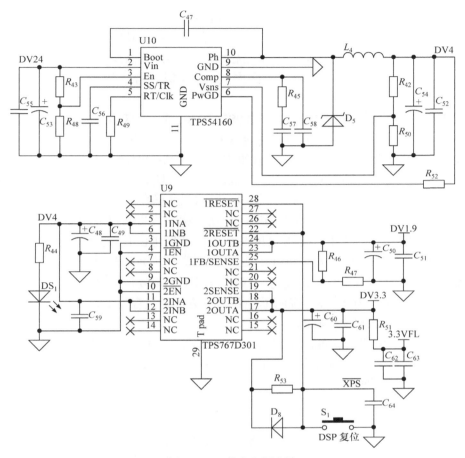

图 6.1.12　数字电源电路

DC/DC 利用脉冲宽度调制(pulse width modulation，PWM)通断金属氧化物半导体场效应管(metal-oxide-semiconductor field effect transistor，MOSFET)(大多 DC/DC 电源芯片将 MOSFET 集成于芯片内)，输出电压平均值与 PWM 占空比有关，输出电压经电感、电容、续流二极管组成的斩波电路滤波后成为直流电压，但有纹波，一般为几十毫伏。

DC/DC 选用美国德州仪器半导体有限公司的 TPS54160，输入电压范围宽，可设定开关频率、软启动时间、使能电压，内置 MOSFET，通过两个外接电阻设定输出电压。开关频率越高，输出电压纹波越小，电磁干扰也越大，考虑到后面有线性稳压器稳压，因此开关频率设为 500kHz。DC/DC 的软启动和使能端非常实用，能大大减小系统启动电流。10mm 口径的某科氏质量流量计一次仪表驱动线圈内阻为 7Ω，系统上电时，实际测试驱动电路输出电压摆约 2V，那么驱动线圈将消耗近 300mA 电流，导致系统启动电流非常大，达到约 600mA，是正常工作时所需电流的 4 倍。利用软启动功能或使能端，使两片 DC/DC 顺序上电，可大大减小启动电流。这里利用软启动功能，将 DV11 的启动速度设置为小于 DV4，则数字电路先上电，模拟电路后上电，实际测试的启动电流小于 300mA。

美国德州仪器半导体有限公司的 TPS767D301 是一款双路输入输出的 LDO，典型压差值为 350mV，输出电压一路为 3.3V，另一路可调，带输入使能、上电复位功能，非常适用于 DSP。有的 DSP(如 TMS320F2812)对两路电源有上电时序的要求，可利用 TPS767D301 两路 LDO 的输入使能功能配置上电顺序，TMS320F28335 的 1.9V 和 3.3V 可同时上电，因此这里直接将两路 LDO 的输入使能管脚接地，同时使能。TPS767D301 带复位功能，当输出电压降为正常值的 95%(DSP 正常工作时的最小电源电压)时，复位管脚 $\overline{\text{1RESET}}$ ($\overline{\text{2RESET}}$)输出低电平，另外电压恢复正常后，延时 200ms 复位管脚才跳转为高电平，将该管脚接至 DSP 的复位管脚 $\overline{\text{XRS}}$，能保证 DSP 上电、掉电、欠压时可靠复位。$\overline{\text{1RESET}}$、$\overline{\text{2RESET}}$ 均为开漏极输出，因此可将它们接成"线与"方式，只有当 1.9V 和 3.3V 均达到正常值，DSP 才脱离复位状态。

除 LDO 自带的复位功能外，还加入了手动复位电路，由上拉电阻 R_{53}、续流二极管 D_8、电容 C_{64} 构成。续流二极管可在系统掉电时将电阻 R_{53} 短路，给电容 C_{64} 提供快速放电回路。

3. 模拟电源

模拟电路需要提供 ±9V 和 5V 电源，与数字电源相同，采用"DC/DC + 线性稳压器"的方式。模拟电路需要负电源，一般可有两种解决方案：

(1) 将地抬高至正电源电压的 1/2 作为系统的参考地，采用单极性电源供电；

(2) 利用极性翻转型 DC/DC 将正电源转换为负电源。

方案(1)必然有电流流进或流出参考地，电流小时可满足需求，但本系统电流较大，仅驱动电流就达到几十毫安，一般基准源或运算放大器提供不了如此大的电流，因此采用方案(2)。极性翻转型 DC/DC 选用凌力尔特(Linear)公司的 LT3580，只需改变外部电路拓扑结构就可配置为升压型、可升可降压型或极性翻转型。

24V 电源经 TPS54160 变到 11V 后，再由 LT3580 将 11V 转换为 –11V，极性翻转型 DC/DC 如图 6.1.13 所示。

采用图 6.1.13 所示的双电感拓扑结构将 LT3580 配置为极性翻转型，DC/DC 有软启动功能，开关频率由 R_{41} 设置，一般设为 500kHz，R_{32} 设置输出电压。

由于模拟电路功耗较数字电路小很多，加之 LDO 输出电压一般较低，所以本节的线性稳压器选用常用的 78xx、79xx 系列标准线性稳压器。

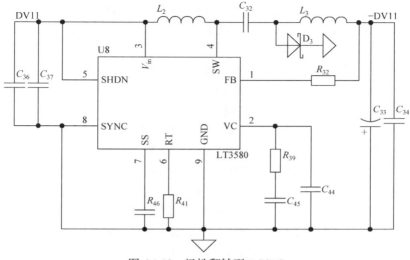

图 6.1.13 极性翻转型 DC/DC

6.2 基于 DTFT 方法的软件开发

6.2.1 工作过程

数字式科氏质量流量变送器的工作流程如下[21-23]:

(1) 系统上电后,一方面模拟驱动电路产生驱动信号来激励科氏质量流量计的振动,另一方面 DSP 完成系统各个部分的初始化,然后启动并同步两路 ADC 的采样转换。

(2) 数据转换好后通过 GPIO 产生中断,中断服务程序将转换的结果传送到两路 McBSP 的接收管脚上,之后启动 DMA 传输,在不打扰 CPU 工作的情况下,将 McBSP 接收管脚上的数据通过 DMA 传输到内部存储空间的临时数组中。在临时数组放满后,产生两个 DMA 接收中断,中断服务程序将两个临时数组中的数据存放到外部单周期存取随机存取存储器(single-access random access memory, SARAM)中两个循环缓冲数组中。

(3) 在外部循环缓冲数组中取 500 点新的连续的数据,判断信号的大小。如果信号很小,则表示驱动还没有稳定,继续等待;若信号大于设置的数值,则可以开始调用算法模块。

(4) 对两路 500 点数据信号进行预处理,滤除噪声以提高信号质量;再对两路滤波后的信号调用自适应格型陷波滤波器,分别估计两路传感器信号的基频,然后对两路信号的基频值取平均,得到折中的信号基频瞬时值,对频率进行平均处理,并设置一个比较范围;若得到的平均频率值的变化幅度在比较范围内,则不更新频率值；若超出比较范围，则更新频率值，这样就可以得到稳定而精准的频率值；结合系数即可以得到瞬时密度值；最后调用负频率修正的 DTFT 算法或者 SDTFT 算法来计算两路信号的相位差，并对结果进行平均；结合频率值得到时间差，进而结合设定的仪表系数，得到瞬时流量值。

(5) 读取温度传感器信号转换为温度值，根据被测流量计的材质得到相应的温度补偿系数，对瞬时流量进行温度补偿。

(6) 通过 CPU 定时器 0(CPUTimer0)定时 1s 产生中断，在中断服务程序中累加瞬时流量得到累积流量，同时置位输出结果标志位。

(7) 在得到测量结果后，TMS320F28335 一方面通过 LCD 将累积流量、密度、温度等测量值显示出来；另一方面根据得到的瞬时流量通过 DAC 或 ePWM 模块向外输出相应的 4~20mA 电流以及 PWM 脉冲，以便上位机或其他二次仪表计数。

(8) 最后查询键盘标志位是否置位，若置位，则调用键盘服务子程序，若没有置位，则重复步骤(2)~步骤(8)的过程对流量进行实时测量。

6.2.2 系统功能概述与 DSP 资源分配

用于本系统的 DSP 资源配置图如图 6.2.1 所示，系统功能具体介绍如下：

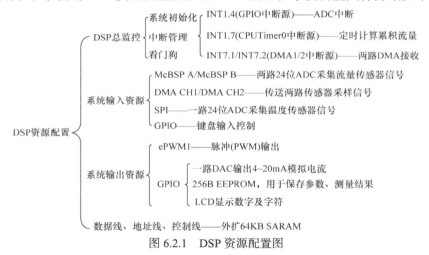

图 6.2.1 DSP 资源配置图

(1) 两路流量传感器信号，由 24 位 ADS1255 转换，转换结果通过 DSP 上的两路 McBSP 以及两路 DMA 通道传输到 DSP 的内部 SARAM 中，通过 GPIO 中断启动 ADC，以及两路 DMA 接收中断将实时数据存放到外部 SARAM 中。

(2) 一路温度传感器信号，由 24 位 AD7791 转换，转换结果通过 DSP 上的一路 SPI 传输到 DSP 内部 SARAM 中。

(3) 人机接口，由 LCD 和键盘组成，两者均通过 DSP 的多功能复用 GPIO 端口来控制和读写数据，实现特定的功能，其中 LCD 用于显示仪表的测量结果(包括瞬时流量、累积流量、流体密度、温度值等),同时与键盘配合完成仪表参数的设置。

(4) PWM 输出功能,由 DSP 的 ePWM 模块中一路 PWM 的比较功能直接提供代表流量信息的输出脉冲信号。

(5) 电流模拟量输出,由一路 DAC 和 V/I 转换电路组成,TMS320F28335 根据测量结果向 16 位 DA7513 发送数据,输出电压信号,进而通过 V/I 转换电路产生 4~20mA 电流,通过 DSP 的多功能复用 GPIO 端口模拟时序传递数据。

(6) 通过 16 位的外部扩展接口外扩 64KB 的 SARAM,用于保存实时采样数据。

(7) 外扩了 256B 大小的带电可擦可编程只读存储器(electrically erasable programmable read-only memory,EEPROM),用于保存测量结果和仪表系数,通过多功能复用 GPIO 端口进行数据读写和控制。

(8) 看门狗模块,对处理系统进行监测,若程序"跑飞",则复位系统。

6.2.3　软件总体框图

变送器软件采用模块化设计,主要包括初始化、算法、中断、人机接口、测量结果输出、EEPROM、错误处理、看门狗等模块,这些模块由主监控程序统一调用。软件总体框图如图 6.2.2 所示。变送器除了测量流量,还需具备脉冲输出、电流输出、仪表系数设定和人机接口(即键盘功能和 LCD 显示)等功能。

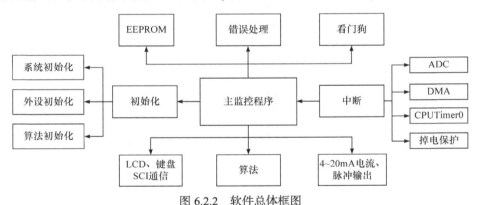

图 6.2.2　软件总体框图

6.2.4　主监控程序

主监控程序是整个系统的总调度程序,调用各个模块中的子程序,实现仪表所要求的功能。它是一个死循环程序,系统一上电,主监控程序自动运行,进入不断计算和处理的循环中。其基本过程为:系统上电开始后,立即进行初始化;初始化后,开启 ADC 采样数据,然后调用计算模块,采用信号处理方法对信号采样序列进行处理,计算出传感器信号频率以及两路的相位差、时间差;根据所设定的仪表系数,计算瞬时流量和累积流量;对结果进行平均处理,并对瞬时流量和累积流量进行温度补偿；接下来调用系统输出模块，根据计算出的瞬时流量，向外发送相应的脉冲量和标准的 4～20mA 电流；完成输出后，主监控程序查询键盘操作标志位进行相应处理，最后返回，重新开始进行信号处理、计算流量和输出信号，不断循环。系统主监控程序流程图如图 6.2.3 所示。

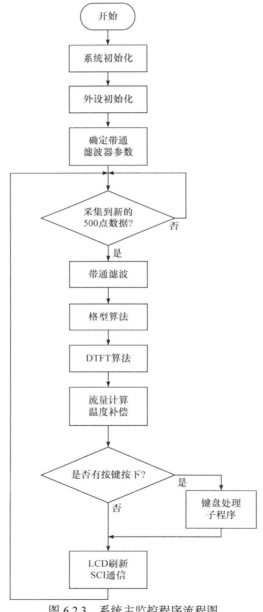

图 6.2.3　系统主监控程序流程图

6.2.5　初始化模块

系统上电后，首先需要对各个模块的软硬件资源进行初始化，才能进入正常的流量测量过程。初始化模块负责系统内可编程器件和软件资源的初始化，主要包括 TMS320F28335 DSP 初始化、外部可编程器件初始化、中断配置初始化以及软件资源初始化等。

TMS320F28335 DSP 初始化主要包括系统时钟初始化和系统用到的 DSP 内部集成功能模块初始化，如看门狗、系统外部接口、ePWM 模块中的 ePWM1a、定时器、直接存储器访问模块、多通道缓冲串口模块、闪速存储器及通用数字复用端口等。

外部可编程器件初始化包括两路采集科氏质量流量传感器信号的 ADS1255 芯片以及一路采集温度传感器信号的 AD7791 芯片的初始化、LCD 初始化。ADC 芯片初始化主要是芯片工作模式等控制字的写入。LCD 初始化则包括控制引脚初始化、写模式命令字和初始化显示内容等。

中断配置初始化包括外设中断扩展(peripheral interrupt expansion，PIE)控制寄存器初始化、中断向量表初始化以及系统中用到的中断进行映射等。

软件资源初始化主要是用于各个模块的全局数据结构、数组、参数等的初始化。软件中有些数据需要不断使用，应配置成全局变量，另外，模块之间共享的数据也应配置成全局变量形式。根据初始化方式的不同，全局变量的初始化主要分为两类：一类是通过 EEPROM 进行初始化，主要是仪表参数和标定的固定偏差等；另一类则是直接赋值初始化，主要包括反映系统工作状态的状态变量和为了减少程序计算量、方便程序调用的常数变量等。

6.2.6　中断模块

DSP 内部采用一个集中化的外设中断扩展控制器 PIE 来处理所有片内外设、外部引脚中断的优先级以及中断的响应，这些中断分为 12 组，每组有 8 个中断复用和一个 CPU 级中断，即 INT1～INT12，这 12 个核心级中断优先级固定且可屏蔽。本系统采用了两个核心 CPU 级中断：INT1 和 INT7。

INT1.4 是一个外设中断源，来自采集两路传感器信号的 ADC 之一，表示两路 ADC 转换数据完成。INT1.4 中断示意图如图 6.2.4 所示，两路 ADC 的 Ready 信号接至 DSP 的 GPIO8 和 GPIO10 上。本系统要求同时启动两路 ADC，且两路 ADC 配置相同，因此转换数据的时间一致，这样 Ready 信号应该同时有效。为了简便，采取一路 ADC 的 Ready 信号通过 GPIO 发送中断请求，如果在中断配置初始化中映射了该中断，且 PIE、CPU 中断都使能，CPU 就会响应该中断，在中断服务程序中查询判断另一路 ADC 的 Ready 信号是否有效，如果有效，则执行下一步，如果无效，则可以继续等待，但是如前所述，两路 ADC 动作一致，不会等太长的时间，这样既减少了中断的数目，同时查询也不会浪费 CPU 时间，确保两路 ADC 转换好的信号都及时得到转移，同时提高了系统效率。由于 ADC 采集两路传感器信号是本系统工作的第一步，所以在外设中断中，该中断应该具有最高优先级，映射到 CPU 的 INT1。

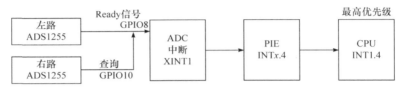

图 6.2.4　INT1.4 中断示意图

INT1.7 来自 CPUTimer0 定时器的周期中断触发，用于定时计算累积流量，换算瞬时流量对应的 PWM 波的频率值，换算瞬时流量对应的 DA 输出的电压值，并置位输出标志位，为调用输出模块做准备。由于该中断主要用于总流量的计算，为确保结果的正确性，优先级也必须较高，所以采用 CPUTimer0 定时器，可以映射到 CPU 的 INT1。

系统中一些实时性要求不高的定时处理没有分配中断处理，而是采用延迟函数进行软件定时，这样便于实现，如定时键盘扫描、定时 LCD 刷新、定时读取温度值、设置模式下 LCD 数码管的定时闪烁以及 GPIO 模拟产生 SPI 的通信时序等。

INT7.1 和 INT7.2 由 DMA 传输通道 1(CH1) 和传输通道 2(CH2) 的中断组成。如图 6.2.5 所示，两路 DMA 用于对 DSP 的 McBSP 接收的两路 ADC 采样转换的科氏质量流量传感器信号进行传输，DMA 在不打扰 CPU 工作的情况下将数据传送到内部随机存取存储器中的 ping_buffer 或 pong_buffer 缓冲数组中，当缓冲数组满时，产生 DMA 接收中断，在中断服务程序中修改 DMA 传送地址，将已满的 ping_buffer 或 pong_buffer 中的数据读取到外部 SARAM 中的长循环缓冲数组中供算法调用。因为整个数字信号处理系统必须保证输入信号的实时、连续以及正确性，所以采用 TMS320F28335 的 DMA 传输，可以实现将大量的实时数据正确转移，而不降低 CPU 的工作效率。DMA 接收中断的优先级要低于 ADC。

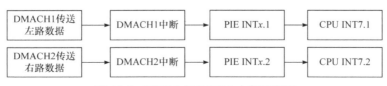

图 6.2.5　INT7.1 与 INT7.2 中断示意图

6.2.7　信号采集模块

信号采集模块包括两个部分：科氏质量流量传感器信号数据采集和温度传感器信号采集。

1. 科氏质量流量传感器信号数据采集

科氏质量流量传感器信号数据采集主要用于计算科氏质量流量传感器输出的频率、两个通道的相位差，采集过程分为信号采集传输过程和信号读取过程。

1) 信号采集传输过程

科氏质量流量计的数字信号处理是以两路传感器信号为研究对象的，两路传感器信号要求必须同时采样，并且要求将实时采样的数据连续保存下来以供数字信号处理方法调用，以计算流量值。为了能及时保存大量的数据，采用如图 6.2.6 所示的信号采集传输过程。

图 6.2.6　信号采集传输过程示意图

本系统对算法精度要求非常高，因此必须选取一款性能优越的 ADC。本系统选择的是两个 ADS1255 来分别采样两个传感器信号，该 ADC 是一款低噪声、$\Sigma\text{-}\Delta$ 型的 24 位 ADC，其性能能够满足方法要求，且具有 SPI，便于与 DSP 传送数据。本系统应用两路 McBSP 与两路 ADC 进行通信。对两路 ADC 的配置步骤如下：

(1) 初始化 DSP 的 McBSPa 和 McBSPb 端口为 SPI 模式，即时钟停止模式中的主模式，ADC 提供时钟信号，且配合 ADS1255 设置为上升沿发送，下降沿接收，提供时钟为 750kHz。数据传送格式为每帧一个数据字，每个数据字 24 位，且右对齐，高位符号位扩展。这样就可以用于对 ADS1255 的数据进行读写和控制。

(2) 初始化两路 ADC，即通过 SPI 模式给指定的寄存器中写入控制字。配置 ADC 采样频率为 2kHz，寄存器写完后，开启连续读模式。

由于两路 ADC 的独立采样必须保证两个 ADC 的同步，所以关键是要解决两路 ADC 的同步问题。系统直接利用 ADS1255 上的同步管脚即可实现两路 ADC 同步。具体实现过程为：两路 ADC 的同步管脚连接在一起，并接至 DSP 的 GPIO9 上，同时根据图 6.2.7 所示的电平变化，初始化 GPIO9 为高电平，然后拉低，必须保证 t_{16}>4ns 的延迟时间，再变高，这个上升沿即可同步两路 ADC，重新开始进行同步转换。

图 6.2.7　ADS1255 的同步管脚变化

配置好 ADC 后，两路 ADC 就开始同步转换，单个数据转换好后通过 GPIO8 产生中断(通过一个 ADC 的 DRDY 管脚产生一个中断，在该中断服务程序中查询另一个 ADC 的 DRDY 信号)，中断服务程序中为 McBSPa 端口与 McBSPb 端口接收数据提供时钟，两路 24 位采样数据会到达 McBSPa 端口与 McBSPb 端口的接收寄存器中，高位接收在 DRR2 中，低位接收在 DRR1 中，以 32 位整型数据保存在 McBSP 的接收缓冲器中。如果此时利用 McBSP 产生两路中断使 CPU 读取数据，则 CPU 利用率太低，采样频率为 2kHz，500ms 就要中断一次读取数据，CPU 根本没有将大部分的时间用于算法及其他系统功能上，这样根本无法实现整个信号处理系统。因此，本节选择了 McBSP 的 DMA 传输功能，在不打扰 CPU 的情况下将数据及时传送到内部随机存取存储器中，而不会丢失或覆盖采样数据，提高了 CPU 的利用率。

配置 DMA 传输功能的方法如下。

首先在 DSP 的内部随机存取存储器中开辟 DMA 传输的目的地址：使用两个 DMA 传输通道，每个传输通道需要 ping_buffer、pong_buffer 两个缓冲数组，因此要开辟 4 个缓冲数组，即 pingL_buffer、pingR_buffer、pongL_buffer、pongR_buffer，每个缓冲数组的大小一致，这里设置为 40。

其次配置 DMA 传输的源地址与目的地址：传输通道 1 的 DMA 的源地址是 McBSPa 的 DRR2，目的地址是 pingL_buffer，传送数据长度为 40，单个传送数据为 32 位；传输通道 2 的 DMA 的源地址是 McBSPb 的 DRR2，目的地址是 pingR_buffer，传送数据长度为 40，单个传送数据为 32 位。

最后配置并使能 DMA 中断以及启动 DMA 传输：TMS320F28335 中有的 DMA 可为 ADC、McBSP、ePWM、系统外部接口以及 SARAM 服务，因此需要指定 DMA 中断为 McBSPa 或 McBSPb 的接收中断。注意，配置 DMA 必须在配置 McBSP 以及 ADC 之前，这样，一旦 McBSP 接收寄存器有数据，就会自动开始 DMA 传输，分别将两路信号数据传送到 DSP 内部随机存取存储器的指定位置 pingL_buffer 与 pingR_buffer (buffer 大小为 40 点)，当 buffer 放满时，两路 DMA 传输分别产生中断，DMA 中断服务程序中有以下两个任务：

(1) 修改 buffer 地址为 pongL_buffer 与 pongR_buffer (buffer 大小仍为 40 点)(若为 pong_buffer，则地址修改为 ping_buffer，交替使用)，以防止 ADC 采样数据丢失。

(2) 将两路数据从放满数据的内部 buffer 中读出，放入位于外扩 SARAM 的较长的循环数组中，并记录该循环数组的头指针、尾指针以及新数据的长度，为算法提取数据做准备。

DMA 中断服务程序流程图如图 6.2.8 所示。

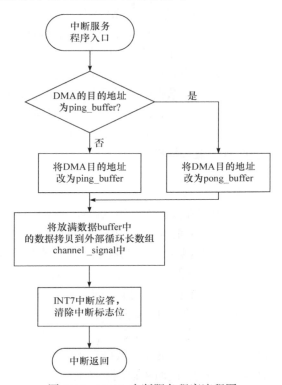

图 6.2.8　DMA 中断服务程序流程图

2) 信号读取过程

信号读取是指从外部 SARAM 中的循环长数组 channel_signal 中读取连续数据的过程，循环长数组结构如图 6.2.9 所示，该数组设置了三个标志，即头指针 Top_pointer、尾指针 Tail_pointer、新数据长度(新数据是指还没有用于信号处理方法的采样数据)Newda_len。

图 6.2.9　循环长数组结构

当 DMA 中断服务程序将 buffer 中的数据放入循环数组时，Top_pointer++，Newda_len++；这样 Newda_len 记录了已有的采样数据，在主程序中判断 Newda_len 的长度，当有 500 点数据时，就从循环数组中取 500 点数据到

signalLCH[500]及 signalRCH[500]中，并将整型数据转换为浮点型数据，为调用算法做准备。此时，取一点(Tail_pointer++)，取完数据后即调用算法程序来计算流量，500 点计算完后，Newda_len–500，进入下一轮循环。可以看出，头指针 Top_pointer 表示有数据写入循环数组中，尾指针 Tail_pointer 表示有数据读出循环数组中，新数据长度 Newda_len 表示有效的可用于算法的数据。

如果 Newda_len>Sum_len，则表示存放数据速度比取出数据速度快，数据没来得及取出便被覆盖了，表明取出数据做算法消耗时间过长，算法来不及计算，需要简化算法或者降低采样频率。此时，就产生了溢出错误，标记 overflow_error 置位，对错误的处理是重新初始化循环长数组，使 Top_pointer = Tail_pointer 即可，同时还需改进算法或者降低采样频率。

2. 温度传感器信号采集

温度传感器信号采集是直接在模拟信号输入调理电路后，通过 AD7791 采样转换成数字量。AD7791 是一款低功耗的、缓冲的 24 位 Σ-$\varDelta$ 型 ADC，且采用 SPI 方式通信，通过 DSP 上的 SPI 实现数据传递与控制。由于流量管介质的温度在一定时间内变化不大，温度信息实时性要求并不高，所以没必要采取很高的 SPI 通信速率。本节配置 AD7791 工作在单个转换模式下，即开启 ADC，AD7791 转换好一个数据后就变为关闭休眠状态，直到 CPU 查询 DOUT/RDY 有效且有空闲来取出数据，重新唤醒 AD7791 后就可以转换下一个数据。这样，系统就可以在需要温度信息时去读取温度传感器信号，避免采集实时数据带来的资源浪费。AD7791 的采样速率比较低，为 16.6Hz 的典型值。同时可以用一个延时软件函数来定时读取温度，唤醒 AD7791 去转换下一个数据，这样就可以固定时间去更新温度信息。

6.2.8　算法模块

算法模块包含了系统所进行的大部分数值运算子程序，主要有信号预处理、估计传感器信号的基频、计算两路信号的相位差和时间差、对结果进行平均处理、瞬时流量计算、流量的温度补偿。算法模块处理流程图如图 6.2.10 所示。

1. 预处理

信号预处理是指对采集的速度传感器信号进行带通滤波，以滤除不必要的频率成分，保证后面算法的计算精度。

信号预处理分两种情况：一种是对于 Σ-$\varDelta$ 型 ADC，ADC 本身以很高的采样频率(1.92MHz)进行采样，之后内部带有滤波平均的处理，因此以 2kHz 传送到 DSP 的数字量噪声已经比较低了，软件滤波只需要滤掉较高的频率成分即可，简单的低通滤波或者带通滤波即可满足后续算法的要求；另一种是对于其他 ADC 或者

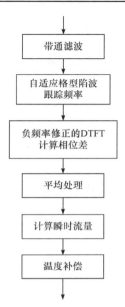

图 6.2.10　算法模块处理流程图

音频处理芯片 Codec，需要使用多抽一滤波器，即为了增强对噪声的抑制，先用较高的采样频率(16kHz)对科氏质量流量计的输出信号进行采样，然后用多抽一滤波器进行抗混叠滤波和抽取，一般需采用两级多抽一滤波器才能达到较好的效果，并且抽取之后减少了数据量，在提高信号质量的同时没有增加后续的计算负担。

　　如果应用现场工况复杂，噪声占据较宽的频带，且接近信号基频，则通过分析信号的频谱可以设计陷阱深度和宽度可调的陷波器[18]来具体处理实际中的干扰，以更有效地提高算法的抗干扰能力。

　　陷波器传递函数为

$$H\left(z^{-1}\right)=\frac{1+\rho_1\alpha z^{-1}+\rho_1^{\ 2}z^{-2}}{1+\rho_2\alpha z^{-1}+\rho_2^{\ 2}z^{-2}} \tag{6.2.1}$$

　　将 $z=\mathrm{e}^{\mathrm{j}\omega}=\cos\omega+\mathrm{j}\sin\omega$ 和 $\alpha=-2\cos\omega$（ω 为陷阱频率）代入式(6.2.1)，可得其在陷阱频率处的增益为

$$
\begin{aligned}
|H(z^{-1})| &= \sqrt{\left|\frac{1+\rho_1\alpha z^{-1}+\rho_1^{\ 2}z^{-2}}{1+\rho_2\alpha z^{-1}+\rho_2^{\ 2}z^{-2}}\right|} \\
&= \sqrt{\frac{(1-2\rho_1^{\ 2}+\rho_1^{\ 4})-4\rho_1(1-2\rho_1+\rho_1^{\ 2})\cos^2\omega}{(1-2\rho_2^{\ 2}+\rho_2^{\ 4})-4\rho_2(1-2\rho_2+\rho_2^{\ 2})\cos^2\omega}} \\
&= \sqrt{\frac{(1-\rho_1)^2[(1+\rho_1)^2-4\rho_1\cos^2\omega]}{(1-\rho_2)^2[(1+\rho_2)^2-4\rho_2\cos^2\omega]}}
\end{aligned}
\tag{6.2.2}
$$

当 ρ_1、ρ_2 接近 1，而归一化频率 $\omega_0 = 2\pi f_0 / f_s$（$f_0$ 为实际陷阱频率，f_s 为实际采样频率)不在 0、0.5、1 附近时，式(6.2.2)根号内分子部分中括号内的结果比小括号内的数大得多，分母也一样，所以整个分式主要受小括号内公式的影响，式(6.2.2)可以简化为

$$\left| H\left(z^{-1}\right) \right| \approx \sqrt{\frac{\left(1-\rho_1\right)^2}{\left(1-\rho_2\right)^2}} = \frac{1-\rho_1}{1-\rho_2} \tag{6.2.3}$$

归纳该陷波器的一些特性如下：

(1) 陷波器的零极点都在单位圆内，其陷阱频率处的增益不为零，由 ρ_1 和 ρ_2 共同决定。

(2) 陷波器的陷阱宽度受 ρ_1 和 ρ_2 中较小者的影响较大。

(3) 当 $\rho_1 > \rho_2$ 时，陷阱频率处陷波器增益为衰减；当 $\rho_1 < \rho_2$ 时，陷阱频率处陷波器增益为放大；在陷阱频率以外的地方陷波器增益基本为 1，所以对陷阱频率以外的信号基本不产生影响。

(4) 陷波器的陷阱频率由 α 决定。

当设计这种陷波器时，先根据信号特征调整陷阱宽度，可先固定 ρ_1，通过调节 ρ_2 改变陷波器的陷阱宽度，其值越接近 1，陷阱宽度越窄；再调节 ρ_1，改变陷波器的陷阱深度。

假设信号频率为 ω_0，采样频率为 ω_s，当参数设置为 $\rho_1 = 0.9$、$\rho_2 = 0.98$、$\omega_0 / \omega_s = 0.1$ 时，陷波器幅频特性如图 6.2.11 所示。

可见，该陷波器是一个很窄的带通滤波器，仅允许所需频率的信号通过。实际上，本节介绍的陷阱深度和陷阱宽度可调的陷波器是一种参数固定的谱线增强

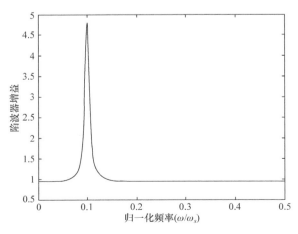

图 6.2.11　陷波器幅频特性

器，当应用于实际工业场合时，可以较大幅度地减小现场噪声的干扰，提高信号质量。所以，用该陷波器对科氏质量流量传感器信号进行预处理是更为实用的。

该带通滤波器通带很窄，在实际中，科氏质量流量传感器信号的频率基本固定，所以用这种滤波器对科氏质量流量传感器信号进行预处理是可行的。

带通滤波器的系数在确定截止频率后通过计算机辅助设计的方法得到。数字滤波公式为

$$x(n) = (b_0 u(n) + b_1 u(n-1) + \cdots + b_m u(n-m) - a_1 x(n-1) - a_2 x(n-2) - \cdots - a_k x(n-k)) / a_0$$

$$(6.2.4)$$

式中，u 和 x 分别为采样得到的原始信号序列和数字滤波之后的信号序列；$\{b_0, \cdots, b_m, a_0, \cdots, a_k\}$ 为滤波器系数；m 和 k 为滤波器阶数。滤波器系数可根据现场流体密度对应的不同频率范围，通过下载程序或者变送器面板进行设置。

2. 自适应格型陷波滤波器

经过预处理的信号就可以调用自适应格型陷波滤波器来估计信号的基频，科氏质量流量计两个流量管的不一致性，导致两路传感器信号存在偏差，为了提高计算相位差的精度，经过两个不同的自适应格型陷波滤波器分别估算两路信号的频率，然后平均得到一个折中的频率值传递给后面的算法。自适应格型陷波算法的流程图如图 6.2.12 所示。注意，自适应格型陷波滤波器是有滤波功能的，能够得到只有信号频率的增强信号，但是由于两路信号使用的是两个 IIR 型滤波器，增强信号中的相位已经发生改变，所以在后续算法中并没有使用增强信号，自适应格型陷波滤波器只用于估计信号频率。

自适应格型陷波算法可用于跟踪变化的频率，而且跟踪速度快、跟踪精度高，整个算法的计算量较小，一路自适应格型陷波滤波器得到一点频率值的时间为 $10.5 \mu s$，跟踪精度优于 0.01%，并且调整参数的终值及变化步长即可调整自适应格型陷波滤波器跟踪频率的速度和精度。因此，该算法可以灵活应用于突变的信号，如两相流、批料流等。

3. 负频率修正的 DTFT 算法和加窗 SDTFT 算法

使用何种方法来计算两路信号的相位差是根据科氏质量流量变送器系统的用途而定的，处理信号不同，算法侧重的要点也不同。如果是平稳的单相流流量测量，那么可以选用负频率修正的 DTFT 算法来提高测量精度，扩展量程比；如果变送器系统应用于两相流、批料流等复杂流量的测量中，测试波动或者突变的时变信号，则需要选用负频率修正的加窗 SDTFT 算法，根据信号特点选择窗的长度，以提高算法的动态响应速度，及时跟踪信号变化的参数。

负频率修正的 DTFT 算法流程图如图 6.2.13 所示。在得到 DTFT_omega 频率

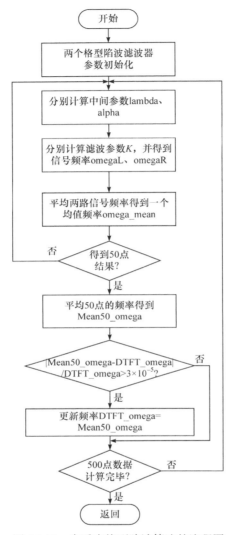

图 6.2.12   自适应格型陷波算法的流程图

值之后，连同 500 点信号数据传递到 DTFT 算法模块中，计算两路信号的相位差。对于平稳单相流流量信号，在一定时间内，例如，选择 2s 时间内的 4000 点数据基本保持不变，从第一个采样点开始不断增加数据长度来计算指定频率处的傅里叶系数，4000 点后重新开始计算，防止数值溢出。同时，由于 DTFT 存在一个收敛的过程，所以在计算的 4000 点结果中只保存后面 2500 点的数据作为有效值，并用于后面的平均处理。同时，为了提高计算精度，对得到的相位差进行负频率修正。

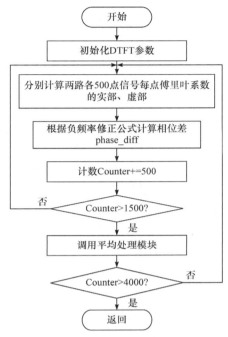

图 6.2.13　负频率修正的 DTFT 算法流程图

负频率修正的加窗 SDTFT 算法流程图如图 6.2.14 所示。根据处理信号的特点选择加窗的长度 N。在得到 DTFT_omega 频率值之后，连同 500 点信号数据传递到 SDTFT 算法模块中，对最初的 N 个点进行初始化，即对 N 点进行 DTFT 的递推算法，之后，让该时间窗随着采样点数的增加不断向前滑动，随着窗函数的滑动，在每个采样点利用推导的递推公式来计算 N 点有限长序列的傅里叶系数，为了提高精度，仍然采用负频率进行修正，之后将 500 点计算结果用于平均处理，由于时变信号的参数是不断变化的，所以并非所计算的所有结果都是有效值。

4. 相位差结果后处理

为了防止数据统计变异性对相位差结果的影响，必须对若干个结果进行平均。对计算结果的平均处理也需要分情况进行设置。如果是时变信号，则跟踪信号变化是第一位的，算法的响应速度最重要，对计算结果不能采取多点平均的方式：一是速度很慢；二是平均过多反而丢失信号变化的信息。鉴于此，采用简单的平均方式。在使用 SDTFT 算法跟踪时变信号时，采用简单的两级平均：第一级，对每次计算的 500 点结果进行平均，如式(6.2.5)所示；第二级，对 1s 内计算的 N 个第一级平均结果进行加权平均，权系数可以具体设定，如式(6.2.6)所示，并在定时器 1s 中断中初始化加权平均，为下一秒的计算做准备。两级平均既保证了算法

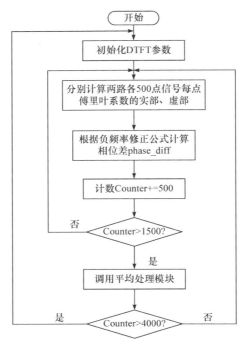

图 6.2.14　负频率修正的加窗 SDTFT 算法流程图

的跟踪速度，也较好地消除了计算结果波动对精度的影响。

$$\text{mean1\_diff}(n) = \sum_{1}^{500} \text{phase\_diff}(n)/500 \tag{6.2.5}$$

$$\text{sum\_phase\_diff}(n) = \text{lambda} \cdot \text{sum\_phase\_diff}(n-1) + \text{mean1\_diff}(n)$$

$$\text{sum\_lambda}(n) = \text{lambda} \cdot \text{sum\_lambda}(n-1) + 1 \tag{6.2.6}$$

$$\text{mean2\_diff} = \text{sum\_phase\_diff}(n)/\text{sum\_lambda}(n)$$

式中，lambda 是遗忘因子，0<lambda<1，lambda 越接近 1，遗忘速度越慢。信号波动增大或突变，可将遗忘因子减小，加快遗忘速度。

如果计算的是单相流的平稳信号，则提高计算精度、扩展量程下限是第一位的。尤其是当科氏质量流量计在计算小流量时，信号较弱，信噪比较低，信号质量比较差，DTFT 计算得到的相位差波动比较大，必须采取多点平均，而且需要一定的平均技巧，才能输出稳定而准确的相位差值。采取如式(6.2.7)～式(6.2.9)所示的加权平均方法来对结果进行后处理。

$$\phi_i = \frac{(\sum \phi_{i-1}) \cdot \lambda + \text{phase\_diff}}{(\sum \lambda) \cdot \lambda + 1} \tag{6.2.7}$$

$$\sum \phi_{i-1} = (\sum \phi_{i-2}) \cdot \lambda + \text{phase\_diff} \tag{6.2.8}$$

$$\sum \lambda = (\sum \lambda) \cdot \lambda + 1 \tag{6.2.9}$$

式(6.2.7)～式(6.2.9)中的 λ 为加权平均的遗忘因子，大小接近于 1，即相当于 $1/(1-\lambda)$ 个点数在平均。如果 λ 值取大，则表示平均点数少，当相位差发生变化时，算法的响应速度很快，但是由于平均点数少，所以克服数据波动的能力弱；反之，如果 λ 值取小，则表示平均点数多，这样可以很好地克服数据的波动性，输出平稳的结果，但是如果流量出现突变，则需要计算如此多点才能反映流量的变化，这仍会造成测量误差。因此，还需采取设置门限值的方法来解决该问题。设置一个相位差突变门限 phase_limit，如果连续计算出 N 个相位差值波动幅度都超过了 phase_limit，则对这 N 个相位差值求和之后算出结果平均，而前面的值都不参与平均，从而快速反映流量的变化。N 一般取 5～10，理论上，门限 phase_limit 取得越小，对微小突变越敏感。但是，实际中门限值也不能取得太小，因为算法计算得到的结果会在一定范围内波动。平均模块流程图如图 6.2.15 所示。

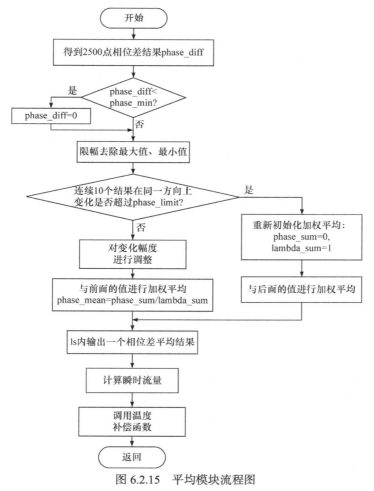

图 6.2.15　平均模块流程图

5. 温度补偿

科氏质量流量计的性能会受到环境的影响，其中温度的影响较为突出，温度的变化会引起科氏质量流量计对流量、密度测量的误差，在实际高精度使用场合中必须考虑温度效应，并对科氏质量流量计进行温度补偿。

科氏质量流量计中敏感管材料的弹性模量是随温度的变化而变化的，一般认为材料的弹性模量的温度系数是确定的，可以实时检测温度，利用计算机进行温度补偿。本节选取的科氏质量流量计一次仪表敏感管材料为 316L，根据资料，流量斜率温度系数为 5.41%/100℃。每 2s 输出一个瞬时流量，读取当下的温度值，根据温度值得到补偿系数即可，瞬时流量的求取以及温度补偿如式(6.2.10)所示。

$$\Delta t = \frac{\Delta \phi}{\varpi \cdot f_s}, \quad q_m = \frac{K \cdot \Delta t}{3600.0}, \quad q = q_m \left(\frac{T \times 5.41\%}{100} \right) \tag{6.2.10}$$

6.2.9 输出模块

系统输出模块包括远程信号发送操作模块和 EEPROM 操作模块，前者包含两个子模块，分别是 4～20mA 电流输出模块和 PWM 输出模块。

1. 4～20mA 电流输出模块

4～20mA 电流输出模块的基本原理为：由于 TMS320F28335 的 1 个 SPI 模块已被占用，所以使用内部通用 GPIO 来模拟 SPI 时序向 DA7513 转换器发送 12 位串行数据，由 DAC 完成数字量到模拟电压量的转换，再通过一个 V/I 转换电路，将电压量转换为 4～20mA 电流量。因此，4～20mA 电流输出模块的操作为：根据瞬时流量估计结果，向 DA7513 写入相应数据。估计电流、电压的公式为

$$I = \frac{16.0}{\dfrac{100.0}{60.0} - \dfrac{0.0}{60.0}} \times \left(q - \frac{0.0}{60.0} \right) + 4.0 \tag{6.2.11}$$

$$U = \frac{2.462 - 0.4873}{16} \times (I - 4.0) + 0.4873 \tag{6.2.12}$$

2. PWM 输出模块

在实际现场应用时，标定系统或别的装置需要对变送器发出的脉冲进行远程计数，再由脉冲个数换算成累积流量，这就需要变送器能够定量地输出代表流量的脉冲个数。本系统 PWM 输出模块的功能是借助 DSP 的 ePWM 模块中一路 PWM 的比较输出功能来实现的，设计了一种利用软件实现定量输出脉冲的方法。

脉冲输出示意图如图 6.2.16 所示，将通用定时器设置为连续增计数模式，比较输出设置为高电平有效，周期值为 PRD，比较值 CMP=PRD/2，当计数值 CNT

达到 CMP 时，PWM 管脚输出高电平，当达到 PRD 时，重新变成低电平，形成一个脉冲，同时通用定时器重新从 0 开始计数。

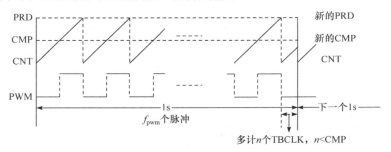

图 6.2.16　脉冲输出示意图

系统设置的 CPUTimer0 产生 1s 中断，中断服务程序中计算当前累积流量为 total_flow，要求将该流量换算成脉冲个数输出，且这些脉冲要在下一次 CPUTimer0 中断时输出完毕(即在 1s 内输出完毕)。假设脉冲当量 Pcoe 为 1g/脉冲，则输出为 out_flow = [total_flow · Pcoe]，即要在 1s 内输出整数 N = out_flow 个脉冲，因此脉冲的频率 $f_{pwm} = N$，通用定时器的周期值 PRD $= f_{TBCLK}/f_{pwm}$，TBCLK 是定时器的输入时间基体，其频率为 f_{TBCLK} = HSPCLK/DIV，其中 HSPCLK = SYSCLK/2 = 75MHz，HSPCLK 为 DSP 的高速时钟，DIV 为分频系数，取值为 2、4、8、16、32、64、128。因 f_{TBCLK}/f_{pwm} 的结果可能是一个小数，而 PRD 只取结果的整数部分，最大误差为-1。因此，每输出一个 PWM，定时器最多会多计一个 TBCLK 脉冲，故在 1s 内，定时器最多会多计 f_{pwm} 个 TBCLK 脉冲，但只要保证 CMP>f_{pwm}，多计的部分就不会产生新的 PWM。在下一次 CPUTimer0 中断内，会先将定时器计数值 CNT 清零，多计的部分不会累加。该原理如图 6.2.16 所示，这样就把输出 N 个脉冲转换为在 1s 内输出频率为 N 的 PWM 波形。

更新 PWM 输出值的步骤如下：

(1) 根据脉冲当量 Pcoe 和当前累积流量 total_flow，取整确定 out_flow，进而确定 f_{pwm}。

(2) 根据不同的 f_{pwm}，按照表 6.2.1 所示的分频方法选择相应的分频系数 DIV，以保证 PRD 为 0～65535，且 CMP>f_{pwm}。

(3) 设置相应的定时器周期值 PRD 和定时器比较值 CMP，这样就可以按照规定的个数发送脉冲。

表 6.2.1　不同脉冲输出频率下定时器的分频系数

PWM 波频率范围/Hz	分频系数 DIV	定时器周期值 PRD	定时器比较值 CMP
8.94≤f_{pwm}<20	128	29296<PRD<65535	PRD/2
20<f_{pwm}≤40	64	29296<PRD<58593	PRD/2

续表

PWM 波频率范围/Hz	分频系数 DIV	定时器周期值 PRD	定时器比较值 CMP
$40 < f_{pwm} \leqslant 80$	32	$29296 < PRD < 58593$	PRD/2
$80 < f_{pwm} \leqslant 160$	16	$29296 < PRD < 58593$	PRD/2
$160 < f_{pwm} \leqslant 320$	8	$29296 < PRD < 58593$	PRD/2
$320 < f_{pwm} \leqslant 640$	4	$29296 < PRD < 58593$	PRD/2
$640 < f_{pwm} \leqslant 1280$	2	$29296 < PRD < 58593$	PRD/2
$1280 < f_{pwm} \leqslant 6123$	1	$12248 < PRD < 58593$	PRD/2

注：TMS320F28335 的 PWM 模块可输出最小频率为 $f_{min} = 150000000/2/128/65536 = 8.9Hz$。

为了尽量降低整数截断对输出 PWM 精度造成的影响，本节设置了中间变量 left_flow，如前所述，total_flow 取整得到 out_flow，则 left_flow = total_flow − out_flow，即用于保留小数部分，并累加到下次计算 out_flow，从而减小脉冲输出误差。有关 PWM 输出的程序流程图如图 6.2.17 和图 6.2.18 所示。

图 6.2.17　CPUTimer0 中断服务程序

为了满足条件 PRD<65535 和 CMP>f_{pwm}，DSP 能输出的频率范围只能是 8.94~6123Hz，但不同口径的科氏质量流量传感器的量程范围都是不同的。为了匹配不同口径的传感器，可以通过修改脉冲当量 Pcoe 的值来保证发送脉冲的精度。例如，针对小口径传感器(如最大质量流量为 35kg/min，即 583.3g/s)，可将脉冲当量设置为 Pcoe = 0.1g/脉冲，使得 f_{pwm} 的范围为 8.94~5833Hz，提高脉冲分辨率；针对大口径传感器(如最大流速为 500kg/min，即 8333.3g/s)，可增大脉冲当量，

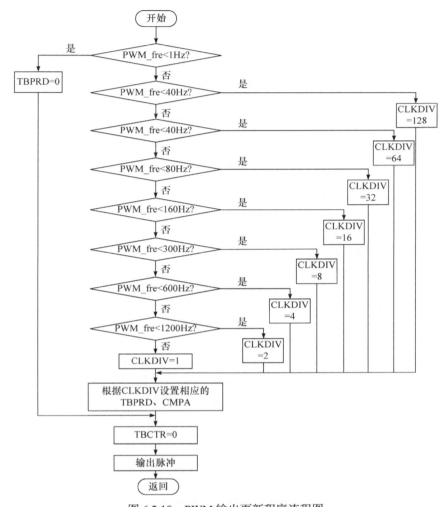

图 6.2.18　PWM 输出更新程序流程图

TBPRD 为时间基准周期寄存器；CLKDIV 为时钟分频系数；CMPA 为计数比较寄存器 A

如设置为 Pcoe＝1.5g/脉冲，使得要输出的 f_{pwm} 为 8.94～6123Hz，此时虽然降低了脉冲分辨率，但流体的流速本身就很大，故不会影响整体测量精度。

3. EEPROM 操作模块

系统扩展了 256×16 大小的 EEPROM 型号为 93LC66，用于保存测量结果、仪表系数以及其他一些需要掉电保存的数据。通过 DSP 上的多功能复用 GPIO 模拟串行时序对 EEPROM 进行数据读写和控制，典型的写数据的时间为 10ms。读写 EEPROM 用于两种场合：①系统初始化中的全局变量初始化；②与键盘合作，保存键盘设置的参数以及要保存的结果数据。

在配置好 EEPROM 的 GPIO 后，在写数据之前，应该先发送控制字写使能，如果写入一个固定地址数据，最好先擦除该地址上原来的数据，然后指定 8 位地址、16 位数据，写入要保存的数据，读取的时候，同样需要指定地址。本系统中需要保存三种数据：仪表系数 K、零点固定偏差 SysZero、累积流量 Q，并给三种数据分配固定的地址。

在读写 EEPROM 过程中，关键是数据格式的转化，写入数据时需要把浮点型数据转化为 32 位的整型数据，读取数据时又需要把 32 位整型数据转化为浮点型数据。本节采用了一个共同体来解决数据格式的转化，如下所示。

```
Typedef  union  _EEPROM_CODE
{
struct  UINT_DATA // 32 位整型数据的高 16 位和低 16 位构成一个结构体
{
  Uint16 LowHalf:16;      // 15:0    低 16 位
  Uint16 HighHalf :16;       // 31:16  高 16 位
}uint_data;
float32 ee_data_f;  // 与 32 位整型数据占用相同地址的浮点数
}EEPROM_CODE;
volatile EEPROM_CODE eeprom_code;  // 用户定义数据
```

如果写入浮点型仪表参数 K，直接赋值 eeprom_code.ee_data_f=K，那么串行发送数据时，只要先后发送 16 位 eeprom_code.uint_data.HighHalf 以及 eeprom_code.uint_data.LowHalf 即可，同理可知读取数据的过程。

在仪表开始工作时，需要通过键盘来设置仪表系数 K 和零点固定偏差 SysZero，此时需要将两个参数进行保存，当程序开始运行进入初始化阶段时，需要把这两个数据读出赋给相应的变量，然后开始算法过程，整个测量过程是不需要使用 EEPROM 操作的，测量完成后查询是否保存累积流量标志位，如果标志位被置位，则需要写该结果数据到 EEPROM 的指定地址中。

6.3　基于 DTFT 方法系统的测试

6.3.1　标定方法

在科氏质量流量计制作完成后，需要根据国家的检定规程[24]对其进行标定，确定其基本误差和重复性等技术性能指标。在具体标定方法方面，优先采用质量法。质量法分为启停法和换向称重法。前者是指，开始测量时，阀门开启，水流通过，结束时，阀门关闭，水流停止，这种标定方法的适用范围较小，适合灌装等工业应用场合；后者是指，在标定的整个过程中，阀门都开启，持续保持水流的流速稳定，开始测量时，使用换向器将流经传感器的水流流入称重水箱，由电子秤进行称重，标定结束时，换向器换向，水流经其他管道流出。该标定方法更为普遍，适合大部分应用场合。因此，本节采取换向称重法对设计的变送器进行标定。

标定的流量点一般选为 q_{max}、$0.5q_{max}$、$0.2q_{max}$、q_{min}、q_{max}，各流量检测点有效检定次数不少于三次，q_{max} 为流量计的最大流量，q_{min} 为流量计的最小流量。

准确度等级分为 0.1 级、0.15 级、0.2 级、0.3 级、0.4 级、0.5 级，对应的基本误差为 ±0.1%、±0.15%、±0.2%、±0.3%、±0.4%、±0.5%；重复性要求不得超过相应基本误差绝对值的 1/2。要求被标定的科氏质量流量计的各检测流量点的基本误差和重复性均不能超过上述等级；否则，即为不合格。

基本误差的计算公式如式(6.3.1)～式(6.3.4)所示，重复性计算误差如式(6.3.5)所示。

$$\text{Err}_{ij} = \frac{Q_{ij} - Q_{Sij}}{Q_{Sij}} \times 100\% \tag{6.3.1}$$

$$Q_{ij} = N_{ij} \cdot K \tag{6.3.2}$$

$$\text{Err}_i = \frac{1}{n} \sum_{j=1}^{n} \text{Err}_{ij} \tag{6.3.3}$$

$$\text{Err} = \pm \left| \text{Err}_i \right|_{max} \tag{6.3.4}$$

$$\text{Erepet}_i = \sqrt{\frac{\sum_{j=1}^{n} \left(\text{Err}_{ij} - \text{Err}_i \right)^2}{n-1}} \tag{6.3.5}$$

式中，Err_{ij} 是第 i 检测点第 j 次标定误差，单位%；Q_{ij} 是第 i 检测点第 j 次标定的科氏质量流量计所测量的累积质量流量，单位 kg；Q_{Sij} 是第 i 检测点第 j 次检定装置测得的累积质量流量(标准值)，单位 kg；N_{ij} 是第 i 检测点第 j 次检定的科氏质量流量计输出的脉冲个数；K 是脉冲当量，单位 kg/脉冲；Err_i 是第 i 检测点的相对误差，单位%；n 是检测次数；Err 是整个科氏质量流量计的基本误差；Erepet_i 是第 i 检测点的重复性，单位%。

6.3.2　标定步骤

按照上述标定要求，将本节设计的变送器(二次仪表)与太原太航流量工程有限公司(简称太原太航)制造的科氏质量流量传感器(一次仪表)进行匹配，形成完整的科氏质量流量计，并进行水流量标定实验[22,25]，其具体过程如下：

(1) 根据一次仪表 LZL-8-500(口径为 40mm)与 LZL-8-30(口径为 10mm)对驱动的要求，调整变送器的驱动参数，得到匹配的驱动电压，保证变送器为一次仪表提供足够而平稳的驱动。

(2) 将一次仪表正确安装在测量管道中,使其与管道同轴,尽量做到零应力安装,由于测量的是液体介质,所以一次仪表外壳应向下安装,避免空气聚集在流量管内部,影响标定精度。当一次仪表与管道连接时,为减少管道对流量管产生的轴向应力和径向应力,安装时应对准管道,法兰之间采用垫圈。在温差较大时,要检查连接件和螺栓是否松动,当出现泄漏时,要检查管配件及管道。由于 LZL-8-30 一次仪表的出入口为接头,可通过软管与管道连接,一次仪表安装在固定于支撑物上的安装板上,或者根据实际情况另外设置安装支架,要求安装支架牢固、稳定。

(3) 安装完毕后,连接变送器与一次仪表,以及连接频率输入输出线。一次仪表与变送器之间采用的是两两屏蔽的九芯双绞线,将一次仪表接线盒内九根不同颜色的引线分别接至九芯双绞线各端子的相应位置上,并将频率输出的导线接于太原太航的标定系统上,该标定系统接收的频率范围是 0～10kHz,幅值为 24V。因此,连接频率输出前要先调整变送器上的频率输出幅值和频率范围,所有导线都要连接牢固。注意,接线盒内所有屏蔽线不能与一次仪表外壳有电气接触。

(4) 接电源及接地。只有可靠的接地才能保证仪表的正常工作。

(5) 上电。检查电源的类型和极性、接线正确,传感器与变送器之间的电缆连接正确,变送器输入、输出端口接线正确,打开管路上、下游阀门,使介质流经传感器,当传感器完全充满介质时,关闭阀门,流量计上电。上电后约 20s,传感器应正常起振,可通过示波器观察传感器波形是否正常,如果传感器波形异常,应立即切断电源进行检查。

(6) 检验一次仪表与变送器匹配后的零点特性。变送器必须正常工作 30～40min 后,才可观察系统零点特性,原因有二:其一,变送器各器件在上电后有一个预热的过程;其二,介质与管道一开始会有温度差异,需二者一致时系统的零点才能稳定。由于是本节设计的变送器第一次与太原太航的一次仪表进行匹配,所以需要考核整个系统的零点特性。关闭管道上游阀门和下游阀门,确保流体完全停止流动。变送器采集两路速度传感器输出信号,计算相位差,并将结果保存。实验 10h 后,读取测量结果,并画出零点特性测试图,如图 6.3.1 所示。图 6.3.1 完整地呈现出科氏质量流量计从上电到正常工作零点的变化过程,可以看出,最初上电的 1h 内零点迅速变化,之后趋于稳定,正常工作(即稳定)时零点变化范围为 0.0005°～0.0007°,科氏质量流量计的零点较为稳定,匹配效果较好,可以进行标定实验。

(7) 设置滤波器参数。由前面的叙述可知,信号预处理采用的滤波器参数可根据实际信号进行设置,从而较好地滤除噪声,因此需要分析该传感器在该安装环境下有流量时的噪声分布。打开阀门,同时开启周围环境的仪器设备(如电机、水泵),变送器采集不同流体流速下的传感器信号,并对其进行频谱分析。

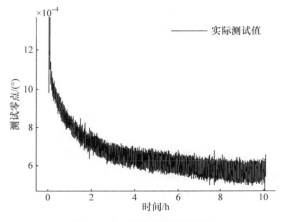

图 6.3.1　零点特性测试图

由分析结果可知，现场噪声信号主要是流量管基频的 2 次谐波干扰，该谐波干扰在流体流速很大时尤为明显；此外，还存在一些高频噪声分量。使用本节设计的陷波滤波器对速度传感器信号进行滤波处理，图 6.3.2 是现场信号和滤波后信号的频谱分析图。结果表明，本节采用的陷波滤波器很好地抑制了噪声。

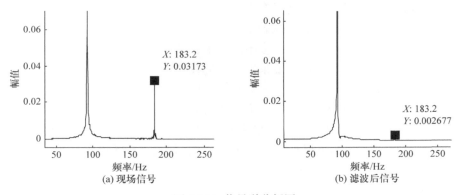

图 6.3.2　信号谱分析图

(8) 设置脉冲当量。DSP 能输出的频率范围是 8.94～6123Hz，针对不同口径的传感器，可以修改脉冲当量，以配合脉冲输出。针对 LZL-8-30 型小口径科氏质量流量计(最大流量为 35kg/min，即 583.3g/s)，可将脉冲当量设置为 0.1g/脉冲，使得频率 f_{pwm} 的范围为 8.94～5833Hz，提高了脉冲分辨率；针对 LZL-8-500 型大口径科氏质量流量计(如最大流量为 500kg/min，即 8333.3g/s)，可增大脉冲当量，设置为 1.5g/脉冲，使得要输出的 PWM 频率 f_{pwm} 为 8.94～5555.5Hz，此时虽然降低了脉冲分辨率，但是由于流体质量流量很大，所以不会影响整体测量精度。

(9) 零校准，即截除流量计零点。在进行零校准时，禁止开启上、下游阀门，严格确保传感器内的流体完全停止流动，这是零校准成功的关键。通过观察零点波动情况，取一个均值作为零点，可进行 2~3 次零校准，当几次零校准结果差不多一致时，将零点设置保存在非易失数据存储器中，零校准结束。

(10) 准备就绪后，将上游阀门全开，通过调节下游阀门的开度来改变流速，变送器实时测量流体流量并输出脉冲。在标定开始时，标定装置开始对脉冲计数，同时使用换向器使流经传感器的流体流入电子秤进行称重；在标定结束时，标定装置停止对脉冲计数，同时换向器换向，流体经其他管道流出。在整个过程中，下游阀门开度一定，即流体流速基本稳定。电子秤的称重值作为流量的标准值，标定装置对脉冲的计数值乘以脉冲当量后作为测量值。每个流量点测试三组数据，一个流量点测试完毕后，调节下游阀门，测试下一流量点，流量点的选取依次为满量程、满量程的 50%、满量程的 20%、满量程的 10%、满量程。

(11) 每个流量点测试完成后，即可得到流量计的测量精度和重复性。

6.3.3　零点和仪表系数校正方法

对标定流程进行仔细分析发现，零点的选取存在很大的随机性。仅手动关闭上下游阀门，等零点稳定后依靠观察来选择零点，实际上可能出现上下游阀门没有完全关闭的情况，导致零点选择有误，而仪表系数的标定是与选取的零点有关的，在小流量时，有误的零点和仪表系数影响非常大，这是因为小流量标定过程的持续时间很长，零点造成的偏差会不断累加，从而使得小流量测量精度降低。因此，有误的零点和仪表系数需要采取有效的校正方法来修正。

经过公式推导，目前已总结出一套有效的校正零点和仪表系数的方法[26]。具体推导过程如下：假设变送器测量的累积流量为 Q_{Est}，由标定系统称重得到的标准累积流量为 Q_{Sta}，测量时间为 t，累积流量相对误差为 Err，变送器软件中设置的仪表系数为 flowK，系统零点转换时间差为 T，仪表系数的修正量为 K'，零点修正量对应的时间差修正量为 T'。

$$Q_{Est} = \text{flowK} \cdot (t - T) \tag{6.3.6}$$

$$Q_{Sta} = (\text{flowK} \cdot K') \cdot [t - (T + T')] \tag{6.3.7}$$

$$\begin{aligned}
\text{Err} &= \frac{Q_{Est} - Q_{Sta}}{Q_{Sta}} = \frac{(1 - K') \cdot Q_{Est} + \text{flowK} \cdot K' \cdot T'}{K' \cdot Q_{Est} - \text{flowK} \cdot K' \cdot T'} \\
&\approx \frac{(1 - K') \cdot Q_{Est} + \text{flowK} \cdot K' \cdot T'}{K' \cdot Q_{Est}} = \left(\frac{1}{K'} - 1\right) + \frac{1}{Q_{Est}} \cdot (\text{flowK} \cdot T') = A + \frac{B}{Q_{Est}}
\end{aligned} \tag{6.3.8}$$

$$Q_{Est} \cdot \text{Err} = A \cdot Q_{Est} + B \tag{6.3.9}$$

$$Y = A \cdot X + B \tag{6.3.10}$$

　　至此，已转换为已知 X、Y，曲线拟合求得 A、B 的问题，即在测试了一组数据后，利用测得的一组累积流量和相对误差数据来拟合曲线，由于科氏质量流量计的误差具有线性，所以只需线性拟合数据就能满足要求，可以利用通用数据分析软件中的函数 polyfit($x,y,$1) 来拟合多组数据，也可以通过两组数据的方程来求解 A、B，那么修正量如式(6.3.11)～式(6.3.13)所示。

$$K' = \frac{1}{A+1} \tag{6.3.11}$$

$$T' = \frac{\Delta\varphi}{360° \cdot f_{\text{sig}}} = \frac{B}{\text{flowK}} \tag{6.3.12}$$

$$\Delta\varphi = \frac{B \cdot 360° \cdot f_{\text{sig}}}{\text{flowK}} \tag{6.3.13}$$

　　所以，零点的修正为 $\varphi_{\text{sys}} + \Delta\varphi$，仪表系数的修正为 $\text{flowK} \cdot K'$。

　　需要注意的是：该校正方法为如何准确得到一组合适的零点和仪表系数提供了简便的方法，但并不需要非常精确的计算。事实上，为了快速提供一组修正值，在采用该校正方法进行修正时，选取 X、Y 值时完全可以近似选择容易计算的值，这样口算即可得到修正值，非常方便。

　　推导出零点和仪表系数校正方法后，匹配太原太航不同型号、不同口径、不同形状的一次仪表进行标定实验。

6.3.4　标定结果

　　按照 6.3.3 节叙述的标定流程，作者课题组将变送器配备不同口径、不同管型的一次仪表进行了稳定单相流标定实验。在太原太航，针对该公司的 10mm 和 40mm 口径 U 形流量管一次仪表进行了水流量标定实验，标定结果分别如表 6.3.1 和表 6.3.2 所示。

　　表 6.3.1 为所研制的数字变送器匹配 LZL-8-30 型 10mm 口径 U 形管的标定结果，可以看出，在 1：15 量程比范围内，重复性优于 0.04%，相对误差小于±0.07%，根据科氏质量流量计的检定规程，在 1：15 量程比范围内，精度优于 0.1 级。

表 6.3.1　太原太航 10mm 口径 U 形管标定结果

传感器型号：LZL-8-30(10mm 口径)					
序号	流量/(kg/min)	标准值/kg	测量值/kg	相对误差/%	点误差/%	点重复性/%
1	31	16.306	16.316	0.062	0.018	0.04
	31	16.559	16.558	−0.001		
	31	16.645	16.644	−0.006		

传感器型号：LZL-8-30(10mm 口径)

序号	流量/(kg/min)	标准值/kg	测量值/kg	相对误差/%	点误差/%	点重复性/%
2	14	16.160	16.170	0.059	0.071	0.02
	14	16.156	16.166	0.063		
	14	16.112	16.126	0.09		
3	6	16.226	16.232	0.037	0.031	0.02
	6	16.169	16.171	0.01		
	6	16.124	16.131	0.046		
4	2	15.643	15.642	−0.006	−0.039	0.04
	1	15.796	15.788	−0.046		
	1	15.803	15.792	−0.065		
5	31	16.642	16.638	−0.019	0.000	0.02
	31	16.622	16.622	0.003		
	31	16.617	16.619	0.017		

表 6.3.2 为所研制的数字变送器匹配 LZL-8-500 型 40mm 口径 U 形管的标定结果，可以看出，1：18 的量程比范围内重复性优于 0.03%，相对误差小于±0.05%，根据科氏质量流量计的检定规程，在 1：18 量程比范围内，精度优于 0.1 级。

表 6.3.2　太原太航 40mm 口径 U 形管标定结果

传感器型号：LZL-8-500(40mm 口径)

序号	流量/(kg/min)	标准值/kg	测量值/kg	相对误差/%	点误差/%	点重复性/%
1	489	246.906	246.910	0.002	0.001	0.01
	489	246.445	245.426	−0.008		
	489	246.005	246.026	0.009		
2	248	217.577	217.626	0.023	0.026	0.00
	248	218.317	218.374	0.026		
	248	219.979	220.044	0.030		
3	99	214.794	214.830	0.017	0.019	0.01
	99	215.414	215.448	0.016		
	99	215.554	215.608	0.025		
4	38	211.831	211.838	0.003	−0.004	0.01
	38	212.011	211.972	−0.018		
	38	212.191	212.196	0.002		

续表

| 传感器型号：LZL-8-500(40mm 口径) | | | | | | |
序号	流量/(kg/min)	标准值/kg	测量值/kg	相对误差/%	点误差/%	点重复性/%
	27	208.968	208.964	−0.002		
5	27	209.208	209.170	−0.018	−0.022	0.03
	27	208.988	208.894	−0.045		

可见，在太原太航进行的水流量标定实验结果可以很好地说明作者课题组研制的变送器性能优越，在单相流测量中不仅解决了小流量测量的难题，而且具有较强的抗干扰能力。

6.4　过零检测方法和数字驱动软件开发

6.4.1　过零检测方法实现流程

以 TMS320F28335 为平台，实时实现整套算法以及变送器的其他功能。算法的基本流程如下[25]：

(1) ADC 以较高的采样频率进行采样，为节约 DSP 在数据传输上的耗时，将 DMA 和 McBSP 相配合，实时传送 ADC 采样数据至用户指定空间，最大限度地避免了对 CPU 的干扰。当采集到新的 500 点数据时，开始调用算法。

(2) 采样数据先经过带通滤波器进行预处理，消除噪声干扰，然后检测滤波后的数据，当出现 $x(n-1) \cdot x(n) < 0$ 时，表明在 $[n-1,n]$ 之间存在一个零点，则将 $x(n-2)$、$x(n-1)$、$x(n)$ 三点数据提取至插值运算的存储单元，为拉格朗日插值提供原始数据。

(3) 采用拉格朗日插值方法检测信号的过零点，通过计算式(3.3.2)～式(3.3.4)的一元二次方程系数，求解方程的根，舍弃 $[n-1,n]$ 之外的根，得到零点。过零检测方法结构如图 6.4.1 所示。

图 6.4.1　过零检测方法结构

在实现过程中发现，无论是拉格朗日插值方法还是最小二乘法，在求解得到方程的根时，都会出现方程的两个根均不在 $[n-1,n]$ 的情况。当出现这种情况时，采用线性插值方法重新求解零点。线性插值方法求解零点的计算公式为

$$\text{Zeroline} = (n-1) + x(n-1) / [x(n-1) - x(n)] \tag{6.4.1}$$

在求出信号的零点后，即可求出信号的频率、时间差。

(4) 根据仪表系数、温度、温度补偿系数，得到流体的瞬时质量流量。最后，将测量结果在 LCD 上显示，同时通过 SCI 向上位机上传，并通过 4～20mA 电流输出、脉冲输出模块输出代表流量信号的电流、脉冲信号。零点判断流程图如图 6.4.2 所示。

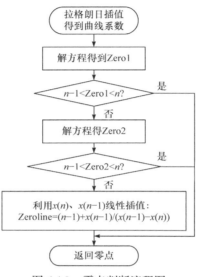

图 6.4.2　零点判断流程图

6.4.2　过零检测方法实现关键

过零检测方法简单可靠，但是如何保证方法移植到 DSP 上的实现精度是关键[27]。

(1)DSP 的运算精度受到变量类型有限位数的限制，为提高计算精度，除了与采样信号或计算结果相关的全局变量采用 64 位双精度浮点型以外，一些参与计算的重要参数，如滤波器的滤波系数、过零检测方法中的过程变量也需要采用 64 位双精度浮点型定义。

(2) 若采用精度更高的四点拉格朗日插值方法，为了避免求解困难和耗时，将四个点的自变量、因变量交换，即把 $x(n-2)$、$x(n-1)$、$x(n)$、$x(n+1)$ 由因变量变为自变量，4 个点对应的下标值由自变量变为因变量，则得到新的插值公式为

$$
\begin{aligned}
t = (n-2) \cdot & \frac{[x-x(n-1)] \cdot [x-x(n)] \cdot [x-x(n+1)]}{[x(n-2)-x(n-1)] \cdot [x(n-2)-x(n)] \cdot [x(n-2)-x(n+1)]} \\
+ (n-1) \cdot & \frac{[x-x(n-2)] \cdot [x-x(n)] \cdot [x-x(n+1)]}{[x(n-1)-x(n-2)] \cdot [x(n-1)-x(n)] \cdot [x(n-1)-x(n+1)]} \\
+ (n) \cdot & \frac{[x-x(n-2)] \cdot [x-x(n-1)] \cdot [x-x(n+1)]}{[x(n)-x(n-2)] \cdot [x(n)-x(n-1)] \cdot [x(n)-x(n+1)]} \\
+ (n+1) \cdot & \frac{[x-x(n-2)] \cdot [x-x(n-1)] \cdot [x-x(n)]}{[x(n+1)-x(n-2)] \cdot [x(n+1)-x(n-1)] \cdot [x(n+1)-x(n)]}
\end{aligned}
\tag{6.4.2}
$$

此时，令公式中的因变量 $x=0$ ，得到时刻 t 的值，即为过零点的位置。这种反向拉格朗日插值方法简单准确，并且避免了求解方程系数以及开方操作引起的大量运算。

(3) 插值得到两路信号的准确过零点后，首先计算信号频率。变送器硬件电路参数不可能做到完全对称，会给两路信号带来不等的偏置，从而造成信号的正半周期与负半周期并不能关于过零点严格对称。此时，若通过一路信号的相邻零点计算信号频率值，则正半周期的两端零点与负半周期的两端零点计算出的频率结果相差很多，造成计算结果的较大波动。因此，采用隔点相减(即取一个周期两端的零点相减)的方式计算周期值，以避免偏置造成的影响。

500 点信号中包含了多个信号周期，因此需要对得到的多个频率结果进行平均。算法实现时直接将频率计算与平均处理相结合，对应零点相减后再与其他零点对的处理结果相加求平均。以左路信号为例，假设零点为 L_1 、 L_2 、 L_3 、 L_4 、 L_5 、 L_6 ，则频率结果与 $L_3 - L_1$ 、 $L_4 - L_2$ 、 $L_5 - L_3$ 、 $L_6 - L_4$ 相关，直接结果相加平均后得到 $(L_5 + L_6 - L_1 - L_2)/4$ ，从而抵消了中间零点的作用，失去了平均的意义。因此，改进算法中计算频率时以相邻四个零点为一组，不重复地累加，充分发挥每个零点的作用，具体程序如下：

```
for(i=3; i<zero_cntL;)
{
 FreTemp+=zeroesLCH[i]-zeroesLCH[i-2]+zeroesLCH[i-1]-zeroesLCH[i-3;
 j+=2;
 i+=4;
}
FreL_Estimated = FS * j / FreTemp;
```

计算出每路信号的频率均值后，再对两个结果相加求平均得到最终的频率计算值。

(4) 当计算两路信号相位差时,需要找到两路信号的对应零点再相减,如图 3.3.1 中的 L_1 与 R_1、L_2 与 R_2。但是,算法中调用的左右两路各 500 点采样数据中的第一个零点并不一定每次都是相对应的,可能会出现左路信号第一个零点为 L_2,而右路信号第一个零点为 R_1 的情况,这与两路信号的超前、滞后关系有关。一般情况下,科氏质量流量传感器两路信号的相位差绝对值不超过 10°,因此可以通过如下判断得出两路信号的零点对应情况:

① 当 $(\text{zeroesLCH}[0] - \text{zerosRCH}[0]) \cdot f \cdot 360° / F_S < -10°$ 时,表示两路信号首个零点错位,且左路信号滞后。应该抛弃左路信号第一个零点,令 $\text{zeroesLCH}[n+1]$ 与 $\text{zerosRCH}[n]$ 对应相减。

② 当 $(\text{zeroesLCH}[0] - \text{zerosRCH}[0]) \cdot f \cdot 360° / F_S > 10°$ 时,表示两路信号首个零点错位,且右路信号滞后。应该抛弃右路信号第一个零点,令 $\text{zeroesLCH}[n]$ 与 $\text{zerosRCH}[n+1]$ 对应相减。

③ 当 $(\text{zeroesLCH}[0] - \text{zerosRCH}[0]) \cdot f \cdot 360° / F_S$ 属于[−10°, 10°]时,表示两路信号首个零点是相对应的,则 $\text{zeroesLCH}[n]$ 与 $\text{zerosRCH}[n]$ 对应相减。

此外,计算相位差时也应当以周期为单位,令零点对个数保持偶数,从而避免了信号偏置带来的误差。

6.4.3 数字驱动软件

数字驱动方案主要分为正负阶跃信号起振和正弦信号驱动控制,包括传感器信号的频率、相位、幅值跟踪[28]。

1. 正负阶跃信号起振

在流量管固有频率未知的情况下,可以使用正负阶跃信号起振的方法。先设置 DDS 输出固定电平,通过更改 MDAC 的增益值,即可输出正阶跃信号或负阶跃信号。当采集到传感器信号时,先对信号进行滤波处理,再将信号与滞环 b 进行比较,确定 MDAC 输出的增益值。DSP 内部实时检测传感器信号,当采样信号值大于设定值 A_s 时,则认为流量管已经起振,退出起振流程,进入后续的正弦信号驱动模式。正负阶跃信号起振流程图如图 6.4.3 所示。

若已知流量管固有频率范围,则可以跳过正负阶跃信号起振模式,直接使用正弦信号起振,包括对传感器信号频率、相位及幅值的跟踪控制。

2. 正弦信号驱动

当使用正弦信号驱动时,需要确定驱动信号的幅值、频率、相位信息。在

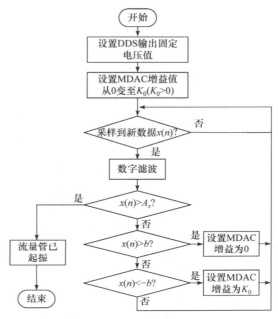

图 6.4.3　正负阶跃信号起振流程图

本书第 4 章已经对信号幅值、频率、相位的跟踪方法进行了介绍，并进行了 MATLAB 仿真。在 DSP 上实现时，首先在主程序中通过格型自适应谱线增强器或过零检测方法求出信号频率，根据 DTFT 算法或过零点的位置得到图 5.5.1 中 m 点或 z 点的相位，并对信号采集部分硬件上的相位延迟和软件滤波器的相位延迟进行补偿，得到图 5.5.1 中 n 点或 p 点的相位。因为驱动信号相位需要与传感器信号相位保持同步，所以驱动信号频率、相位的更新程序放在采样中断 (DMA 中断) 服务程序中，而主程序中则是将相应的标志位 (UpdateDDSFrePha) 置位。另外，主程序中使用 DTFT 算法或曲线拟合方法求出传感器信号幅值，然后根据非线性幅值控制方法计算出驱动信号幅值对应的 MDAC 增益值，最后 DSP 通过数字接口更新 MDAC 增益。主程序中的驱动控制流程如图 6.4.4(a) 所示。

在 DMA 中断服务程序中，当检测到 UpdateDDSFrePha 标志位被置位时，DSP 先根据采样点的个数及信号频率确定图 5.5.1 中 q 点的相位，然后对驱动控制部分硬件上和软件上的延迟进行补偿，并结合传感器信号和驱动信号的相位关系，计算得到写入到 DDS 中的初始相位。最后 DSP 通过数字接口更新 DDS 的频率和初始相位信息。DMA 中断服务程序中的驱动控制流程如图 6.4.4(b) 所示。

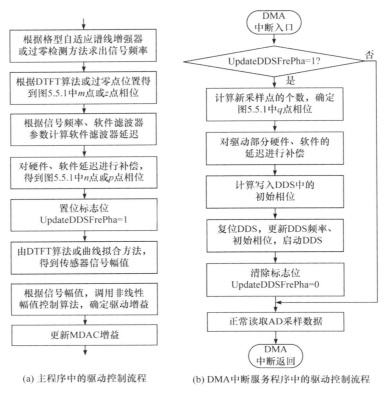

(a) 主程序中的驱动控制流程　　　(b) DMA中断服务程序中的驱动控制流程

图 6.4.4　数字驱动控制流程图

6.5　实　验　测　试

6.5.1　算法运算时间测试

经测试，每个采样点的运算时间约为 40μs (包括算法带通滤波、过零检测方法、后续平均滤波)。因此，DSP 在实时实现算法的同时，还为实现变送器系统的其他功能留有足够时间[25]。

6.5.2　信号发生器测试

使用 MATLAB 产生两路频率相同并具有一定相位差的正弦信号，信号频率为326Hz(太原太航生产的 20mm 口径微弯形科氏质量流量计满管时的固有频率)，并根据现场信号特征，叠加上信号频率附近的窄带噪声、整个频带的随机干扰，信噪比约为34dB。将产生的信号数据导入 Fluke282 信号发生器中；Fluke282 发出的信号接至变送器，变送器将 60s 内的计算均值作为测量结果[21]。对信号发生器产生的信号进行测试的结果如表 6.5.1 所示。

表 6.5.1　信号发生器测试结果

设置相位差/(°)	系统测试均值/(°)	相对误差/%	设置相位差/(°)	系统测试均值/(°)	相对误差/%
0.012	0.012005	0.04	0.024	0.024009	0.04
0.036	0.035985	−0.04	0.072	0.071997	0.00
0.108	0.108019	0.02	0.144	0.143959	−0.03
0.180	0.180012	0.01	0.216	0.216011	0.01
0.252	0.252225	0.09	0.288	0.287818	−0.06
0.324	0.324028	0.01	0.360	0.360309	0.09
0.396	0.396039	0.01	0.432	0.432093	0.02
0.468	0.467658	−0.07	0.504	0.503878	−0.02
0.540	0.540274	0.05	1.080	1.080120	0.01
2.160	2.161041	0.05	3.240	3.240078	0.00

由表 6.5.1 可见，在叠加噪声的情况下，相位差在[0.012°，3.240°]变化时，测量的相对误差优于 0.09%。

6.5.3　水流量标定实验

将研制的变送器与太原太航研制的 20mm 口径微弯形科氏质量流量传感器相配合，在太原太航现场进行水流量标定实验[25]。微弯形科氏质量流量计标定结果如表 6.5.2 所示。

表 6.5.2　微弯形科氏质量流量计标定结果

流量/(kg/min)	最大误差/%	重复性/%	流量/(kg/min)	最大点差/%	重复性/%
80	0.014	0.01	38	−0.059	0.01
14	−0.082	0.02	4	−0.060	0.02
2	−0.074	0.01	—	—	—

由实验数据可见，算法用于 20mm 口径微弯形科氏质量流量传感器时，在 40：1 量程比下，最大相对误差小于 0.09%，重复性误差小于 0.05%。

将研制的基于过零检测方法的变送器与上海一诺生产的 15mm 口径微弯形流量传感器相匹配，在上海一诺标定站进行了水流量标定实验。标定采用静态质量法，以标准秤称重值为参考，每个流量点测量三次。实验中对同一台微弯形科氏质量流量传感器进行了两次标定，标定结果一致[27]。YN15 标定实验结果如表 6.5.3 所示。

表 6.5.3　YN15 标定实验结果

流量/(t/h)	相位差/(°)	被检表质量/kg	标准质量/kg	示值误差/%	最大示值误差绝对值/%	重复性/%
2	0.4	61.2020	61.1933	0.014	0.014	0.012
		61.2916	61.2934	−0.003		
		61.1897	61.1933	−0.006		
1	0.18	30.5908	30.5867	0.013	0.019	0.005
		30.5798	30.5767	0.010		
		30.4724	30.4665	0.019		
0.5	0.08	20.2387	20.2342	0.022	0.065	0.025
		20.2801	20.2742	0.029		
		20.2873	20.2742	0.065		
0.1	0.018	30.0711	30.0856	−0.048	0.085	0.022
		30.0501	30.0756	−0.085		
		30.0617	30.0856	−0.079		
2	0.4	121.2530	121.265	−0.010	0.010	0.005
		121.4110	121.415	−0.003		
		121.2830	121.285	−0.002		

由标定结果可以看出，当研制的变送器采用改进后的过零检测方法时，匹配 YN15 微弯形流量传感器，在 20∶1 量程比下达到了 0.1%的测量精度，并且重复性优于 0.03%。特别是当测量瞬时流量为 0.1t/h(相位差为 0.018°)的小流量点时，精度很高，并且重复性很好，克服了原来算法精度差且重复性不好的缺点。可见，本节研制的基于过零检测方法的软件适用于微弯形科氏质量流量计的高精度测量。

6.6　两种实用方法比较

科氏质量流量计数字信号处理方法很多，主要分为两大类，即频域测量方法和时域测量方法[29]。这些信号处理方法均能实现对两路科氏质量流量传感器信号频率和相位差的计算。但是，经过长期的推广使用，工业中实用效果较好的信号处理方法主要为 DTFT 算法和数字式过零检测方法。这两种信号处理方法均有自身的特点，考虑信号处理方法在实现时受到资源和实时性要求的限制、应用于不同的测量场合，以及与不同的驱动方法相匹配等因素，本节将在同一硬件平台条件下，从运算量和资源占用、动态响应速度、配合不同的驱动方法这几个方面，深层次分析比较这两种信号处理方法[30]。这对科氏质量流量计在不同的应用场合选取合适的信号处理方法，最大限度地提高科氏质量流量计在实际应用中的测量性能至关重要。

6.6.1　运算量和资源占用

算法的执行时间受两个方面因素的影响：一是算法本身的运算复杂程度；二是 DSP 的指令执行速度。程序需要累积一定数量的采样点数才能调用一次算法，由于 DTFT 算法每个点都能得到一个相位差信息，而过零检测方法只能在过零点处得到相位差信息。多次测试和实际应用表明，DTFT 算法采样 100 点调用一次算法，过零检测方法采样 500 点调用一次算法，均能保证相位差的计算精度。由于数据处理与采样过程是同时进行的，为了能实时、准确地反映实际的流量情况，要求 DSP 处理数据的时间必须小于 ADC 数据采集的时间，即在完成当前算法一次运算所需数据点的采集过程中，必须同时或提前完成对上一次数据点的处理。如果算法运算量太大或者处理器运算速度不够快，则有可能导致算法的执行时间过长，新采集到的数据将不能及时应用于运算处理，甚至被覆盖丢失；这将导致运算实时性变差，甚至发生运算错误，科氏质量流量计的输出不能真实反映实际的流量。

选用科氏质量流量变送器的核心处理器 TMS320F28335 DSP 作为测试算法执行时间的硬件平台。该处理器的指令执行速度为 150MIPS(百万条指令/秒)，配合外扩的 24 位高精度数据采集芯片 ADS1255，其采样频率可设置为 2kHz、3.75kHz、7.5kHz 和 15kHz 等。在不同算法、不同采样频率时，算法的执行时间如表 6.6.1 所示。

表 6.6.1　TMS320F28335 DSP 的执行时间

采样频率/kHz		2	3.75	7.5	15
DTFT 算法 (100 点)	算法完成的时间上限/ms	50	26.67	13.33	6.67
	实际算法执行时间/ms	36	37	36	35
过零检测方法 (500 点)	算法完成的时间上限/ms	250	133.3	66.67	33.33
	实际算法执行时间/ms	53	53	51	40

在表 6.6.1 中，"算法完成的时间上限"是指在对应的采样频率下，ADC 采集算法调用所需的 CALNUM 点数据的时间，对于 DTFT 算法 CALNUM 为 100 点，对于过零检测方法 CALNUM 为 500 点(以 2kHz 采样频率为例，DTFT 算法完成的时间上限为 100/2000 = 0.05s = 50ms，过零检测方法完成的时间上限为 500/2000 = 0.25s = 250ms)。"实际算法执行时间"是指 DSP 调用一次算法处理 CALNUM 点数据所需时间。由表 6.6.1 可见，DTFT 算法只有在采样频率为 2kHz 时，实际

算法执行时间小于算法完成的时间上限，可以保证实时性的要求；在其他采样频率下，实际算法执行时间均大于算法完成的时间上限，即 DSP 处理速度跟不上 ADC 数据采集的更新速度，不符合实时性要求。过零检测方法在采样频率为 15kHz 时实际算法执行时间超过算法完成的时间上限，不符合实时性要求；在其他采样频率下，实际算法执行时间小于算法完成的时间上限，可以保证实时性的要求。

根据前面的分析，DTFT 算法的运算量大、时间复杂度高，数据处理时间相对较长，针对目前采用的 DSP 主频，为了保证系统实时性，采样频率只能达到 2kHz。这也是 DTFT 算法的局限性。过零检测方法的运算量小、时间复杂度低、数据处理时间短，将采样频率提高至 7.5kHz 依然可以满足实时性要求，有足够的时间去采集新数据。在实际应用中，为保证算法的计算精度，一般采样频率至少要 10 倍于流量管的固有频率。因此，在实际中，当流量管固有频率较高时，如微弯形流量管，固有频率基本在 200Hz 以上，此时，DTFT 算法 2kHz 的采样频率已经不能满足采样精度的要求，应选择采样频率可以达到更高的过零检测方法。但是，在流量管固有频率不高时，如大弯管形流量管，固有频率在 100Hz 左右，2kHz 采样频率就能满足采样精度要求，可以优先考虑采用 DTFT 算法。因为 DTFT 算法是在频域对信号进行处理的，在频域中流量管输出信号在固有频率处能量最大，而噪声能量很小，信号的信噪比高。因此，算法能有效地抑制噪声，抗干扰能力更强，在应用中计算的重复性更好，受外界环境因素的影响较小，测量准确度更高。

6.6.2 动态响应速度

算法动态响应速度的定义：当流量突然从一个状态(如 0 状态)切换到另一个状态(如 1 状态)时，算法最后输出的相位差需要多长时间才能反映真实的流量情况。在科氏质量流量变送器系统中，采用"相位差估计+滑动平均"的处理结构计算流量，其中，在相位差估计中，对计算得到的相位差进行排序、去奇异值和求均值处理，得到一个相位差结果；将该相位差结果再送入下一级滑动平均数组中，进行二次(级)平均后输出相位差，最终反映流量信息。那么，算法计算出一个相位差结果的时间，即为执行一次算法调用的点数，在计算出的相位差结果填满滑动平均数组的长度后，才能抛弃所有 0 状态时的旧数据，最后的相位差输出才能反映真实的 1 状态时的流量。因此，算法的动态响应速度是由采样频率 F_s(点数/秒)、算法的调用点数 CALNUM(点数)和滑动平均数组的长度 MeanN 共同决定的。算法的调用点数乘以滑动平均数组的长度是算法抛弃旧数据所需要的时间，即响应速度，单位是点数；再除以采样频率，即可得到单位为秒的响应速度。故响应速度 t(秒)为

$$t = \frac{\text{CALNUM} \cdot \text{MeanN}}{F_s} \tag{6.6.1}$$

在实际应用的科氏质量流量变送器系统中，ADC 的采样频率越高，离散信号越能更真实地接近原始传感器信号，计算精度越高。根据算法本身的运算量大小和 DSP 主频限制，当前 DTFT 算法的采样频率为 2kHz，过零检测方法的采样频率为 3.75kHz。算法的调用点数不仅影响算法的动态响应速度，同时会对算法的计算精度产生影响。由于 DTFT 算法是逐点输出傅里叶系数的，即每个采样点都能得到一个相位差信息，有用信息多，所以在保证测量精度的条件下，DTFT 算法执行一次算法的调用点数较少(100 点)。而过零检测方法比较简单，只利用了信号过零点的信息，单个信号周期的有用信息较少，容易造成误差和波动，因此，过零检测方法执行一次算法的调用点数较多(500 点)。滑动平均数组长度是对计算相位差结果的后期数据处理，滑动平均数组长度越长，越能减小相位差波动对计算结果的影响，更加适合平稳水流量的测量；滑动平均数组长度越短，算法的动态响应速度越快，在相位差发生突变时，能更好地跟踪突变的相位差。因此，考虑算法的动态响应速度，设置两种算法的滑动平均数组长度均为 5，根据式(6.6.1)，两种算法的动态响应速度为

DTFT 算法：

$$t_1 = \frac{100 \times 5}{2000} = 0.25\text{s} \tag{6.6.2}$$

过零检测方法：

$$t_2 = \frac{500 \times 5}{3750} = 0.667\text{s} \tag{6.6.3}$$

可见，虽然过零检测方法比较简单，运算量小，但是如果在相同的算法调用点数下，其采样频率更高，则其响应速度必然比 DTFT 算法更快。但是，在工业实际应用中，响应速度不是唯一的关注指标，用户还应关注仪表的测量精度。因此，为了保证测量精度，过零检测方法的调用点数做不到与 DTFT 算法一样少，经过大量的测试，DTFT 算法只需要 100 点，而过零检测方法需要 500 点。因此，实际应用中 DTFT 算法的动态响应速度比过零检测方法快。在一些批料流应用场合会出现流量的突然启停，即流量会瞬间从零流量增至最大流量，维持一定时间后又瞬间从最大流量减至零流量。此时，要求信号处理方法的动态响应速度快，且保证流量的测量精度，可以选择实际响应速度较快且稳定性好的 DTFT 算法作为批料流下的信号处理方法。

6.6.3　配合不同的驱动方法

科氏质量流量变送器系统主要包括两大部分：一是流量管的驱动；二是数字

信号处理。不同的信号处理方法需要与不同的驱动技术相配合，才能达到好的应用效果。科氏质量流量计的驱动技术主要分为模拟驱动技术和数字驱动技术。

模拟驱动技术[31]是基于正反馈的原理，利用模拟电路对传感器信号进行处理，得到驱动信号，从而驱动流量管。传感器信号经电压跟随、放大滤波电路后分为两路：一路进行精密整流得到幅值信息，经过后面的增益控制环节得到驱动信号所需要的增益后，送入乘法器的一端；另一路作为驱动信号所需要的波形信息直接送入乘法器的另一端。这样，包含幅值和波形信息的两路信号经过乘法器后输出驱动原始信号，该信号经过后面的功率放大后得到所需要的驱动信号。为了防止流量管振动幅值过大而损坏流量管，加入了驱动保护电路，在流量管振动幅值超过设置的阈值电压后，电路将切换为小增益驱动，以限制驱动信号幅值，保证不损坏流量管。当系统上电时，由于电路中存在包含流量管固有频率分量的白噪声，同时流量管具有很好的选频特性，所以系统能通过正反馈使流量管起振。

数字驱动技术[32]在控制回路中引入了数字系统环节，传感器信号经 ADC 采样后，DSP 实时计算信号幅值、频率和相位等关键参数。根据频率和相位参数，由 DSP 确定所需合成的驱动信号的频率和相位，并控制直接数字频率合成芯片产生对应的正弦信号，送入 MDAC 芯片的模拟输入端。同时，根据幅值参数，DSP 利用非线性幅值控制方法，计算驱动信号所需的增益，并写入 MDAC 芯片的数字输入端，以控制驱动信号的幅值。MDAC 芯片输出信号再经过功率放大后得到所需要的驱动信号，用于驱动流量管。

科氏质量流量计应用于平稳单相流，模拟驱动技术和数字驱动技术均能很好地驱动流量管，保证测量精度。但是，在测量含气液体时，气体的混入导致流量管内的流体状态变化复杂，传感器输出信号波动很大，即信号幅值、相位和频率波动很大。此时，要求信号处理方法对这三个量波动不敏感，才能处理含气液体流量的传感器信号。同时，在测量含气液体流量时，流量管阻尼比很大，模拟驱动下流量管停振，使流量测量失去工作基础。因此，测量含气液体流量需要应用数字驱动技术。数字驱动技术快速跟踪传感器信号参数的变化，及时更新驱动信号参数，保证流量管不停振。此时，要求信号处理方法的运算量小，以便及时跟踪传感器信号参数的变化。

DTFT 算法的实质是计算指定频率点处的相位差，它对频率变化非常敏感，频率的计算精度直接影响到 DTFT 算法的计算精度。因此，采用自适应格型陷波滤波器求取传感器信号的频率，计算精度高。自适应格型陷波滤波器本身存在一个收敛的过程，即当流量管振动不稳定时，自适应格型陷波滤波器计算的频率值不能反映当前时刻流量管振动的真实频率，存在滞后。只有流量管在一个稳定状态下振动持续一定的时间，自适应格型陷波滤波器才能收敛到流量管的振动频率处。测量含气液体流量需要使用数字驱动技术来驱动流量管,在流量管起振阶段,自适应格型陷波滤波器计算的频率值一直不能反映当前时刻传感器信号的频率,更新驱动参数的频率值不对,导致流量管无法正常起振。同时,由于 DTFT 算法运算量大,DSP 的 CPU 资源是有限的,DSP 同时控制数字驱动和实现 DTFT 算法很困难,所以 DTFT 算法不能与数字驱动相匹配,不适合含气液体流量的测量。过零检测方法是通过检测信号的过零点来计算传感器信号的频率、幅值和相位信息的,不存在收敛的过程,并且过零点能真实地反映当前时刻流量管的振动频率值。同时,算法运算量小,可以保证驱动参数的及时更新。因此,在测量含气液体流量时,适合采用过零检测方法匹配数字驱动技术。DTFT 算法均与传统的模拟驱动技术相匹配。

DTFT 算法和过零检测方法性能比较如表 6.6.2 所示。

表 6.6.2　两种信号处理方法性能比较

信号处理方法	特点	适用场合
DTFT 算法	(1) 考虑负频率的影响,逐点输出傅里叶系数,相位差计算精度高,抗干扰能力强; (2) 存在迭代过程,运算量大,采样频率只能达到 2kHz,但算法调用点数少,实际响应速度相对较快; (3) 需要预知信号频率; (4) 计算频率的自适应格型陷波滤波器存在收敛过程,不能与数字驱动相匹配	(1) 平稳单相流且频率不高的大弯管形流量管(100Hz 左右); (2) 响应速度要求较高的批料流场合
过零检测方法	(1) 易受噪声干扰,对过零点提取要求较高; (2) 运算量小,采样频率能达到 7.5kHz,但算法调用点数多,实际响应速度相对较慢; (3) 可以同时提取信号的频率和相位信息; (4) 算法无收敛过程,可以与数字驱动相匹配	(1) 平稳单相流且频率高的微弯形流量管(大于 200Hz); (2) 含气液体流量

此外,本章还进行了基于 TMS320C6726 DSP 的高频变送器硬件研制、软件开发和测试,详见文献[33]~[37]。

参 考 文 献

[1] 朱永强. 数字式科氏质量流量变送器硬件研制[D]. 合肥: 合肥工业大学, 2010.

[2] 徐科军. 流量传感器信号建模、处理及实现[M]. 北京: 科学出版社, 2011.

[3] 方敏. 三种数字流量计硬件研制与改进[D]. 合肥: 合肥工业大学, 2011.

[4] Hou Q L, Xu K J, Fang M, et al. A DSP-based signal processing method and system for CMF[J]. Measurement, 2013, 46(7): 2184-2192.

[5] Hou Q L, Xu K J, Fang M, et al. Development of Coriolis mass flowmeter with digital drive and signal processing technology[J]. ISA Transactions, 2013, 52(5): 692-700.

[6] 许嘉林, 卢艳娥, 丁子明. ADC 信噪比的分析及高速高分辨率 ADC 电路的实现[J]. 电子技

术应用, 2004, 30(4): 64-67.

[7] Burr-Brown. Principles of Data Acquisition and Conversion[Z]. State of Arizona: Burr-Brown, 1994.

[8] Texas Instruments. Measuring Single-Ended 0V to 5V Signals with Differential Delta-Sigma ADCs[Z]. State of Texas: Texas Instruments, 2005.

[9] Analog Devices. Operational Amplifer Application, Chapter 5: Analog Filters[Z]. Massachusetts: Analog Device, 2002.

[10] Analog Devices. Ask the Applications Engineer-15: Using Sigma-Delta Converters-Part 1[Z]. Massachusetts: Analog Devices, 1994.

[11] Analog Device. Ask the Applications Engineer-16: Using Sigma-Delta Converters-Part 2[Z]. Massachusetts: Analog Devices, 1994.

[12] Analog Device. Ask the Applications Engineer-11: Voltage References[Z]. Massachusetts: Analog Devices, 1992.

[13] 李挺, 朱金刚, 赵良煦. 一种热电阻测温仪导线电阻补偿新方法[J]. 计量技术, 2001, (4): 7-8.

[14] 李殊骁, 郝赤, 龚兰芳, 等. 高精度三线制热电阻检测方法研究[J]. 仪器仪表学报, 2008, 29(1): 135-139.

[15] Texas Instruments. TMS320F28335 Digital Signal Controllers (DSCs) Data Manual[Z]. State of Texas: Texas Instruments, 2009.

[16] Texas Instruments. TMS320F2833x Multichannel Buffered Serial Port(McBSP)Reference Guide[Z]. State of Texas: Texas Instruments, 2007.

[17] 王正德, 赵菲菲. 工业用 4/20mA 两线制变送器的设计[J]. 仪表技术, 2009, (11): 75-77.

[18] Burr-Brown. Implementation and Applications of Current Sources and Current Receivers[Z]. State of Arizona: Burr-Brown, 1990.

[19] Texas Instruments. XTR110 Precision Voltage-to-Current Converter/Transmitter[Z].State of Texas: Texas Instruments, 2007.

[20] Texas Instruments. Implementing a 4-mA to 20-mA Current Loop on TI DSPs[Z]. State of Texas: Texas Instruments, 2004.

[21] 朱志海. 两种流量计数字信号处理系统的软件开发[D]. 合肥: 合肥工业大学, 2009.

[22] 李叶. 科里奥利质量流量计数字信号处理算法的研究与实现[D]. 合肥: 合肥工业大学, 2010.

[23] 李叶, 徐科军, 朱志海, 等. 面向时变的科里奥利质量流量计信号的处理方法研究与实现[J]. 仪器仪表学报, 2010, 31(1):8-14.

[24] 全国流量容量计量技术委员会. 科里奥利质量流量计检定规程: JJG 1038—2008[S]. 北京: 中国计量出版社, 2008.

[25] 侯其立. 三种科氏质量流量计数字信号处理方法研究与实现[D]. 合肥: 合肥工业大学, 2011.

[26] 徐科军, 李苗, 侯其立, 等. 一种科里奥利质量流量计的标定方法: ZL201110035964.6[P]. 2012-8-8.

[27] 刘翠. 科氏质量流量计数字信号处理方法改进与实现[D]. 合肥: 合肥工业大学, 2013.

[28] 侯其立. 批料流/气液两相流下科氏质量流量计信号处理和数字驱动方法研究与实现[D]. 合肥: 合肥工业大学, 2015.

[29] 张建国, 徐科军, 方正余, 等. 数字信号处理技术在科氏质量流量计中的应用[J]. 仪器仪表学报, 2017, 38(9): 2087-2102.

[30] 乐静, 徐科军, 刘文, 等. 面向不同应用的两种科氏质量流量计信号处理方法[J]. 电子测量与仪器学报, 2018, 32(5): 97-106.

[31] 徐科军, 徐文福. 科氏质量流量计模拟驱动方法研究[J]. 计量学报, 2005, 26(2): 149-154.

[32] 侯其立, 徐科军, 方敏, 等. 科氏质量流量计数字驱动方法研究与实现[J]. 计量学报, 2013, 34(6): 554-560.

[33] 熊文军. 科氏质量流量计实验和应用中关键技术研究[D]. 合肥: 合肥工业大学, 2013.

[34] 陶波波. 面向两种特殊情况的科氏质量流量计驱动方法和系统[D]. 合肥: 合肥工业大学, 2015.

[35] 石岩. 直管科氏流量计信号处理与批料流/三相流测量研究[D]. 合肥: 合肥工业大学, 2015.

[36] 石岩, 侯其立, 刘翠, 等. 基于 DSP 的直管式科氏质量流量变送器研制[J]. 电子测量与仪器学报, 2014, 28(10): 1130-1139.

[37] 徐科军, 侯其立, 熊文军, 等. 一种高频科氏质量流量计数字信号处理系统: ZL201310146146.2[P]. 2015-8-26.

第 7 章　基于 FPGA+DSP 的变送器

前面所述的数字驱动技术是以 DSP 为处理和控制核心的，DSP 采集一段数据后才能计算并更新驱动信号，即驱动信号的更新具有一定的延时。在测量单相流等稳定流体时，速度传感器信号的频率、相位和幅值波动不大，对驱动信号快速响应的要求也较低，所以基于 DSP 的数字驱动完全可以维持流量管的稳幅振动。但是，在测量气液两相流等复杂流体时，流体的波动性比较大，对流量管的振动状态影响较大[1-5]。流量管的振动频率、相位和幅值在每一个速度传感器信号周期内都可能会发生变化，所以希望驱动信号快速更新，以维持流量管振动状态的稳定。但是，基于 DSP 的数字驱动由于驱动信号的更新周期较长，可能无法满足要求；在基于 DSP 的数字驱动中，驱动任务和信号处理任务是串行执行的[6-9]，无法并行操作，这也限制了驱动信号的更新速度。为此，采用现场可编程门阵列(field programmable gate array，FPGA)来实现数字驱动[10-12]。

本章介绍采用 FPGA+DSP 双核心的控制和处理方案，其中，FPGA 执行数据采集和驱动任务，DSP 执行信号处理以及显示、通信等任务，以提高驱动信号的更新速度[13-16]。

7.1　系 统 方 案

在科氏质量流量计中，变送器需要采集速度传感器信号、更新驱动信号、计算质量流量和控制外设等。FPGA 相较于 DSP、单片机等微处理器的最大不同点就是：它是并行执行的，可以同时处理多项任务，所以相较于串行执行的处理器可以加快处理速度。但是，FPGA 的计算能力较弱，而 DSP 在数据处理时具有强大的优势。为了同时利用 FPGA 并行执行的优势和 DSP 计算能力强的优势，以这两类芯片为核心设计与研制科氏质量流量变送器。把耗费大量时间的信号采集任务交给 FPGA，时序不会与其他任务发生冲突。将驱动任务交由 FPGA 完成，将精度要求更高的质量流量计算任务交由 DSP 完成，使得驱动任务和质量流量计算任务可以同步执行。此外，由于液晶等外设的控制一般与质量流量计算任务相关，所以外设控制也交由 DSP 进行处理。

7.1.1　硬件系统组成

整个硬件系统以阿尔特拉(Altera)公司的 FPGA 芯片 EP4CE115F23I7N 和美国

德州仪器半导体有限公司的 DSP 芯片 TMS320F28335 为核心，包括放大滤波电路、ADC1、ADC2、电压基准源、电压跟随器、ADC3、DDS、MDAC、功率放大电路、SARAM、FRAM、人机接口、4～20mA 电流输出、串口通信和脉冲输出等，如图 7.1.1 所示。可以看出，FPGA 控制两个外部 ADC 采集两路速度传感器信号。FPGA 控制 DDS 和 MDAC 合成驱动信号输出至激振器。FPGA 的 IO(输入输出)与 DSP 的 GPIO 连接起来进行数据通信。DSP 还用于执行串口通信和脉冲输出等任务。

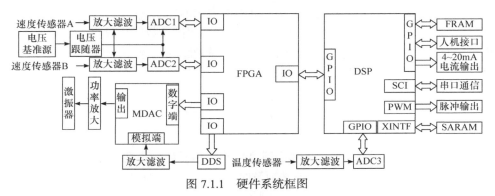

图 7.1.1　硬件系统框图

7.1.2　工作过程

位于流量管两侧的两个速度传感器输出两路正弦信号，经参数相同的调理电路放大、滤波并采样后，需要软件处理，软件系统流程如图 7.1.2 所示。可以看

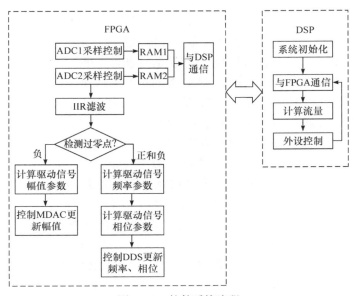

图 7.1.2　软件系统流程

出，FPGA 控制两路 ADC 采样信号，并将两路信号存入片内 RAM，待 DSP 需要数据时传输给 DSP 进行质量流量计算和外设控制等。同时，FPGA 取一路 ADC 采样值用于驱动控制。FPGA 对所取信号进行 IIR 滤波，进而检测信号的过零点。对于驱动信号的频率和相位参数，在检测到的正过零点和负过零点都进行计算，并利用 DDS 输出初始驱动信号。对于幅值参数，只在检测到负的过零点处进行计算，并利用 MDAC 控制驱动信号的幅值。对于固有频率为 102Hz 的科氏质量流量计，驱动信号频率、相位参数更新的频率为 204Hz，幅值参数更新的频率为 102Hz。FPGA 与 DSP 的通信、驱动信号频率、相位参数的计算更新、幅值参数的计算更新都是并行执行的，相较于串行执行的处理器，使用 FPGA 完成驱动任务自然可以加快驱动信号的更新速度。

7.2 关 键 技 术

在 FPGA 控制外部 ADC 采集到速度传感器信号后，需要与 DSP 通信并计算驱动参数。其中，与 DSP 的通信必须及时有效，才能保证质量流量的计算精度。在计算驱动参数时，可只选用一路速度传感器信号。ADC 采集的数据难免混入噪声，因此计算驱动参数前需对数据进行预滤波。驱动信号为正弦信号，需采用有效方法求取驱动信号的频率、相位和幅值信息。

7.2.1 数据采集与通信

科氏质量流量计有两个速度传感器，分别安装于流量管的两端。每一路速度传感器的信号都反映流量管的振动状态，并且两路速度传感器信号的时间差反映了质量流量信息，所以需对两路速度传感器信号进行采集。采用两片 24 位的 ADC 对这两路信号进行采集，通过控制 ADC 的同步引脚，FPGA 可以使两片 ADC 同时开启模数转换，以消除不同步采样造成的质量流量的计算误差。数据经 ADC 转换完成后，FPGA 通过 SPI 通信方式读取 ADC 转换的数据，以进行下一步处理。

在数据采集完成后，由于 DSP 需要数据来计算质量流量，所以每采集完一段数据，FPGA 会与 DSP 建立通信，将数据传输给 DSP。由于运算速度的限制，DSP 可以处理采样率为 7.5kHz 的信号，而 FPGA 控制的两路 24 位 ADC 的采样率为 15kHz，所以需对传输给 DSP 的数据进行抽样，即每 2 个采样点抽取一点。DSP 每 500 点执行一次数据处理任务，两路信号共 1000 点。FPGA 先将抽样后的数据存入片内 RAM 中，待 DSP 需要时再传送出去。为此，以 24 位为一个单位，开辟两个含有 1024 个单位的内存空间 RAM1 与 RAM2。RAM1 用于存取一路数据，RAM2 用于存取另一路数据。当开始传输数据时，DSP 会向 FPGA 发送 START 信号。若 FPGA 已将两路 1000 点数据分别存入 RAM1 和 RAM2 的第 0~499 地址空间，则 FPGA 会向 DSP 发送 READY 信号。DSP 检测到 READY 信号后，向 FPGA 发送 CLK 信号；FPGA 会在每一个 CLK 的上升沿将预存的一个 24 位数据以并行方式发送给 DSP。FPGA 先将 RAM1 的 500 点数据发送至 DSP，然后将 RAM2 的 500 点数据发送至 DSP；在此期间会有新的抽样点传来，由于 FPGA 的并行特性，新的数据将从 RAM1 和 RAM2 的第 510 个地址开始存储，待存至第 1009 个地址时即可再次传输给 DSP。通信过程如图 7.2.1 所示。其中，通过 ADC1 控制模块和 ADC2 控制模块对数据进行采样，通过写模块对数据完成抽样并存储至 RAM1 和 RAM2，通过读模块读取 RAM1 和 RAM2 中的数据并传输给 DSP。

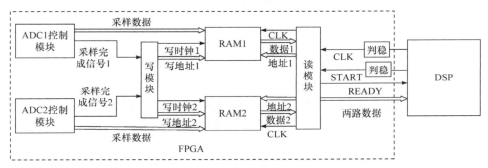

图 7.2.1　通信过程

7.2.2　数字滤波

ADC 以 15kHz 的采样率对速度传感器的信号进行采样和转换。由于各种干扰，ADC 采样到的信号难免混入噪声，所以需要对信号进行预处理。设计三阶 IIR 带通滤波器为

$$H(z) = \frac{b_1 z^{-1} + b_2 z^{-2} + b_3 z^{-3}}{a_1 + a_2 z^{-1} + a_3 z^{-2}} \tag{7.2.1}$$

式中，b_1、b_2、b_3、a_1、a_2、a_3 为待定系数。

由式(7.2.1)得到的滤波器差分方程为

$$a_1 y(n) = b_1 x(n-1) + b_2 x(n-2) + b_3 x(n-3) - a_2 y(n-1) - a_3 y(n-2) \tag{7.2.2}$$

对于美国微动公司 DN25 科氏质量流量计，其固有频率为 102Hz。所以，设置滤波器通带范围为 77～127Hz，得到滤波器系数为

$b_1 = 0.010363824637108$；$b_2 = 0$；$b_3 = -0.010363824637108$

$a_1 = 1$；$a_2 = -1.977574494139634$；$a_3 = 0.979272350725784$

系统每读到一个采样值后立即滤波，滤波算法用到了小数运算。小数可分为定点数和浮点数。定点数是将小数部分移位到整数进行运算，然后将结果转换成

小数。由于数据位数限制,实际应用时定点数有效数据量较少,精度较差。浮点数由于自身表示方法的优势,精度更高,但是要比定点数消耗更多的资源。浮点数又可以进一步分为单精度浮点数和双精度浮点数,双精度浮点数需求的资源量更多。出于对计算精度和资源消耗的考虑,本系统在进行小数运算时一般采用单精度浮点数。在硬件描述语言 Verilog HDL 中需先将要计算的数转换成如表 7.2.1 所示的符合电气和电子工程师协会(Institute of Electrical and Electronics Engineers, IEEE)标准的二进制单精度浮点数格式后,才可进行浮点数运算。

表 7.2.1　单精度浮点数表示格式

浮点数	符号	阶码	尾数
单精度 32 位	[31]-1 位	[30…23]-8 位	[22…0]-23 位

在表 7.2.1 中,阶码表示整数部分,尾数表示小数点后的部分。在计算单精度浮点数时,可先调用 Quartus II(Altera 公司的综合开发工具)中用于数据转换的 IP 函数(Altera 公司开发的供用户二次使用的接口函数)将待处理的数转换成符合 IEEE 标准的单精度浮点数表示形式,再调用计算用的 IP 函数执行相关运算。

从 ADC 读出来的是一个有符号 24 位二进制数,先将 ADC 采样值和滤波器系数转换为单精度浮点数,接着可根据式(7.2.2)执行滤波算法。由于 ADC 的采样周期远大于滤波算法的执行时间,所以只要有新的采样点传来,就可执行新一点的滤波算法。在求得滤波结果后,其表示形式仍是单精度浮点数,需转换为整数格式传输给后级运算,而单精度浮点数格式的结果可用于下一点的滤波运算。

7.2.3　频率测量

速度传感器信号为一个正弦信号,当控制频率、相位和幅值时,最及时的控制开始时刻就是信号的过零点。当检测到信号过零点时,刚好可以求得驱动信号的频率、相位和幅值信息。由于数据是 24 位的,且最高位为符号位,所以将滤波后当前数据的符号位与上一点的符号位进行比较。若符号相反且当前点为正值,则为正检测过零点;若符号相反且当前点为负值,则为负检测过零点。速度传感器信号单周期内具有一个正检测过零点和一个负检测过零点,频率信息和相位信息可以半周期更新一次。

信号传输经过调理电路后,可能会有偏置。设速度传感器信号偏置为负,如图 7.2.2 所示,t_1、t_2、t_3、t_4 分别是信号实际过零点。在半周期更新时,假设在 t_2 时刻计算 $t_1 \sim t_2$ 之间正半周信号的频率,t_3 时刻计算 $t_2 \sim t_3$ 之间负半周信号的频率,可以明显看出,通过这两个半周计算出来的频率不相同,不是信号的真实频率。此外,由于制作工艺,在没有偏置的情况下,有些科氏质量流量计速度传感器信号的正半周期和负半周期的时间不一样，取半周计算频率也不合适。

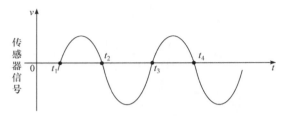

图 7.2.2　有偏置的速度传感器信号

若在 t_3 时刻计算 $t_1 \sim t_3$ 之间一个周期信号的频率，在 t_4 时刻计算 $t_2 \sim t_4$ 之间一个周期信号的频率，即使正半周期与负半周期时间不一致，计算出的也都是单周期信号的频率值，与真实信号频率相符。驱动信号的频率信息可以半周期更新一次，且更新的频率值为速度传感器信号前一个周期的频率。

采用三点反向拉格朗日插值方法进行曲线拟合寻找过零点，从而计算频率。三点拉格朗日插值方法取样图如图 7.2.3 所示，图中，t_1、t_2、t_3、t_4 为实际过零点时刻，空心点表示采样点。

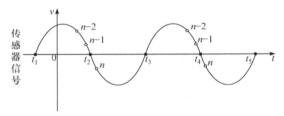

图 7.2.3　三点拉格朗日插值方法取样图

对采样点进行三点拉格朗日插值处理，公式为

$$
\begin{aligned}
x = {} & x(n-2)\frac{[t-(n-1)](t-n)}{[(n-2)-(n-1)][(n-2)-n]} \\
& + x(n-1)\frac{[t-(n-2)](t-n)}{[(n-1)-(n-2)][(n-1)-n]} \\
& + x(n)\frac{[t-(n-2)][t-(n-1)]}{[n-(n-2)][n-(n-1)]}
\end{aligned} \tag{7.2.3}
$$

式中，$x(n-2)$、$x(n-1)$ 和 $x(n)$ 为采样信号的数值；x 为要拟合求取的信号值；t 为 x 对应的时刻值。

若用式(7.2.3)所示插值方法，则拟合曲线是二阶的，为求出 t 值，需解二阶方程，FPGA 不易实现。采用三点反向拉格朗日插值算法拟合过零点，将采样信号的数值与其对应的时刻值交换进行插值运算，即采样值由因变量变为自变量，时

刻值由自变量变为因变量，相应的插值公式为

$$t = (n-2)\frac{[x-x(n-1)][x-x(n)]}{[x(n-2)-x(n-1)][x(n-2)-x(n)]}$$

$$+ (n-1)\frac{[x-x(n-2)][x-x(n)]}{[x(n-1)-x(n-2)][x(n-1)-x(n)]} \tag{7.2.4}$$

$$+ n\frac{[x-x(n-2)][x-x(n-1)]}{[x(n)-x(n-2)][x(n)-x(n-1)]}$$

在每个实际过零点之前取两个采样点，在实际过零点之后取一个采样点进行曲线拟合。由于拟合的是过零点，所以令 x 为 0，n 为 1，求解出的 t 将处于 $0\sim1$ 之间，方便计算。

计算频率需要用到拟合的过零点时刻 t 和用于计算的检测过零点对之间的采样点数。设 $t_2\sim t_4$ 之间的采样点数为 k，t_f 为 t_2 处的拟合过零点时刻，t_l 为 t_4 处的拟合过零点时刻，则可求得频率为

$$f = \frac{f_s}{(k-1)+(1-t_f)+t_l} \tag{7.2.5}$$

式中，f_s 为采样频率。

7.2.4　相位跟踪

每计算出一次频率值后就可得到一个相位补偿值，驱动信号的相位信息也是半周期更新一次。当速度传感器信号与驱动信号同相时，驱动效率最高。速度传感器信号与驱动信号的相位关系如图 7.2.4 所示，驱动信号 1 是没有进行相位补

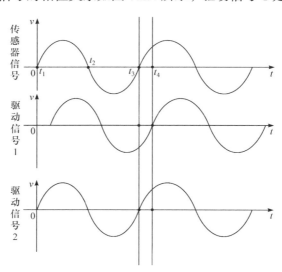

图 7.2.4　速度传感器信号与驱动信号的相位关系

偿的信号。检测到过零点后，由于相位的滞后，在 t_4 时刻才能更新驱动信号，并且相位从零开始，所以速度传感器信号与驱动信号不同相，驱动效果欠佳。驱动信号 2 是进行了相位补偿的信号。在 t_4 时刻更新驱动信号时，其初始相位不从 0 开始，所以速度传感器信号与驱动信号同相，驱动效果较佳。

当利用 FPGA 驱动时，由速度传感器信号计算出驱动信号的频率、相位，进而输出到电磁激振器，需要经过以下步骤：

(1) 进入 ADC 前的硬件延时以及 ADC 模数转换造成的延时。

(2) 3 阶 IIR 数字滤波器造成的非线性相位滞后。

(3) 当检测过零点时，检测出的离散信号的过零点与实际过零点之间的时间差。

(4) DDS 的数模转换延时及其输出级硬件造成的延时。

(5) 系统程序运行造成的时钟延时。

IIR 数字滤波器造成的相位差 phase_iir 呈线性，计算公式为

$$\text{phase\_iir} = \arctan\left\{\frac{-[b_1\sin(2\pi f/f_s) + b_2\sin(4\pi f/f_s) + b_3\sin(6\pi f/f_s)]}{b_1\cos(2\pi f/f_s) + b_2\cos(4\pi f/f_s) + b_3\cos(6\pi f/f_s)}\right\}$$
$$- \arctan\left\{\frac{-[a_1\sin(2\pi f/f_s) + a_2\sin(4\pi f/f_s)]}{1 + a_1\cos(2\pi f/f_s) + a_2\cos(4\pi f/f_s)}\right\} \tag{7.2.6}$$

式中，f 为信号频率；f_s 为采样频率。

可以看出，计算较为复杂，若直接用 FPGA 进行计算，将消耗大量时钟延时和 FPGA 资源。为此，采用查表方式求取相位。驱动系统中采用 DDS 输出驱动信号的相位信息，在 DDS 中将 360°相位分成了 4096 份，即 DDS 的相位分辨率为 360/4096=0.08789°。频率每变化 0.01Hz，滤波器造成的相位差小于 0.08789°。建立表格时，在流量管固有频率周围每隔 0.01Hz 存储一个 DDS 可接收的相位值，其中，相位值的计算公式为

$$\text{phase\_dds} = \text{phase\_iir} \cdot \frac{4096}{360} \tag{7.2.7}$$

例如，对于固有频率为 102Hz 的科氏质量流量计，在 77～126.99Hz，利用式(7.2.7)，每隔 0.01Hz 求取一个相位值存入表格中，共存储 5000 个。在具体实现时，在 FPGA 内开辟一个容量为 8192 的 16 位单口只读存储器，将求出的 5000 点相位值存入只读存储器的第 0～4999 地址。

其余部分造成的相位差与信号频率 f 近似呈线性关系，有

$$\text{phase\_other} = (a+b) \times f \tag{7.2.8}$$

式中，a 为硬件延时、模数转换延时、数模转换延时和系统程序运行造成的系数，可具体算出，为定值；b 为实际过零点和检测过零点之间的时间差造成的系数，为变值。

系数 b 为

$$b = 360(1-t)/f_s \tag{7.2.9}$$

式中，t 为三点反向拉格朗日插值算法拟合的过零点时刻；f_s 为采样频率。

7.2.5　幅值控制

FPGA 采用对数误差与 PI 控制器相结合的幅值控制方法对流量管振动幅值进行灵活控制，并且单周期更新一次驱动信号的幅值信息。

为了尽量减少 FPGA 消耗的资源，算法的一部分采用单精度浮点数运算，另一部分采用整数运算。在得到速度传感器信号幅值后，使用单精度浮点数计算自然对数，接着将其放大转换为整数，使后续算法都采用整数运算。

7.3　软 件 系 统

数字变送器软件系统工作流程图如图 7.3.1 所示。由于是双核心系统，FPGA 和 DSP 各自承担自己的任务，并进行及时有效的数据通信。

(1) 对于 FPGA：系统上电后，FPGA 控制两路 24 位 ADC，以 15kHz 采样频率采集两路传感器的输出信号。FPGA 准备好数据后，将数据发送给 DSP 进行处理，实现数据采集与数据处理同时进行，保证系统的实时性。在控制 ADC 采样、与 DSP 进行数据通信的同时，取其中一路传感器信号，进行 IIR 滤波，检测信号过零点，计算传感器输出信号的频率、相位信息，然后计算所需合成的驱动信号的频率、相位信息，以满足驱动信号和传感器输出信号之间的匹配关系。通过数字接口将得到的驱动信号的频率和相位信息写入 DDS 中，DDS 即可输出所设定的频率、相位的正弦信号，作为驱动信号源。该信号输入至 MDAC 的模拟输入端。同时，FPGA 得到传感器输出信号的幅值信息后，调用非线性幅值控制方法，求得驱动增益，送至 MDAC 的数字输入端。MDAC 将数字端信号与模拟端信号相乘，即可输出含有频率、相位和幅值信息的驱动信号，该信号经功率放大后驱动流量管。

(2) 对于 DSP：系统上电后，首先进行初始化，然后等待 FPGA 完成采样，接收 FPGA 传送来的传感器信号。然后 DSP 开始对信号进行处理，计算出质量流量。在整个程序中，DSP 还需控制 LCD 显示、按键操作和 SCI 通信等。由于数据处理与采样过程是同时进行的，为了能实时、准确地反映当时实际的流量情况，要求 DSP 处理数据的时间必须小于 FPGA 准备数据的时间。对于本章研制的变送器系统，过零检测方法最多只能实时计算 7.5kHz 的信号，才能保证变送器的正常工作，故 FPGA 需要对以 15kHz 采样频率采集的传感器信号进行抽样，每 2 个采

样点抽取 1 个点，传送给 DSP 进行处理。在数据开始传输时，DSP 首先向 FPGA
发送 START 信号；若 FPGA 已准备好数据，则 FPGA 会向 DSP 发送 READY 信
号；DSP 检测到 READY 信号后向 FPGA 发送 CLK，FPGA 会在每一个 CLK 的
上升沿将预存的一个 24 位数据以并行方式发送给 DSP。

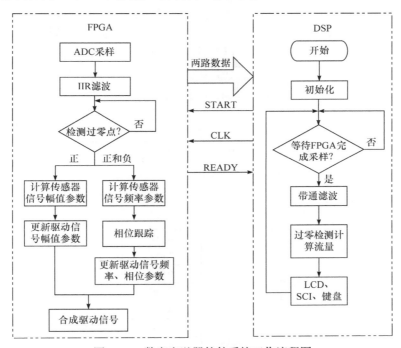

图 7.3.1　数字变送器软件系统工作流程图

7.4　验　证　实　验

为了验证本章研制的驱动系统在不同流型下都有良好的驱动效果，首先在单
相流工况下对基于 FPGA 驱动系统的变送器进行水流量标定实验，进而在气液两
相流工况下将 FPGA 驱动与基于 DSP 的数字驱动进行驱动效果对比。

7.4.1　单相流标定

一款合格的科氏质量流量变送器首先应该满足单相流下的测量精度要求。将
研制的基于 FPGA 数字驱动系统的变送器与美国微动公司 DN25 一次仪表相匹配
安装于本书前面介绍的大实验装置上，采用称重法进行水流量标定实验，以检测
本变送器的质量流量测量精度，其中，标定装置的不确定度为 0.05%。标定实验
开始后，变送器实时测量流体质量流量值，并采用脉冲输出的方式，将脉冲数上

传到标定装置的上位机控制系统中，上位机根据脉冲的计数值计算变送器的质量流量测量值。上位机读取称重装置的称重值作为质量流量测量的标准值。根据国家质量流量计标定流程，先从最大流量点开始标定，每个流量点标定 3 次，等标定完最小流量点后，再返回最大流量点，以测试变送器是否存在漂移。各个流量点分别为 120kg/min、60kg/min、30kg/min、12kg/min、8kg/min、6kg/min 和 120kg/min，即从大流量点至小流量点，再返回大流量点。标定数据如表 7.4.1 所示(由于瞬时流量难以精确调节，所以与预设流量点略有差异)，可以看出，在 20：1 的量程比下，本变送器的相对误差小于 0.1%，重复性优于 0.05%。

表 7.4.1　单相水流量标定实验结果

瞬时流量 /(kg/min)	测量值 /kg	标准值 /kg	误差 /%	平均误差 /%	重复性 /%
122.6	34.674	34.668	0.019	−0.024	0.037
	34.700	34.714	−0.039		
	34.720	34.738	−0.051		
59.7	34.770	34.766	0.011	0.033	0.020
	34.844	34.826	0.051		
	34.823	34.810	0.037		
30.5	35.650	35.644	0.017	0.039	0.028
	35.653	35.628	0.071		
	35.589	35.578	0.030		
11.9	34.930	34.936	−0.018	0.015	0.034
	34.908	34.890	0.050		
	34.884	34.880	0.013		
8.0	34.787	34.800	−0.038	−0.018	0.026
	34.856	34.852	0.011		
	34.801	34.810	−0.026		
5.9	35.089	35.120	−0.089	−0.047	0.037
	34.917	34.924	−0.020		
	34.843	34.854	−0.031		
122.6	34.747	34.740	0.021	0.018	0.029
	34.679	34.664	0.044		
	34.745	34.750	−0.013		

7.4.2　气液两相流工况下驱动效果比较

在气液两相流工况下，流量管的固有频率剧烈变化，需要驱动信号快速跟踪速度传感器信号以维持流量管振动。由前面的分析可知，在 FPGA 驱动系统中，半周期更新驱动信号的频率、相位信息，单周期更新驱动信号的幅值信息。为了验证在气液两相流工况下，驱动信号的快速更新是否能更好地维持流量管振动，将 FPGA 驱动系统的驱动效果与基于 DSP 的驱动系统的驱动效果进行对比。当采用 DSP 执行驱动任务时，在 3.75kHz 的采样频率下，每 500 点更新一次驱动信号，对于本实验中所采用的固有频率为 102Hz 的一次仪表，约 14 个周期更新一次驱动信号。

将基于 FPGA 驱动的变送器和基于 DSP 驱动的变送器分别与美国微动公司 DN25 Ω 形一次仪表相匹配，在水流量为 60kg/min、含气量变化的情况下，进行驱动效果对比实验，其中，两种驱动方法中驱动电压最高可输出幅值都为 24V。

分别采用两种驱动方法，在变化的含气量下驱动流量管，采集速度传感器信号进行分析。其中，在 30%密度降下，采用两种驱动方法得到的速度传感器信号分别如图 7.4.1 和图 7.4.2 所示。

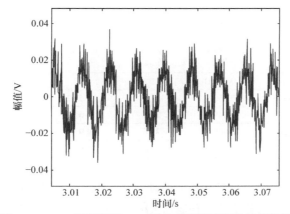

图 7.4.1　30%密度降下 DSP 驱动得到的速度传感器信号

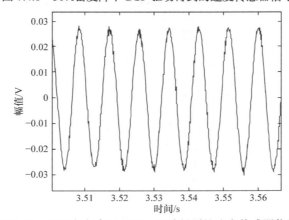

图 7.4.2　30%密度降下 FPGA 驱动得到的速度传感器信号

由图 7.4.1、图 7.4.2 可以看出，在 30%密度降下，用 DSP 驱动得到的速度传感器信号的信噪比较低，用 FPGA 驱动得到的速度传感器信号也有噪声混入。为此，在采集到数据后，采用数字滤波器对不同密度降下得到的速度传感器信号进行预滤波。接着计算每段信号中各周期的峰值和每段信号中所有峰值的平均值、最小值和方差。采用三点比较法求取峰值，将信号点逐一比较，若某一点的幅值同时大于前一点和后一点，则该点为一个峰值点。其中一种驱动方法得到的速度传感器信号峰值的平均值越高，说明该驱动方法的输入能量转化率越高，即驱动效率越高。因此，以速度传感器信号的峰值平均值表征驱动效率。流量管的振动幅值越稳定，越有利于质量流量测量。为此，以峰值平均值与峰值最小值之间的相对误差以及峰值方差来表征速度传感器信号的波动性，相对误差和方差越大，说明波动性越大。采集不同密度降下的数据计算出相应结果，如表 7.4.2 所示，可以看出，在不同密度降下，相较于 DSP 驱动，FPGA 驱动的效率更高，速度传感器信号的波动性更小。

表 7.4.2　驱动效果比较

密度降/%	平均值		相对误差/%		方差	
	DSP 驱动	FPGA 驱动	DSP 驱动	FPGA 驱动	DSP 驱动	FPGA 驱动
3	0.10411	0.12401	9	4.7	2.41×10^{-5}	1.86×10^{-5}
7	0.04873	0.06522	11.5	8.5	6.99×10^{-6}	6.05×10^{-6}
10	0.03782	0.04913	25.2	7.6	5.32×10^{-6}	4.50×10^{-6}
20	0.02305	0.02985	25.6	4.9	3.81×10^{-6}	7.62×10^{-7}
30	0.01896	0.02738	72.3	5.6	1.29×10^{-5}	8.73×10^{-7}

　　在 30%密度降下，绘制使用不同驱动方法得到的速度传感器信号峰值变化比较图，如图 7.4.3 所示。可以看出，在该密度降下，使用 DSP 驱动得到的速度传感器信号峰值波动程度很大，使用 FPGA 驱动得到的速度传感器信号峰值波动程度较小。

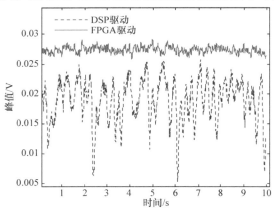

图 7.4.3　30%密度降下峰值曲线比较

　　在气液两相流工况下，流量管固有频率剧烈变化，为了达到较佳的驱动效果，要求驱动信号与速度传感器信号频率相同，相位同相。在相同的驱动信号电压幅值下，速度传感器信号和驱动信号的频率、相位匹配程度越高，驱动效率越高。由 FPGA 驱动，每半周期更新一次驱动信号的频率、相位信息，从而使驱动信号和速度传感器信号频率、相位匹配程度更好，驱动效率更高。快速更新驱动信号后，驱动信号和速度传感器信号的频率、相位匹配程度一直处于较佳状态，使得流量管的振动幅值更加稳定，速度传感器信号的峰值波动程度更小。图 7.4.4 为 30%密度降下，经过数字滤波后的 FPGA 驱动信号和速度传感器信号。可以看出，两种信号的频率、相位匹配效果较佳。

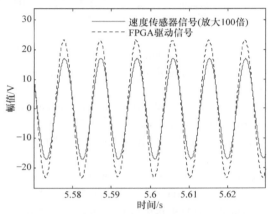

图 7.4.4 FPGA 驱动的频率、相位匹配效果

在 DSP 数字驱动技术中，每 500 采样点(约 14 周期)更新一次驱动信号，即当前驱动信号的频率、相位参数由前 14 个周期信号的频率、相位决定。在气液两相流工况下，速度传感器信号的频率、相位每周期都在变化，使用 DSP 数字驱动技术无法快速跟踪速度传感器信号，驱动效果欠佳。图 7.4.5 为 30%密度降下，

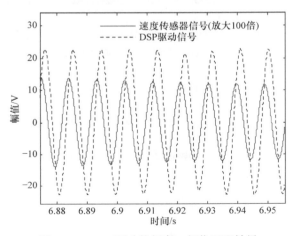

图 7.4.5 DSP 驱动的频率、相位匹配效果

经过数字滤波后的 DSP 驱动信号和速度传感器信号。可以看出，两种信号的频率、相位匹配效果欠佳。

参 考 文 献

[1] Henry M P, Clarke D W, Archer N, et al. A self-validating digital Coriolis mass-flow meter: An overview[J]. Control Engineering Practice, 2000, 8(5): 487-506.

[2] Henry M P, Duta M D, Tombs M S, et al. How a Coriolis mass flow meter can operate in two phase (gas/liquid) flow[C]. Emerging Technologies Conference, Houston, 2004: 17-30.

[3] Seeger M. Coriolis flow measurement in two phase flow[J]. Computing and Control Engineering, 2005, 16(3): 10-16.

[4] Liu R P, Fuent M J, Henry M P, et al. A neural network to correct mass flow errors caused by two-phase flow in a digital Coriolis mass flowmeter[J]. Flow Measurement and Instrumentation, 2001, 12(1): 53-63.

[5] Hou Q L, Xu K J, Fang M, et al. Gas-liquid two-phase flow correction method for digital CMF[J]. IEEE Transactions on Instrumentation and Measurement, 2014, 63(10): 2396-2404.

[6] 李苗, 徐科军, 朱永强, 等. 科氏质量流量计的 3 种驱动方法研究[J]. 计量学报, 2011, 32(1): 36-39.

[7] Hou Q L, Xu K J, Fang M, et al. Development of Coriolis mass flowmeter with digital drive and signal processing technology[J]. ISA Transactions, 2013, 52(5):692-700.

[8] Hou Q L, Xu K J, Fang M, et al. A DSP-based signal processing method and system for CMF[J]. Measurement, 2013, 46(7): 2184-2192.

[9] 侯其立, 徐科军, 方敏, 等. 科氏质量流量计数字驱动方法研究与实现[J]. 计量学报, 2013, 34(6): 554-560.

[10] Zamora M, Henry M P. An FPGA implementation of a digital Coriolis mass flow metering drive system[J]. IEEE Transactions on Industrial Electronics, 2008, 55(7): 2820-2831.

[11] 田婧, 樊尚春, 郑德智. 基于 FPGA 的科氏质量流量计数字闭环系统设计[J]. 仪表技术与传感器, 2009, (S1): 381-383, 392.

[12] 许爽. 基于 FPGA 和 DSP 的科氏流量计变送器设计[D]. 北京: 北京化工大学, 2013.

[13] 刘文. 科氏质量流量计流量管振动模型与 FPGA 数字驱动技术[D]. 合肥: 合肥工业大学, 2019.

[14] 刘文, 徐科军, 乐静, 等. 基于 FPGA 的科氏质量流量计数字驱动系统设计[J]. 自动化仪表, 2019, 40(10): 76-81, 87.

[15] 徐科军, 刘文, 乐静, 等. 一种基于 FPGA 的科氏质量流量计数字驱动系统: ZL2017105 04811.9[P]. 2019-6-4.

[16] 乐静. 科氏质量流量计测量两种特殊流量时的方法研究与实现[D]. 合肥: 合肥工业大学, 2019.

第 8 章　批料流测量

在实际测量中，有时需要测量批料流(或者称为频繁启停流量)[1-3]，如加气机加气、油料装车、液态药品计量、化妆品灌装等。在批料流发生过程中，流量由零迅速增大，在最大值保持一段时间，然后迅速下降至零。这对科氏质量流量计的信号处理方法提出了更高的要求：①批料流在开启和关断过程中，要求信号处理方法能够及时跟踪流量信号的变化，具有较快的响应速度；②在批料流的稳定阶段，要求信号处理方法能够同时保证处理结果的精度。此时，通常用于稳态流量测量的数字信号处理方法，若不加以改进，则会产生较大的测量误差。

为此，本章对基于 DTFT 的信号处理方法、基于正交解调的信号处理方法和过零检测方法进行改进，既加快其响应速度，又保持其处理精度；分别介绍科氏质量流量计应用于加气机加气测量和尿素机加注测量中信号处理方法的研究、实现和实验。

8.1　适用于快速响应的 DTFT 信号处理方法

第 3 章将带通滤波、自适应格型陷波滤波器[4]、计及负频率影响的 DTFT 算法有机组合起来[5]，形成科氏质量流量计的数字信号处理方法，并实时实现[6]。水流量标定实验的结果表明，数字信号处理方法测量精度高、重复性好。本节针对测量启停比较频繁的流量，采用第 2 章提出的突变信号模型对数字信号处理方法进行评估，研究该方法的误差，并进行改进，提高其响应速度，以满足测量频繁启停流量的需要[7,8]。

8.1.1　已有算法误差分析

在信号处理过程中，为了消除滤波器收敛过程的影响，取 2000 点以后的数据进行 DTFT 计算。DTFT 算法亦存在收敛过程，故再对 2000 点以后的 DTFT 计算结果进行平均处理。同时，为了避免计算结果溢出，每 4000 点(DTFT 初始化长度)后重新初始化 DTFT 算法。这样处理保证了该系统在流量较平稳的水流量标定实验和常规应用中具有计算精度高、重复性好等优点。但是，在流量突变情形下，DTFT 算法不再适用。为了分析其测量误差，本节通过 MATLAB 仿真对突变信号模型下的 DTFT 算法进行误差估计。

两路同频率正弦采样序列为 $s_1(n) = A_1 \cos(\omega n + \theta_1)$，$s_2(n) = A_2 \cos(\omega n + \theta_2)$，$\omega = 2\pi f_0 / f_s$。设 $\hat{\omega}$ 为 ω 的估计值，则有限长序列的 DTFT 为

$$S_{1N}(\hat{\omega}) = \sum_{n=0}^{N-1} A_1 \cos(\omega n + \theta_1) \cdot e^{-j\hat{\omega}n} = \frac{A_1}{2} e^{j\theta_1} \sum_{n=0}^{N-1} e^{j(\omega-\hat{\omega})n} + \frac{A_1}{2} e^{-j\theta_1} \sum_{n=0}^{N-1} e^{-j(\omega+\hat{\omega})n} \quad (8.1.1)$$

考虑负频率的影响，经推导，可得两路信号相位差的计算公式为

$$\Delta\theta = \arctan\left[\frac{m_1(\tan\phi_2 - \tan\phi_1)}{m_2 + m_3(\tan\phi_1 + \tan\phi_2) + m_4 \tan\phi_1 \tan\phi_2}\right] \quad (8.1.2)$$

式 中， $m_1 = N(\sin\hat{\omega})^2 - (\sin\alpha)^2/N$ ； $m_2 = N(\sin\hat{\omega})^2 + (\sin\alpha)^2/N - 2\sin\hat{\omega}\sin\alpha$ $\cdot\cos(\alpha-\hat{\omega})$ ； $m_3 = 2\sin\hat{\omega}\sin\alpha\sin(\alpha-\hat{\omega})$ ； $m_4 = N(\sin\hat{\omega})^2 + (\sin\alpha)^2/N + 2\sin\hat{\omega}\sin\alpha$ $\cdot\cos(\alpha-\hat{\omega})$ ； $\alpha = N\hat{\omega}$ ； ϕ_1 表示 $S_{1N}(\hat{\omega})$ 的相位； ϕ_2 表示 $S_{2N}(\hat{\omega})$ 的相位 。

DTFT 算法可以通过不断累加计算序列的长度，实现指定频率处傅里叶系数的快速计算；计及负频率的影响，可缩短相位差计算的收敛过程，并提高计算精度；此外，为避免数据溢出，当累积长度 N 超过一定数值时，需要初始化 DTFT 算法。

在实际应用中发现，流量测量过程中不可避免地会遇到流量启停的情况，此时流量变化快，阀门的开关会对流体造成一定程度的冲击，从而引起传感器信号相位和频率的突变。在突变期间，已有算法无法实时跟踪信号的变化，造成测量误差。因此，分别采用相位和频率的突变信号模型，以尽可能合理地估计已有算法的误差。

1. 相位差变化造成的误差

MATLAB 产生两路标准正弦信号，信号频率 Fre 为 135Hz(此为型号为 CMF025 的科氏质量流量传感器满管时的固有频率)，幅值 Amp 为 4.0V，采样频率 f_s 为 2kHz，采样点数 S_N 为 10000 点。其中，相位采用突变信号模型，如图 8.1.1 中点画线所示，模拟实际应用中流量开启时的状态变化。

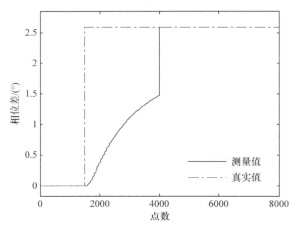

图 8.1.1 相位差突变时算法跟踪效果图

如图 8.1.1 所示，从相位突变到准确计算出相位结果需要 2500 点计算，在这期

间相位差均值仅为 0.872°，算法误差达到–66.430%。其主要原因为：由式(8.1.1)可知，DTFT 算法是一个累加计算的过程，在 DTFT 初始化长度内，若相位发生突变，则无法及时去除旧数据的影响，从而造成短时间内相位跟踪偏差大，只有重新初始化后才能完全更新数据，计算出正确的相位差。此外，启停法流量测试过程中每次相位突变的时间点是随机的，导致相位跟踪所需时间不同，因此计算误差不一致，这也是已有算法在启停法测量时重复性较差的原因。

2. 频率变化造成的误差

在实际测量过程中，除了会出现相位突变的恶劣情形外，由阀门开关、管道流体状态改变等引起的频率突变的影响也不容忽视。用 MATLAB 同样产生两路标准正弦信号，相位差保持 2.6°(最大流量时的相位差)不变，频率采用如图 2.2.1 所示突变信号模型，并在 1500～3500 点间频率缓慢降落 0.08Hz。在信号构造完成后，用已有算法进行分析，其相位差计算结果如图 8.1.2 所示。

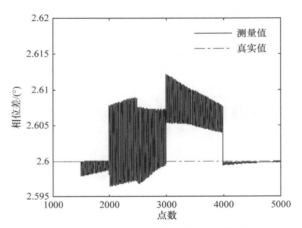

图 8.1.2　频率突变时算法跟踪效果图

由图 8.1.2 可见，从 1500 点频率突变后，相位差计算结果开始偏离实际值，并产生较大波动，直到 4000 点后算法开始比较准确地跟踪相位差的变化，这期间相位差的计算误差为 0.123%。产生较大误差的原因主要有两点：一是 DTFT 算法初始化所需时间过长；二是算法每次调用时间偏长，使得参与 DTFT 算法计算的频率值不准确。

3. 原因总结

文献[6]算法对平稳流量及小流量具有较高的测量精度，但是 250ms 调用一次，每 2s 初始化 DTFT 算法后仍需要 1.25s 预处理时间，使得算法动态响应速度无法达到流量突变时对算法的要求。因此，MATLAB 仿真中当针对突变信号模型时算法产生了较大误差。可见，该算法在实际应用中仍然存在如下不足：

(1) DTFT 算法初始化长度偏长，信号突变时无法迅速丢弃旧数据，容易造成计算误差。

(2) 初始化后预处理时间偏长，导致算法不能及时跟踪流量变化。

(3) 每次算法调用时间偏长，格型自适应陷波滤波器每处理 500 点数据计算出一个固定频率，并用于 DTFT，若此期间频率发生较大变化，则必然会影响相位差的计算精度。

8.1.2　算法仿真与改进

从动态响应速度的角度出发，先对已有算法进行仿真，找出影响响应速度的因素，从而提出两种改进方法，并且将改进前后的计算结果进行对比，以评估改进算法的效果。

DTFT 算法是一个累加过程，信号变化时通过算法初始化来完成数据的更新。因此，首先考虑改变 DTFT 算法的初始化长度(以下用 DtftNum 表示)，以提高算法的动态响应速度。此外，DTFT 算法实现的是指定频率处傅里叶系数的快速计算，则算法实现时要确保每次算法调用时间(以下用 CalcNum 表示)内参与计算的数据均调用同一频率值。在这种情形下，一旦信号频率发生变化，系数计算便不再准确，因此保证采样数据和参与计算的频率相对应也是提高计算精度的一个关键因素。通过大量仿真，从相位及频率的突变信号模型出发，来分析影响响应速度的因素，以实现对已有算法的改进。

1. 仿真分析

由上述分析可知，当相位突变时，DtftNum 的选择对算法至关重要；此时保证信号频率恒定，算法中每点数据对应其相应的格型计算频率值，以避免算法调用时间对计算结果的影响，并且可以最大限度地改变 DtftNum。DtftNum 在 4000～2 范围内取值，分别对算法进行考核。相位差突变时不同 DtftNum 仿真结果如图 8.1.3 所示。

仿真发现，相位突变时，DtftNum 越短，算法的相位跟踪速度(即动态响应速度)越快，精度提高越显著。

对算法整体进行考核，频率在 3500～5500 点内缓慢降落 0.08Hz，相位差保持 2.6° 不变。分别改变 DtftNum 及 CalcNum 的取值，以考核频率突变时对计算结果的影响。对相位差计算结果求均值，频率突变时不同 DtftNum、CalcNum 的效果对比如表 8.1.1 所示。

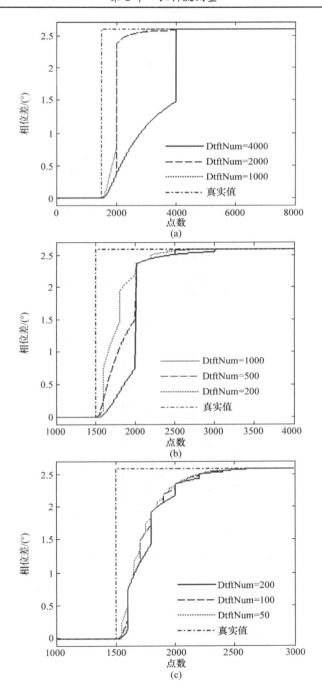

(a)

(b)

(c)

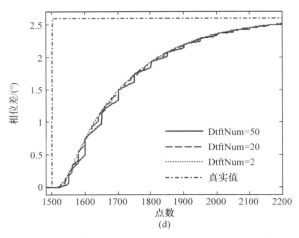

图 8.1.3　相位差突变时不同 DtftNum 仿真结果

表 8.1.1　频率突变时不同 DtftNum、CalcNum 的效果对比

CalcNum 取值	相位差误差/%					
	DtftNum =4000	DtftNum =2000	DtftNum =1000	DtftNum =500	DtftNum =100	DtftNum =50
4000	0.0204	—				
2000	0.0263	−0.0191	—	—	—	—
1000	0.1904	0.0581	0.0308	—		
500	0.1231	0.0525	0.0298	0.0442	—	—
200	0.0177	0.1718	0.0971	0.0432		
100	0.0569	0.0320	0.0093	0.0105	0.0029	—
50	0.0300	0.0321	0.0089	0.0081	0.0029	0.0035
20	−0.0037	0.0311	0.0073	0.0061	0.0030	0.0035
10	−0.0038	0.0328	0.0103	0.0061	0.0031	0.0036
2	−0.0063	0.0385	0.0224	0.0073	0.0033	0.0037
1	0.0031	0.0441	0.0254	0.0077	0.0033	0.0037

　　由仿真结果可知，DTFT 算法的初始化时间及整体算法调用长度相配合地变短后，相位差计算精度会有一定程度的提高，这也正是加快算法初始化、丢弃旧数据及更准确地调用频率值的结果。

2. 改进效果

　　由对仿真结果的分析可知，算法在选取 DtftNum=100、CalcNum=100 时效果较佳，因此，对已有的 DTFT 算法进行相应改进。将 DTFT 算法的所有计算结果用于后续平均处理，通过 MATLAB 仿真，将改进前后算法的计算效果进行对比，如图 8.1.4 所示。

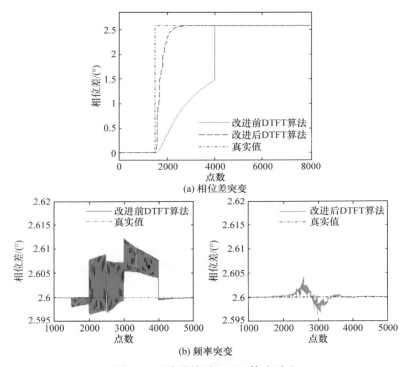

(a) 相位差突变

(b) 频率突变

图 8.1.4 改进前后 DTFT 算法对比

可见，在相位或频率发生突变时，改进后 DTFT 算法的响应速度更快，能够快速准确地反映信号的变化，精度得到了很大提高；改进后 DTFT 算法的有效性得到了仿真验证。

8.1.3 SDTFT 算法

本节从另一角度出发，给出算法改进的第二种方案，即 SDTFT 算法。

1. 算法原理

SDTFT 算法[9]是在 DTFT 算法的基础上，对观测信号加一个 N 点的时间窗且该时间窗按采样点不断向前滑动，在每个采样点处计算 N 点有限长序列的傅里叶变换。其推导过程如下：

对于观测信号 $x(t)$，设在 m 时刻采样得到 N 个数据 $x(0), x(1), \cdots, x(N)$，构成 N 点有限长序列，其 DTFT 为

$$X_{0,N-1}(\omega) = \sum_{t,n=0}^{t,n=N-1} x(t) \cdot e^{-j\omega n} = x(0) + x(1) \cdot e^{-j\omega} + x(2) \cdot e^{-2j\omega} + \cdots + x(N-1) \cdot e^{-j\omega(N-1)}$$

(8.1.3)

式中，ω 为数字角频率，单位 rad；t 为采样点的序号。

在 $m+1$ 时刻，得到新的采样点 $x(N)$，则该点与之前的 $N-1$ 点重新构成一个 N 点有限长序列，该序列在 ω 处的 DTFT 为

$$
\begin{aligned}
X_{1,N}(\omega) &= \sum_{t=1,n=0}^{t=N,n=N-1} x(t) \cdot e^{-j\omega n} \\
&= x(1) + x(2) \cdot e^{-j\omega} + \cdots + x(N-1) \cdot e^{-j\omega(N-2)} + x(N) \cdot e^{-j\omega(N-1)} \quad (8.1.4) \\
&= X_{0,N-1}(\omega) \cdot e^{j\omega} - x(0) \cdot e^{j\omega} + x(N) \cdot e^{-j\omega(N-1)}
\end{aligned}
$$

以此类推，SDTFT 算法的递推公式为

$$X_{k,N+k-1}(\omega) = X_{k-1,N+k-2}(\omega) \cdot e^{j\omega} - x(k-1) \cdot e^{j\omega} + x(N+k-1) \cdot e^{-j\omega(N-1)} \quad (8.1.5)$$

式中，k 为 N 点时间窗序号；$N+k-1$ 为新的采样点序号。

可见，采用 SDTFT 算法后，每采样一点新的信号，即可计算 N 点傅里叶变换，并未增加算法的运算量；同时在计算相位差时，进行计及负频率的修正，推导公式同式(8.1.2)，提高了相位差的计算精度。

2. 改进效果

SDTFT 算法中采用 100 点数据调用一次算法，以更准确地跟踪频率的变化，并且 100 点后每采样一点新数据计算一次 100 点傅里叶变换，即滑动长度 SlipNum=100。在信号频率不变的前提下，SDTFT 算法每次计算傅里叶变换的点数为定值，不存在数据溢出的情况。但是，实际应用中，流量快速切换、管道阀门关闭等因素的影响，造成信号频率的突变或短时波动。以式(8.1.3)为例，若新的采样信号频率发生变化，即第 N 点与第 0 点采样数据所对应的瞬时频率不再一致，则式(8.1.4)中的递推公式将会出现错误；以此类推，频率继续变化将会给递推公式(8.1.5)带来累积误差，从而影响相位差的计算。因此，在采用 SDTFT 算法时，也需要不断初始化算法，本节选取算法的初始化长度 DtftNum=500。

对改进算法进行 MATLAB 仿真分析，设置变量 DtftNum=500、CalcNum=100、SlipNum=100，此时 SDTFT 算法的所有计算结果用于后续平均处理。通过仿真，将改进前后的算法进行对比，如图 8.1.5 所示。

可见，在相位或频率发生突变时，SDTFT 算法提高了动态响应速度，并且相位差计算结果围绕准确值上下波动，精度得到提高；改进算法是可靠、有效的。

SDTFT 算法与改进后 DTFT 算法相比：两个算法调用长度相同，都能更好地反映频率变化；SDTFT 算法的计算总长度较长，但是通过滑动计算，每个采样点

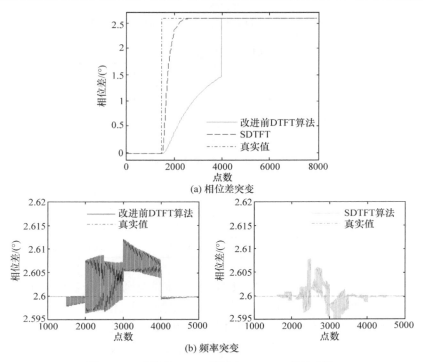

图 8.1.5　改进前 DTFT 算法与 SDTFT 算法对比

都能得到 100 点的傅里叶变换，相位差计算精度更高；而改进后 DTFT 算法计算总长度较短，能够快速初始化算法，动态响应速度更快。由仿真分析可知，两种改进算法精度相当，都较改进前算法有所改善。

8.1.4　标定实验

为了考核算法改进后科氏质量流量变送器在实际应用中的测量精度、动态响应速度等性能，分别将作者课题组所研制变送器与不同型号的流量传感器进行匹配，在相应装置上进行启停法和静态质量法两种水流量标定实验。

1. 启停法

在作者课题组的小装置上进行水流量启停法测量实验。标定管道上游和下游分别安装了一台美国微动公司的 CMF025 型科氏质量流量计一次仪表。上游一次仪表匹配美国微动公司的 2700 型变送器，作为标准表，测量精度为 0.1 级。下游一次仪表匹配作者课题组所研制变送器，作为被检表。水流量标定实验中采用启停法，打开管道阀门，标定开始，一段时间后，关闭阀门，标定结束，并读取标准表和被检表的数值。通过被检表与标准表的对比，分别考核启停法下应用不同算法时变送器的流量测量精度。启停法标定数据如表 8.1.2 所示。

表 8.1.2　启停法标定数据

改进前 DTFT 算法			7.9	−0.040	0.00
流量/(kg/min)	最大误差/%	重复性/%	3.7	−0.075	0.02
15.8	0.361	0.24	1.6	0.034	0.01
7.7	−0.205	0.17	SDTFT 算法		
3.5	−0.357	0.20	流量/(kg/min)	最大误差/%	重复性/%
1.5	−0.918	0.18	16.2	−0.011	0.01
改进后 DTFT 算法			7.8	0.016	0.01
流量/(kg/min)	最大误差/%	重复性/%	3.7	0.009	0.01
16.0	−0.007	0.00	1.5	0.070	0.01

可见，启停法标定时，在 16.0~1.5kg/min 流量范围内，作者课题组所研制变送器与标准表相比，改进前 DTFT 算法精度较差且重复性为 0.24%；而改进后 DTFT 算法测量精度优于 0.1%，重复性优于 0.05%。因此，两种改进后的算法在启停法应用中是可行的，在测量精度及重复性上都有很大程度的改善。

2. 静态质量法

将作者课题组所研制变送器与太原太航研制的科氏质量流量计一次仪表相配合，在该公司标定站进行了水流量标定实验，以考核变送器在稳流法水流量标定实验中的测量精度及动态响应速度等性能指标。

按照该公司的标定流程对变送器进行标定。先对一次仪表进行零点校准，使流量管充满流体，关闭管道下游阀门和上游阀门，待所测零点稳定后，通过键盘将零点设置到变送器的程序中。零点校准后，将上游阀门全开，通过调节下游阀门的开度改变流速，变送器实时测量流体流量并输出脉冲。标定开始时，标定装置开始对脉冲计数，同时使用一个换向器，使流经流量管的流体流入电子秤内进行称重；标定结束时，标定装置停止对脉冲计数，同时换向器换向，流体经其他管道流出。在整个过程中，下游阀门开度一定，即流体流速基本稳定。将电子秤的称重值作为流量的标准值，将标定装置对脉冲的计数值乘以脉冲当量后作为测量值。每个流量点测试三组数据，一个流量点测试完毕后，调节下游阀门，再测试下一个流量点。整个标定装置的精度为 0.05%，选择了太原太航 25mm 口径的一次仪表，对采用 SDTFT 算法的变送器进行标定，标定实验结果如表 8.1.3 所示。

表 8.1.3 静态质量法标定实验结果

流量/(kg/min)	最大误差/%	重复性/%	流量/(kg/min)	最大误差/%	重复性/%
99	0.072	0.01	12	0.063	0.01
43	0.079	0.00	6	0.083	0.05

可见，在稳流法标定时，匹配太原太航 25mm 口径的一次仪表，作者课题组所研制变送器采用改进后 DTFT 算法，在 15∶1 量程比范围内，测量精度优于 0.1%，测量重复性优于 0.05%。因此，改进后 DTFT 算法在测量稳定流量时，同样具有测量精度高、重复性好的优点。

8.2 适用于快速响应的正交解调信号处理方法

第 3 章介绍了基于正交解调的科氏质量流量计信号处理方法。若不考虑后期处理，仅从算法本身的角度来看，正交解调算法不需要预知信号频率，避免了批料流开启和关断过程中相位差突变、频率重新收敛所产生的延时，具有较快的响应速度，且稳态波动较小，因此适用于批料流的测量。E+H 公司[10]、美国 Foxboro 公司[11]率先将正交解调方法应用于科氏质量流量计的信号处理中。E+H 公司通过对两路传感器信号的差动信号解调来求相位差，同时对幅值进行控制；美国 Foxboro 公司用接近一次仪表固有频率的信号对两路传感器信号进行正交解调求取相位差。但是，正交解调方法的最终计算精度与后续的低通滤波环节有直接关系，而这两家公司的专利均未披露相关的技术细节，也没有将其应用于批料流工况中。本节针对正交解调后信号频率分量的特点，设计滤波效果较好的滤波器；但是，其运算量较大，并未在 DSP 上实时实现[12]。

为此，本节从正交解调方法应用于批料流测量的角度出发，利用正弦信号周期性的特点，实现解调信号单周期有限点数据循环调用；在保证精度和实时性的基础上改进滤波环节，减小了算法运算量；为了去除奇异点，同时进一步减小稳态波动性，在相位差后期处理中加入两级平均；对影响算法精度的一些关键环节进行优化，降低了算法的复杂度，同时提高了测量精度。在此基础上，研制基于 DSP 的数字式科氏质量流量变送器，并进行单相流和批料流实验，以验证改进后算法的测量精度和作者课题组所研制变送器的稳定性和可靠性[13]。

8.2.1 正交解调算法中的关键技术

1. 解调信号的选取

由式(3.1.27)和式(3.1.28)可知，科氏质量流量计传感器输出两路频率为 $\omega + \Delta\omega$

且具有一定相位差的正弦信号 $x_1(n)$ 和 $x_2(n)$，解调信号选取频率固定为 ω 的正弦信号 $\sin(\omega nT)$ 和余弦信号 $\cos(\omega nT)$。若直接用 DSP 编程环境 CCS(代码编辑工作室)的库函数产生解调信号，则会产生较大的计算误差。CCS 中自带的 sin 和 cos 库函数仅为浮点型精度，生成的解调信号 $\sin(\omega nT)$ 和 $\cos(\omega nT)$ 有效位数为 6～7 位，且其直接参与最终相位差计算，对计算的精度影响较大。为了提高解调信号的有效位数，以直接提高算法的最终精度，利用正弦信号具有周期性的特点，将解调信号 $\sin(\omega nT)$ 和 $\cos(\omega nT)$ 设置为周期循环，即满足

$$\begin{cases} \sin[\omega(n+N)T] = \sin(\omega nT) \\ \cos[\omega(n+N)T] = \cos(\omega nT) \end{cases} \tag{8.2.1}$$

式中，T 为采样周期；N 为周期循环点数，即可实现单周期有限点数循环调用。

在此基础上，通过 MATLAB 生成 N 点高精度解调信号，并在 CCS 中以 64 位双精度浮点型常量进行定义，在提高精度的同时减小了算法的运算量；同时，应尽量设置一个周期内解调信号均为非零值，否则会造成解调信号与采样信号相乘的结果为零，导致数据丢失。

例如，国内某仪表企业生产的 CMF025 型一次仪表，固有频率 $f_0 = 135\text{Hz}$，在采样频率 $f_s = 2000\text{Hz}$、周期循环点数为 N 的情况下，其解调信号频率 $f = f_s / N$。为了使 f 尽可能接近一次仪表的固有频率 f_0，分析得知，当 $N=15$ 时，$f = \dfrac{2000\text{Hz}}{15} = 133.333\text{Hz}$。此时，$f$ 与 f_0 较为接近，且满足式(8.2.2)，即可实现在运算过程中 15 点解调信号数据的循环调用。

$$\begin{cases} \sin(2\pi f(n+N) / f_s) = \sin(2\pi nf / f_s) \\ \cos(2\pi f(n+N) / f_s) = \cos(2\pi nf / f_s) \end{cases} \tag{8.2.2}$$

式(8.2.2)和式(8.2.1)是等价关系，即满足 $\omega = 2\pi f$，$T = 1 / f_s$。

2. 滤波器的选择

由式(3.1.28)可知，单路信号经过解调后会产生两路信号，这两路信号均由低频分量(频率为 $\Delta\omega$)、高频分量(频率为 $2\omega + \Delta\omega$)和噪声分量 $\bar{\varepsilon}(n)$ 组成，其中，高频分量和噪声分量是干扰量，低频分量是有用量，参与最终幅值、频率和相位的计算。因此，滤波器对干扰量的滤波效果决定测量结果的准确性，且滤波器的延时也会对算法的响应时间产生影响，文献[12]设计了两种滤波环节：一种为 FIR 陷波器和 60 阶 FIR 低通滤波器相级联的滤波环节；另一种为 FIR 梳状滤波器和 60 阶 FIR 低通滤波器相级联的滤波环节。这两种滤波环节在仿真中效果较好，但并未实时实现。若在 DSP 上实现这两种算法，两路传感器信号解调后会产生四路信号，高阶 FIR 低通滤波器会使算法的运算量加大，运算时间加长，从而限制了采

样频率的提高，单位时间内采集的有效数据减少，使得采样信号无法真实地还原原始传感器信号，产生较大的测量误差。因此，在实现过程中，滤波器的选择应兼顾滤波效果和运算量大小。

为此，选择 2 阶 FIR 陷波器和 2 阶 IIR 低通滤波器相级联来完成对解调后信号的滤波，FIR 陷波器可以实现高频噪声的定向滤波，IIR 低通滤波器可以滤除低频分量附近的噪声分量。虽然 IIR 低通滤波器为非线性相位滤波器，但是解调后信号频率成分相同，通过滤波器后所造成的相位滞后相同，并不会对相位差计算结果产生影响。

将本节设计的滤波环节与文献[12]的两种滤波环节进行对比，根据固有频率为 135Hz 的 CMF025 型一次仪表，在 MATLAB 中生成两路信号频率为 135Hz、幅值为 4V、采样频率为 2000Hz 的正弦信号 10000 点来模拟科氏质量流量传感器输出信号，同时在信号中叠加倍频噪声和随机噪声。开始时两路信号相位差为 0°，在 5500 点时信号相位差突变为 1.6°，之后均保持 1.6°不变，其滤波环节在信号相位差突变时产生的延时和稳态相位差计算结果分别如图 8.2.1 和图 8.2.2 所示。

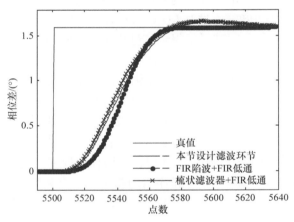

图 8.2.1　滤波环节延时对比图

由图 8.2.1 和图 8.2.2 可知，3 种滤波环节在信号突变后的 100 点均可跟踪信号相位的变化，且稳态最大波动均小于真实相位的 0.15%。因此，本节设计的 FIR 陷波器和 IIR 低通滤波器级联的滤波环节在保证与文献[12]设计的滤波环节相同滤波效果的同时减小了算法的运算量，具有较大的实用价值。由滤波环节产生的延时为

$$t_{\text{filter}} = 100 / 2000 = 0.05\text{s} \tag{8.2.3}$$

滤波环节可以除去信号中的大部分噪声，但在实际运算过程中，批料流工况下流量变化迅速，导致计算得到的相位差中会出现奇异点和稳态波动大等问题，因此需要对相位差结果进行后期处理。

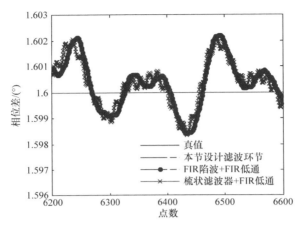

图 8.2.2　稳态相位差计算结果图

3. 相位差后期处理

相位差后期处理主要由两级平均组成，其中，第一级平均的作用主要是去除奇异点，由式(3.1.32)可知，通过对 $I_1(n)$、$Q_1(n)$ 和 $I_2(n)$、$Q_2(n)$ 分别反正切得到两路传感器信号的相位，对其做差得到信号相位差，实现过程中使用的反正切函数是 CCS 自带的库函数，精度较低，调制信号频率与实际信号频率不等，导致 $I_1(n)$、$Q_1(n)$、$I_2(n)$、$Q_2(n)$ 均为正弦变化且存在过零点。当 $Q_1(n)$ 和 $Q_2(n)$ 接近零点时，CCS 中运算 $I_1(n)/Q_1(n)$ 和 $I_2(n)/Q_2(n)$ 与真实值偏差较大，导致该点计算误差较大，不能反映当前传感器的真实相位差，应将其剔除。因此，开辟一个长度为 M 的数组 sort[M]，程序开始运行时，将每一个采样点计算的相位差保存到数组 sort[M] 中。当累积点数小于 M 时，不做任何处理；当累积点数为 M 时，将 M 点相位差由大到小排序，剔除排序后的前 25%个点和后 25%个点，保留中间 50%个点并取均值，该均值即可较准确地反映 M 点的真实相位差。算法完成 M 点相位差运算所需时间为

$$t_M = M/f_s \tag{8.2.4}$$

式中，f_s 为 2000Hz；M 为 100，即每经过 0.05s 得到一个剔除奇异点后的平均相位差。但实际批料流下的测量精度主要由两方面决定：一是批料流开启和关断过程中的响应速度[14]；二是算法的稳态波动性。

经过第一级平均后的相位差稳态波动性仍较大，因此可以通过适当牺牲算法的响应速度来减小稳态波动性，以提高批料流下的测量精度。在第一级平均之后加入第二级滑动平均，在程序中开辟一个长度为 K 的数组 ave[K]，将经过第一级平均后的相位差保存到该数组中，当保存的点数少于 K 时，只对已保存的相位差取均值；当保存的点数累积达到 K 时，开始滑动数组，即对该点与之前保存的

$K-1$ 点相位差取均值；同时，用最新的相位差替代最早保存的相位差，完成数据更新。算法经过第一级平均和第二级平均产生的时间延迟为

$$t_K = K \times t_M \tag{8.2.5}$$

算法的整体响应时间为

$$t_{\text{response}} = t_{\text{filter}} + t_K \tag{8.2.6}$$

式中，t_{filter} 为滤波环节产生的延时，为 0.05s。

图 8.2.3 和图 8.2.4 为增加两级平均后算法的响应速度和稳态波动性大小。

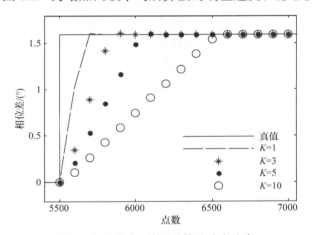

图 8.2.3　不同 K 值下的算法响应速度

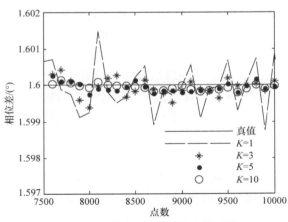

图 8.2.4　不同 K 值下的稳态波动性

可见，当 K 取值较小，算法的整体响应时间 t_{response} 较小时，响应速度较快，但相位差稳态波动性较大，随着 K 值的不断增大，其稳态波动性逐渐减小，响应时间逐渐延长，由图 8.2.4 可知，当 K 取值为 3 时，计算的相位差最大波动不超

过信号真实相位差的 0.02%，继续提高 K 值并不会明显减小稳态波动性，反而会使响应时间不断延长，因此综合考虑选择 K 值为 3 作为批料流下的最佳值，此时算法的整体响应时间 t_{response} 为 0.2s。

8.2.2　算法实现过程中的优化处理

在变送器核心处理芯片 DSP 中实时实现算法时，主要存在两个技术难点。一是 DSP 资源限制，主要包括时间和空间两方面。时间限制指的是在当前 DSP 主频和整套算法时间复杂度(执行算法所需要的计算工作量)下，能否保证算法的实时性；空间限制指的是在当前 DSP 内存空间和整套算法空间复杂度(执行算法所需要的内存空间)下，执行过程中内存大小能否满足要求。二是如何保证算法在DSP 中实现的精度。为此本节采取了以下有效措施。

(1) 在数据传输过程中，采用 DMA 传输功能，其优点在于可以在不干扰 CPU 的情况下将数据实时传输到内部 RAM 中，且不会造成数据丢失，从而提高 CPU 的利用率，降低整套算法的时间复杂度。

(2) 在对计算结果进行排序时，采用快速排序算法来代替传统冒泡排序算法，使得排序算法的时间复杂度由 $O(n \cdot n)$ 降低为 $O(n \cdot \log_2 n)$ ，从而降低了整套算法的时间复杂度。在实际实现过程中，每采样 100 点排序一次，即将算法排序所需平均时间缩短为传统冒泡排序方法的 1/15。

$$O(100 \cdot \log_2 100) / O(100 \cdot 100) \approx \frac{1}{15} \tag{8.2.7}$$

(3) DSP 处理乘法的速度远快于除法，因此将程序中需要大量循环执行的除法运算通过定义中间变量的方式转变为乘法运算，以减少算法执行时间，从而降低了整套算法的时间复杂度。

(4) 在信号数据存储时，采用循环队列的存储思想，即在队列尾部存放数据的同时，在队列头部读取数据进行处理，可以通过较短的队列实现对不断采集的数据进行实时循环处理，减少了对 DSP 内存资源的过多占用，从而降低了整套算法的空间复杂度。

(5) 采用 64 位的双精度浮点型变量和常量代替 32 位的浮点型变量和常量，以保证足够的数据有效位，从而确保小相位差时的测量精度。例如，针对直接影响算法精度的滤波器系数、解调信号和参与相位差运算的数组，均定义为 64 位的双精度浮点型。

8.2.3　测试实验

为了考核正交解调算法的实现效果，将作者课题组所研制变送器与美国微动公司生产的 DN25 口径 Ω 形一次仪表进行匹配，形成完整的科氏质量流量计，进行单相流标定实验和批料流测试实验。

1. 单相流标定实验

首先在作者课题组实验室的大装置上进行单相流标定实验，以验证正交解调算法测量精度和作者课题组所研制变送器的可靠性和稳定性。单相流标定实验数据如表 8.2.1 所示。

表 8.2.1　单相流标定实验数据

瞬时流量/(kg/min)	测量值/kg	称重值/kg	误差/%	平均误差/%	重复性/%
120.3	34.836	34.852	−0.045	−0.019	0.037
	34.856	34.848	−0.023		
	34.883	34.896	−0.036		
59.9	34.836	34.830	0.018	0.026	0.007
	34.803	34.792	−0.030		
	34.760	34.750	0.029		
29.2	33.992	33.978	0.040	0.051	0.016
	33.902	33.878	0.070		
	33.895	33.880	0.043		
9.8	34.117	34.313	0.031	0.032	0.016
	34.118	34.768	0.049		
	34.746	34.874	0.017		
120.2	34.746	34.748	−0.006	0.018	0.013
	34.763	34.768	−0.016		
	34.863	34.874	−0.031		

由表 8.2.1 可知，作者课题组所研制基于正交解调算法的科氏质量流量变送器匹配美国微动公司生产的 Ω 形 DN25 口径一次仪表，单相流测量误差小于 0.1%，重复性小于 0.05%。可见，作者课题组所研制基于正交解调算法的科氏质量流量变送器在平稳单相流工况下具有很高的测量精度，且重复性较好。

2. 批料流测试实验

在单相流具有较高测量精度的前提下，在大装置上进行批料流实验。流量点分别选择 120kg/min 和 60kg/min，批料流的时间设置为 5s、10s、15s 和 20s。在每次批料流开启之前，水在水箱、科氏质量流量计一次仪表、称重装置之间循环流动，关闭手动调节阀，此时水由支路流回水箱，主路内处于满管零流量。为了使系统充分稳定，等待 15s 后开启手动调节阀，批料流开始，经过一段时间(5～

20s)后,关闭手动调节阀,批料流结束。对比变送器测量值和称重装置的称重值即可得到实际测量精度,实验结果如表 8.2.2 和表 8.2.3 所示。

表 8.2.2 120kg/min 下正交解调算法批料流实验结果

批料流时间 /s	测量值 /kg	称重值 /kg	误差 /%	平均误差 /%	重复性 /%
20	39.478	39.476	0.005	−0.003	0.039
	39.264	39.248	0.041		
	39.208	39.230	−0.056		
15	29.711	29.700	0.037	0.019	0.013
	29.695	29.692	0.010		
	29.703	29.700	0.011		
10	19.704	19.714	−0.051	−0.067	0.012
	19.826	19.840	−0.071		
	19.896	19.912	−0.080		
5	9.838	9.830	0.081	0.073	0.010
	9.896	9.888	0.080		
	10.172	10.166	0.059		

表 8.2.3 60kg/min 下正交解调算法批料流实验结果

批料流时间 /s	测量值 /kg	称重值 /kg	误差 /%	平均误差 /%	重复性 /%
20	19.812	19.816	−0.020	0.000	0.028
	19.922	19.914	0.040		
	19.894	19.898	−0.021		
15	15.060	15.048	0.079	0.048	0.027
	15.288	15.286	0.013		
	15.058	15.050	0.053		
10	10.100	10.094	0.059	0.013	0.033
	9.988	9.990	−0.020		
	10.046	10.046	0.000		
5	4.962	4.956	0.121	0.094	0.038
	4.856	4.850	0.123		
	4.996	4.994	0.040		

由表 8.2.2 和表 8.2.3 可以看出,在 120kg/min 和 60kg/min 的 20s、15s、10s 和 5s 批料流实验中,其测量误差小于 0.1%,重复性小于 0.05%。可见,作者课题

组所研制基于正交解调算法的科氏质量流量变送器在批料流工况下仍具有较高的测量精度。

8.3　加气机加气过程信号处理方法

为了将国产科氏质量流量计应用于 CNG 加气机，第 2 章根据加气机在加气过程中科氏质量流量计的输出信号，建立了加气过程中科氏质量流量计输出信号的数学模型，以反映加气机加气过程中气体流量的变化规律。本节依据此模型，对已有的科氏质量流量计信号处理方法进行分析和改进，以提高其动态响应速度，并保证小流量测量精度；在以 TMS320F28335 DSP 为核心的数字式科氏质量流量变送器上实时实现算法，并进行水流量标定和加气机标定实验，验证其性能[15]。

8.3.1　DTFT 算法分析

文献[6]将带通滤波器、格型陷波滤波器和 DTFT 算法相结合，用于信号处理。在 DTFT 算法中，ADC 的采样频率 $f_s = 2000\text{Hz}$，程序中每 100 点（CALNUM）数据调用一次 DTFT 算法，得到计算结果。为了去除奇异值的影响，将计算结果按升序排列，并去除前后 20% 的数据后求平均，再结合采样频率，求得两路信号的时间差结果，这是算法的第一级平均处理。第二级平均为滑动平均，定义一个数组存储相位差的第一次平均处理结果。其中，数组长度 MeanN = 40。在程序运行时，若第一级平均结果没有填满数组，则直接求第二级平均。第一级平均结果填满后，则开始循环剔除，进行滑动平均，保障了变送器在流量平稳工况下的测量精度和重复性。但是，在 CNG 加气机测量瞬变流量中，流量突变和加气过程中流量不断变化对算法的动态响应提出了更高的要求。

为了尽可能合理地评估已有 DTFT 算法在加气过程中对信号变化的跟踪能力，采用已建立的加气过程中科氏质量流量传感器输出信号相位差和频率模型，在 MATLAB 中产生两路标准的正弦信号，信号幅值为 4.0V，采样频率 $f_s = 2000\text{Hz}$，采样点数 100 万点，频率和相位采用斜坡加三次函数的信号模型，模拟实际应用时加气机中科氏质量流量传感器输出信号。根据构造的正弦信号，在 MATLAB 中使用已有 DTFT 算法进行离线处理，加气机开启过程相位差估计结果对比如图 8.3.1 所示。其中，实线是相位差计算值；虚线是相位差理论值。

可见，在加气机开启后，相位差突变(t_1 时刻)到准确计算出相位差结果(t_2 时刻)大概需要 12s，这期间相位差计算累积值为 4.694°，与模型输出相位差累积值 7.004° 相比，算法的误差达到 33%。产生误差的原因是算法的动态响应速度较慢。

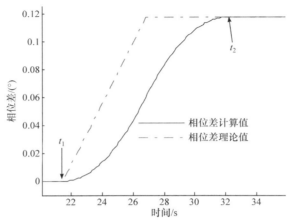

图 8.3.1 加气机开启过程相位差估计结果对比

8.3.2 算法改进与实验验证

算法动态响应速度定义为：流量突然从一个状态(如 0 状态)切换到另一个状态(如 1 状态)时，算法最后输出的相位差需要多长时间才能反映真实的流量情况。DTFT 算法计算出信号的相位差，再经过滑动平均后，输出相位差。算法计算出一个相位差结果的时间即为执行一次算法调用的点数，计算出的相位差结果填满滑动平均数组后，才能抛弃所有的 0 状态时的旧数据，最后的相位差输出才能反映真实的 1 状态时的流量。因此，算法的动态响应速度是由采样频率 f_s(单位点数/秒)、算法的调用点数 CALNUM 和滑动平均数组长度 MeanN 共同决定的。算法的调用点数乘以滑动平均数组长度是算法抛弃旧数据所需要的时间，即响应速度(单位点数)；再除以采样频率，即可得到响应速度(单位 s)。故响应速度为

$$t = \frac{\text{CALNUM} \cdot \text{MeanN}}{f_s} \tag{8.3.1}$$

由式(8.3.1)可知，可以通过提高采样频率 f_s、减少每次执行算法的调用点数 CALNUM 或者减小滑动平均数组长度 MeanN 来提高算法的响应速度。

1. 算法的调用点数 CALNUM

CALNUM 不仅影响算法的动态响应速度，同时会对算法的计算精度产生影响。当前算法的 CALNUM = 500，DTFT 算法是逐点输出傅里叶系数的，即每个采样点都能得到一个相位差信息，有用信息多。经过大量测试，采样 100 点调用算法可以较好地计算出当前的流量值。但是，如果为了提高动态响应速度而减小 CALNUM，那么每次调用 DTFT 算法的有用信息变少，导致算法计算不准确。因此，取 CALNUM = 500。

2. 采样频率 f_s

数字信号处理方法处理的都是离散信号，ADC 的采样频率越高，离散信号越能真实地反映原始传感器信号，计算精度越高。当前算法的 $f_s = 3750\text{Hz}$，由于 ADC 采样频率设定值为一些固定的离散点，离 2000Hz 最相近的下一个采样频率设定值为 3750Hz，如果为了提高动态响应速度，而进一步提高 ADC 的采样频率至 3750Hz，受 DSP 主频限制，无法对信号进行及时计算，导致数组溢出，系统瘫痪。因此，设置 $f_s = 2000\text{Hz}$。

3. 滑动平均数组长度 MeanN

MeanN 是算法测量精度与响应速度之间的一个折中值。当前算法的 MeanN = 40。MeanN 越大，越能降低相位差波动对计算结果的影响，更加适合平稳水流量的测量；MeanN 越小，算法的响应速度越快，在相位差发生突变时，能更好地跟踪突变的相位差。因此，可以通过改变 MeanN 的值来改变算法的响应速度。首先进行当前算法 (MeanN = 40) 的加气机实验，然后依次减小 MeanN = 20、MeanN = 10、MeanN = 5、MeanN = 2，以提高算法的响应速度，进行不同响应速度下的加气机实验。一共进行了 15 次实验，其中，相同响应速度下进行 3 次实验，便于评估算法的重复性。不同响应速度下加气机实验数据如表 8.3.1 所示，响应速度可由式(8.3.1)得出。

表 8.3.1 不同响应速度下加气机实验数据

MeanN	响应速度/s	测量值/kg	称重值/kg	误差/%	平均误差/%	重复性/%
40	2	12.6313	12.6060	0.201	0.288	0.086
		12.8544	12.8100	0.347		
		12.6880	12.6480	0.316		
20	1	13.7620	13.7340	0.204	0.234	0.035
		13.2327	13.1980	0.263		
		12.3889	12.3600	0.234		
10	0.5	12.7891	12.7520	0.048	0.264	0.035
		12.6058	12.5720	0.053		
		12.6813	12.6520	0.003		
5	0.25	12.8866	12.8620	0.191	0.184	0.010
		13.6298	13.6060	0.175		
		12.8018	12.7780	0.186		
2	0.02	12.8643	12.8380	0.205	0.233	0.034
		12.8677	12.8380	0.231		
		12.6331	12.6000	0.263		

图 8.3.2 为实验过程中变送器计算的相位差结果的局部放大图。图 8.3.2(a)反映加气机开启过程的相位差变化，可见，随着 MeanN 的减小，算法的响应速度越来越快，能够更快地跟踪相位差的变化。图 8.3.2(b)反映了加气中间过程的相位差变化，可见，MeanN 越小，相位差波动越大，对小流量的测量精度产生影响，与表 8.3.1 的实验结果吻合。

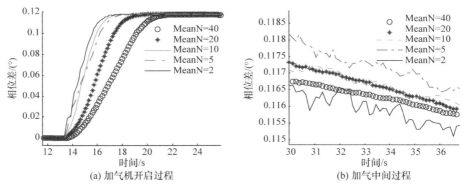

图 8.3.2　不同响应速度下相位差计算结果的局部放大图

由表 8.3.1 可见，当 MeanN = 5，即响应速度为 0.25s 时，平均误差最小，在 0.2%以内。滑动平均数组长度 MeanN 是算法测量精度与响应速度之间的一个折中值，并不是 MeanN 越小，算法在加气机实验中测量精度越高。对于 CNG 加气机测量要求响应速度快、小流量测量精度高的场合，滑动平均数组长度应该取一个折中值。因此，取 MeanN = 5、$f_s = 2000\text{Hz}$ 以及 CALNUM = 100，即算法的响应速度为 0.25s，更加适合 CNG 加气机的测量。

8.3.3　标定实验

将改进后的算法在作者课题组所研制基于 DSP 的科氏质量流量变送器上实时实现，匹配国内某企业研制的 DN15 Ω形科氏质量流量计一次仪表，首先进行水流量标定实验，检验科氏质量流量计的测量精度和量程范围；再进行加气机标定实验，考核科氏质量流量计在 CNG 加气机中的动态响应速度和测量精度。

1. 水流量标定实验

在作者课题组实验室的大装置上，采用称重法进行水流量标定实验。先对流量计进行零点校准，零点校准后，开始标定，变送器实时计算流量值。然后，采用脉冲输出的方式，将脉冲数上传到标定装置的控制系统中。脉冲数乘以脉冲当量为测量值。称重装置的称重值为标准值。比较测量值和称重值即可得到科氏质量流量计的测量误差。每个流量点测试三组数据。标定结果表明，在 25∶1 的量程比下，最大相对测量误差小于 0.1%，重复性误差小于 0.05%。因此，算法改进后，变送器同样具有测量精度高、重复性好和量程比宽的优点。

2. 加气机标定实验

根据国家标准的检定流程进行加气机标定实验。实验采用称重法，被测气体从气源处(储气罐组)流出，经管道流过安装在加气机中的科氏质量流量计，最后流入放置在称重装置上的气瓶中。比较科氏质量流量计的测量值与称重装置的称重值，可得到科氏质量流量计测量气体质量流量的误差。实验装置主要由空压机、储气罐组、气瓶、CNG 加气机(包括被检表)、标准表、管路系统和称重装置等组成，如图 8.3.3 所示。国家对 CNG 加气机的出厂标准为 0.5 级，该装置的不确定度水平为 0.15%，符合国家对 CNG 加气机的检定标准。被检表由作者课题组所研制科氏质量流量变送器匹配国产 DN15 Ω 形科氏质量流量计一次仪表组成。标准表是选用美国微动公司的 CNG050 型质量流量计，由于美国微动公司是艾默生集团中的一家公司，所以又称为艾默生标准表。该流量计是专门为 CNG 测量领域研制的质量流量计，测量精度为±0.50%，重复性为±0.25%。具体实验步骤如下：

(1) 观察压力表的值，当储气罐组里的压力达到 20MPa 时，开始进行实验。

(2) 手动关闭球阀 2 和球阀 3，按下加气机上的开始按钮，开启加气机，球阀 1 自动打开，使管道中充满气体。此时，由于气体的冲击，加气机、标准表和称重装置都有一定的读数，将标准表的值和称重装置的值清零，相当于气瓶里的压力为 0MPa，储气罐组和管道里的压力为 20MPa。

(3) 按下加气机上的清零按钮，将其示值回零；同时，手动打开球阀 2，开始对气瓶进行加气。

(4) 当流过加气机的流速低于设定值时，加气机自动关闭球阀 1，停止加气。分别记录称重装置的值以及被检表和标准表的测量值。

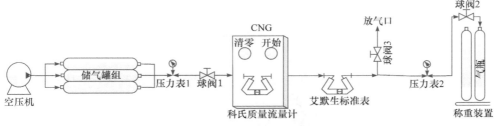

图 8.3.3　加气机标定实验装置

(5) 重复以上过程 3 次，考察被检表的重复性。

为了更好地考核被检表的性能，将被检表与标准表结果进行对比，标定结果如表 8.3.2 所示。加气过程中实际的瞬时流量变化如图 8.3.4 所示。

表 8.3.2　加气机标定实验结果

表名	测量值/kg	标准值/kg	误差/%	平均误差/%	重复性/%
被检表	12.8866	12.862	0.191	0.184	0.010
	13.6298	13.606	0.175		
	12.8018	12.778	0.186		
标准表	12.8220	12.862	−0.311	−0.290	0.023
	13.5690	13.606	−0.272		
	12.7414	12.778	−0.286		

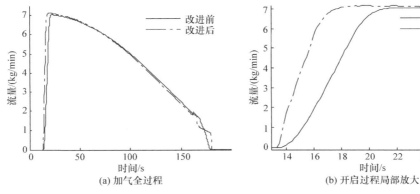

图 8.3.4　加气过程中实际的瞬时流量变化

可见，算法改进后，被检表的响应速度变快，被检表测量误差小于 0.2%，重复性小于 0.02%。标准表测量误差小于 0.3%，重复性小于 0.03%。因此，被检表与标准表相比较，性能更加优良。

8.4　尿素机加注过程信号处理方法

为了将科氏质量流量计安装在尿素机上，要求科氏质量流量计的体积小，本节选用微弯形科氏质量流量计，其优点是体积小，安装较为容易，不易残留杂质。但是，对信号处理方法提出了挑战，这是因为微弯形科氏质量流量管的固有频率高，一般大弯管形科氏质量流量管的固有频率为 75～150Hz，国内的微弯形科氏质量流量管的固有频率为 300Hz 左右，而本节选用的是 600Hz，必须提高采样频率，而受科氏质量流量变送器芯片运算能力的限制，需要研究合适的算法，并要求算法具有较少的运算量。微弯形科氏质量流量传感器输出的相位差小，一般是大弯管形的 1/9，使得信号处理难度加大。尤其是在尿素机加注末尾阶段，原本微弯形科氏质量流量传感器相位差很小，小流量时的相位差就更小，而由于算法运算时间与算法本身的误差，较小的相位差相较于大相位差而言误差更大。因此，在尿素机上应用科氏质量流量计不仅要求较快的算法跟踪速度，还要求较高的小流量测量精度。

为此，本节针对尿素机加注过程的相位差信号模型的特点，评估在工业领域实用效果较好的过零检测方法和 DTFT 算法；改进过零检测方法，提高其动态响应速度和小流量测量精度；研究选取全数字驱动技术与正弦起振方法，提高流量管的起振速度，加快驱动信号的跟踪速度；以 TMS320F28335 为核心，设计适用于尿素机加注的科氏质量流量变送器硬件系统和软件系统；进行单相水流量标定实验和尿素机加注实验测试[15,16]。

8.4.1 两种算法的比较

要将科氏质量流量计应用到尿素机上，首先要求 DSP 芯片具有较少的算法运算时间，以满足实时性要求，这也是标定达到较高精度的必要条件之一。为了减少算法的运算时间，一方面要求 DSP 具有较快的指令执行速度，另一方面要求较低的算法复杂度[17]。DTFT 算法每个采样点都参与运算，而过零检测方法只有过零点参与运算。多次测试和实际应用表明，DTFT 算法采样 100 点调用一次算法，过零检测方法采样 500 点调用一次算法，能保证相位差的计算精度[18]。

在 DSP 芯片选型上，选用了 TMS320F28335 型号，它具有丰富的高性能集成外设模块，其指令执行速度为 150MIPS(百万条指令/秒)，配合外扩的 24 位高精度数据采集芯片 ADS1255，在不同算法、不同采样频率时算法的执行时间如表 8.4.1 所示。

表 8.4.1 不同算法、不同采样频率时算法的执行时间

采样频率/kHz	DTFT 算法(100 点)		过零检测方法(500 点)	
	调用数据所需时间/ms	实际算法执行时间/ms	调用数据所需时间/ms	实际算法执行时间/ms
2	50.00	36	250.00	53
3.75	26.67	37	133.30	51
7.5	13.33	36	66.67	52
15	6.67	35	33.33	40

从表 8.4.1 可以看出，如果使用 DTFT 算法，仅 2kHz 的采样频率算法执行时间少于调用数据所需时间，高于 2kHz 的采样频率均会由于运算跟不上 ADC 采样速率而造成 ADC 采样数据的冗余，无法保证实时性。如果采用过零检测方法，则可

以做到 7.5kHz 的采样频率而保证实时性。选用的科氏质量流量计一次仪表中流量管满管时的固有频率为 666Hz，为了保证算法精度，采样频率应不低于流量管固有频率的 10 倍，即 7.5kHz 的采样频率，它高于该流量管满管固有频率的 10 倍。

因此，如果采用 DTFT 算法，则只能选用 2kHz 的采样频率，而 2kHz 的采样频率仅 3 倍于 666Hz，远达不到高精度的要求。而选用过零检测方法可以把采样频率提高到 7.5kHz，达到 10 倍于流量管固有频率的要求；同时，也能保证算法的实时性。因此，本节选用过零检测方法，同时将 ADC 采样频率设为 7.5kHz。然后，取合适的兼顾较快响应速度与较小相位差波动的折中的滑动平均数组长度 MeanN，从理论上讲，标定可以达到较高精度。

8.4.2　过零检测方法的改进

1. 信号预处理

由于实际工业现场存在许多噪声，如随机噪声、电机与管道振动以及二次谐波等。因此，本节通过 MATLAB 软件设置带通滤波器进行信号滤波处理，从而滤除杂波干扰，提高测量精度。该带通滤波器为二阶巴特沃思带通滤波器，由于科氏质量流量传感器输出的信号频率为 666Hz，在该频率±15Hz 设置通带，即将滤波器通带设置为[651,681]。该滤波器具有通带和阻带平坦度最大的优点，能够最大限度地降低对信号的影响；二阶滤波器通带以外的频率分量衰减速度快，滤波效果好。

2. 四点插值

由于尿素机加注时的小流量相位差极小(小于 0.02°)，为了保证小流量下的测量准确度，在不显著提高算法复杂度的前提下，对算法进行改进。相比于原有的三点拉格朗日插值方法，用四点拉格朗日插值方法进行曲线拟合，比三点拉格朗日插值方法拟合更具有几何上的对称性，其拟合曲线也更加贴近实际曲线。因此，四点拉格朗日插值方法精确度更高。当采样序列中相邻两点满足 $x(n-1) \cdot x(n) < 0$ 的条件时，选择零点左右各两点，即 $x(n-2)$、$x(n-1)$、$x(n)$、$x(n+1)$ 四点进行拉格朗日插值[18]，插值公式为

$$
\begin{aligned}
x = {} & x(n-2) \cdot \frac{[t-(n-1)] \cdot (t-n) \cdot [t-(n+1)]}{[(n-2)-(n-1)] \cdot [(n-2)-n] \cdot [(n-2)-(n+1)]} \\
& + x(n-1) \cdot \frac{[t-(n-2)] \cdot (t-n) \cdot [t-(n+1)]}{[(n-1)-(n-2)] \cdot [(n-1)-n] \cdot [(n-1)-(n+1)]} \\
& + x(n) \cdot \frac{[t-(n-2)] \cdot [t-(n-1)] \cdot [t-(n+1)]}{[n-(n-2)] \cdot [n-(n-1)] \cdot [n-(n+1)]} \\
& + x(n+1) \cdot \frac{[t-(n-2)] \cdot [t-(n-1)] \cdot (t-n)}{[(n+1)-(n-2)] \cdot [(n+1)-(n-1)] \cdot [(n+1)-n]}
\end{aligned}
\tag{8.4.1}
$$

式(8.4.1)的求解复杂度高、计算量大，可能影响算法的实时性。为了降低算法的复杂度，采用了反向四点拉格朗日插值方法。将正弦信号的数值 x 与时刻值 t 进行调换，即将 $x(n-2)$、$x(n-1)$、$x(n)$、$x(n+1)$ 由因变量变为自变量，4 个点的对应下标值由自变量变为因变量，则得到新的插值公式为

$$
\begin{aligned}
t = (n-2) \cdot & \frac{[x-x(n-1)] \cdot [x-x(n)] \cdot [x-x(n+1)]}{[x(n-2)-x(n-1)] \cdot [x(n-2)-x(n)] \cdot [x(n-2)-x(n+1)]} \\
+ (n-1) \cdot & \frac{[x-x(n-2)] \cdot [x-x(n)] \cdot [x-x(n+1)]}{[x(n-1)-x(n-2)] \cdot [x(n-1)-x(n)] \cdot [x(n-1)-x(n+1)]} \\
+ (n) \cdot & \frac{[x-x(n-2)] \cdot [x-x(n-1)] \cdot [x-x(n+1)]}{[x(n)-x(n-2)] \cdot [x(n)-x(n-1)] \cdot [x(n)-x(n+1)]} \\
+ (n+1) \cdot & \frac{[x-x(n-2)] \cdot [x-x(n-1)] \cdot [x-x(n)]}{[x(n+1)-x(n-2)] \cdot [x(n+1)-x(n-1)] \cdot [x(n+1)-x(n)]}
\end{aligned}
\tag{8.4.2}
$$

最后，令该公式中的因变量 $x=0$，即可得到过零点 t 的时刻。

3. 相位差后期处理

滑动平均数组长度 MeanN 是算法中后期数据处理的重要参数。将经过第一级平均处理后的相位差保存到该数组中，当保存的数据长度小于 MeanN 时，只对已保存的相位差取均值；当保存的数据长度达到 MeanN 时，调动滑动平均处理，对该点与之前保存的 MeanN−1 点相位差取均值，然后使用此时计算的相位差代替先前计算的相位差。MeanN 就是为了减少奇异点对计算结果的影响。当 MeanN 较大时，能够降低相位差波动带来的影响，显示出来的相位差不会有较大波动，但会影响动态响应速度，不适用于流量频繁变化的场合。当 MeanN 较小时，系统具有较快的算法响应速度，在流量频繁变化时，能快速响应，实时计算显示此时的流量。所以，通过改变 MeanN 的值来改变算法响应速度，同时也要考虑相位差波动带来的影响，以保证测量精度。使用 MATLAB 编写过零检测方法，计算采集的原始信号的相位差。在测量平稳单相流时，滑动平均数组长度 MeanN 设为 40，可以保证较高的精度。但是，尿素机加注过程流量快速变化，需要算法快速响应。因此，依次减小算法后期处理的滑动平均数组长度 MeanN=20、MeanN=10、MeanN=8、MeanN=6，从而改变算法的响应速度。

在不同挡位下，在流量开启过程中滑动平均数组长度为 6 时的响应速度最快，8 和 10 时次之，20 时响应速度最慢。在各挡位对应的最大流量的平稳过程中，滑动平均数组长度为 6 时相位差波动最大，8 和 10 时次之，20 时最平稳，波动最小。

为了评估各滑动平均数组长度的测量效果，将该算法模块应用于作者课题组研制的适用于单相水流量测量的科氏质量流量变送器中，改变滑动平均数组长度，

在大挡位下进行了初步实验测试，测试结果如表 8.4.2 所示。

表 8.4.2　大挡位下的测量数据

滑动平均数组长度	量筒示数/mm	量筒示数对应体积/L	计数器脉冲数	脉冲数对应体积/L	误差/%	平均误差/%	重复性/%
6	116.7	19.98393	100151	20.0302	−0.230	−0.152	0.078
	132.7	20.03033	100225	20.045	−0.073		
	124.6	20.00684	100187	20.0374	−0.152		
8	127.6	20.01554	100157	20.0314	−0.079	−0.090	0.101
	118.9	19.99031	100148	20.0296	−0.196		
	126.6	20.01264	100058	20.0116	0.005		
10	120.2	19.99408	99932	19.9864	0.038	0.040	0.040
	125.6	20.00974	99966	19.9932	0.082		
	122.4	20.00046	100001	20.0002	0.001		
20	129.7	20.02163	99988	19.9976	0.120	−0.025	0.141
	128	20.0167	100118	20.0236	−0.034		
	121.9	19.99901	100158	20.0316	−0.162		

由表 8.4.2 可知，当 MeanN=10 时，具有较低的测量误差与较好的重复性。因此，取 MeanN=10、采样频率为 7500Hz，使用过零检测方法每采样 500 点调用一次算法更加适合尿素机的测量。

8.4.3　测试实验

变送器软硬件系统研制完成后，与 E+H 公司生产的 DN25 口径的微弯形一次仪表配置成完整的科氏质量流量计，先在作者课题组实验室在平稳单相流下进行标定实验，初步调试功能并检验精度。在标定结果较为良好的情况下，再去企业现场进行尿素机加注实验。

1. 平稳单相水流量标定实验

在作者课题组实验室的大装置上，采用称重法对科氏质量流量计进行水流量标定实验。

(1) 打开 PLC 控制柜开关，关闭旁路阀，打开上游阀门、气动阀 1、气动阀 2 和下游阀门，将 E+H 公司生产的微弯形科氏质量流量计一次仪表安装好，接入科氏质量流量变送器，开启水泵，以最大流量持续冲水一段时间，以消除水箱中水与管道之间的温度差异。

(2) 先将变送器上电，笔记本电脑通过 JTAG(片内扫描仿真)接口将程序写入变送器。等管道中流量稳定后，依次关闭一次仪表管道两个端口的下游阀门、上游阀门和水泵，堵住流量管口两端使流量管内充满液体。运行程序一段时间，将这段时间的相位差平均后设为系统零点。

(3) 系统零点设置后，若显示的相位差在 0°附近波动，则表明零点已修正。全开上下游阀门和水泵，开始测试最大流量点(120kg/min)。当累积流量达到 35kg/min 时，PLC 控制柜自动将换向器切换至水箱，等电子秤示数稳定后，将变送器上传的脉冲个数乘以脉冲当量作为测量值，将电子秤的称重值作为标准值，计算相对误差。重复测试三次，计算出平均相对误差，根据平均相对误差修正仪表系数，修正公式为

$$NEW\_flowK = flowK / (1 + error) \tag{8.4.3}$$

式中，NEW_flowK 为修正的仪表系数；$flowK$ 为原始的仪表系数；$error$ 为三次测试的平均相对误差。

(4) 重新标定最大流量点，测试三次，将测量值和称重值记入表格。调节旁路阀以改变流量大小，同时调节下游阀门以防止水压过大损坏装置。依次调节并测试最大流量的 50%、最大流量的 20%、最大流量的 10%、最大流量，每个流量点测试三次，将结果记入表格。标定结果表明，在 12:1 量程比下，研制的科氏质量流量计最大相对测量误差小于 0.1%，重复性误差小于 0.05%，满足 0.1 级的精度要求。

2. 尿素机加注实验

实验采用容积法标定，实验装置主要包括尿素机储液箱、轻型多级离心泵、E+H 公司生产的微弯形科氏质量流量计一次仪表、加注枪、标准金属量器、作者课题组所研制科氏质量流量变送器和多功能校验仪。轻型多级离心泵从尿素机储液箱抽水，水流经 E+H 公司生产的微弯形科氏质量流量计一次仪表，其口径为 DN25、型号为 F，再流经容积式流量计，用于检测是否达到预定加注升数，该表测量的最大允许误差为±0.2%，最后经加注枪流入标准金属量器中。该量器是由河北海兴东方计量仪器有限公司生产的 BJL 型号，容量为 20L，测量精度为 0.025%，符合国家对 0.1 级科氏质量流量计的检定标准。测量过程使用脉冲计数，脉冲计数设备为芬兰贝美克斯(Beamex) MC2 多功能校验仪。尿素加注装置示意图如图 8.4.1 所示。标定实验现场的部分装置图如图 8.4.2 所示。

具体实验步骤如下：

(1) 将 E+H 公司生产的微弯形科氏质量流量计一次仪表安装好，与作者课题组所研制科氏质量流量变送器相连接。笔记本电脑通过 JTAG 接口向变送器烧写程序并运行。以最大流量(30L/min)冲水，待流量稳定后停止冲水，运行一段时间，将这段时间的相位差平均后设为系统零点。

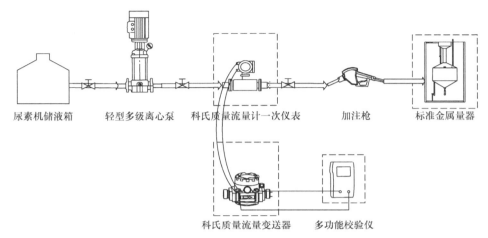

图 8.4.1　尿素加注装置示意图

图 8.4.2　标定实验现场的部分装置图

(2) 在尿素机仪表盘上设置好加注升数(20L)，当加注到预定升数时，加注机将自动降低流速直至关闭阀门。清除变送器中的累积流量与多功能校验仪累积的脉冲数，排尽标准金属量器中的水。

(3) 将加注枪枪口放入标准金属量器中，打开加注枪，扣动扳机按至预定挡位，向标准金属量器中加水。

(4) 加注人员检测加注机上显示的已加注升数，至 17L 左右时，主动减小流量，以免末尾阶段冲击过大造成液体溅出，导致测量误差。

(5) 加注至接近 20L 时，由机器自动控制以最小流量加注，直至加注机仪表上显示已加注至 20L。记录标准金属量器的示数，根据厂商给出的公式换算成对应的升数；变送器实时测量流体流量值，并采用脉冲输出的方式，将脉冲数上传到 Beamex MC2 多功能校验仪中。多功能校验仪对脉冲计数值乘以脉冲当量后作为测量值，标准金属量器的换算值作为流量的标准值。

(6) 改变挡位(最大流量)，依次测量大挡位(最大流量 30L/min)、中挡位(最大流量 26L/min)和小挡位(最大流量 19L/min)。重复步骤(2)～(5)，在每个挡位下测量三次，将每次测量的标准金属量器的值和多功能校验仪的脉冲个数计入表格，算出每个挡位的平均误差及重复性。最终的测量结果如表 8.4.3 所示。

表 8.4.3　尿素机加注实验结果

各挡位的最大流量/(L/min)	量筒示数/mm	量筒示数对应体积/L	计数器脉冲数	脉冲数对应体积/L	误差/%	平均误差/%	重复性/%
30(大流量挡位)	127.0	20.0138	100045	20.009	0.0240	0.0375	0.0268
	124.2	20.00568	99960	19.992	0.0684		
	123.7	20.00423	100001	20.0002	0.0201		
26(中流量挡位)	124.3	20.00597	100037	20.0074	−0.0071	−0.0277	0.0199
	129.2	20.02018	100130	20.026	−0.0290		
	125.2	20.00858	100090	20.018	−0.0470		
19(小流量挡位)	127.1	20.01409	99991	19.9982	0.0794	0.0717	0.0233
	123.5	20.00365	99949	19.9898	0.0693		
	126.9	20.01351	100001	20.0002	0.0665		

由表 8.4.3 可见，被检表测量精度优于 0.1%，重复性误差小于 0.05%，满足 0.1 级精度要求。由此可知，作者课题组所研制变送器系统能满足尿素机加注时较高测量性能的要求。

参 考 文 献

[1] Anklin M, Drahm W, Rieder A. Coriolis mass flowmeters: Overview of the current state of the art and latest research[J]. Flow Measurement and Instrumentation, 2006, 17(6): 317-323.

[2] Wang T, Hussain Y. Investigation of the batch measurement errors for single-straight tube Coriolis mass flowmeters[J]. Flow Measurement and Instrumentation, 2006, 17: 383-390.

[3] Tombs M, Henry M, Zhou F B, et al. High precision Coriolis mass flow measurement applied to small volume proving[J]. Flow Measurement and Instrumentation, 2006, 17(6): 371-382.

[4] 徐科军, 倪伟, 陈智渊. 基于时变信号模型和格型陷波器的科氏流量计信号处理方法[J]. 仪器仪表学报, 2006, 27(6): 596-601.

[5] 李叶, 徐科军, 朱志海, 等. 面向时变的科里奥利质量流量计信号的处理方法研究与实现[J].

仪器仪表学报, 2010, 32(1): 8-14.

[6] 侯其立, 徐科军, 李叶, 等. 基于 TMS320F28335 的高精度科氏质量流量变送器研制[J]. 仪器仪表学报, 2010, 31(12): 2788-2795.

[7] 刘翠. 科氏质量流量计数字信号处理方法改进与实现[D]. 合肥: 合肥工业大学, 2013.

[8] 刘翠, 徐科军, 侯其立, 等. 适用于频繁启停流量测量的科氏质量流量计信号处理方法[J]. 计量学报, 2014, 35(3): 242-247.

[9] Jacobsen E, Lyons R. The sliding DFT[J]. IEEE Signal Processing Magazine, 2003, 20(2): 74-80.

[10] Dietmar Stadler. Measurement and operation circuit of a Coriolis-type mass flow meter: US6073495[P]. 1998-3-16.

[11] Kenmochi H. Digital measurement: US20020038186[P]. 2002-3-28.

[12] 徐科军, 徐文福. 基于正交解调的科里奥利质量流量计信号处理方法研究[J]. 仪器仪表学报, 2005, 26(1): 23-27, 66.

[13] 张伦, 徐科军, 徐浩然, 等. 面向批料流测量的科氏质量流量计正交解调方法实现[J]. 计量学报, 2020, 41(7): 808-815.

[14] 乐静. 科氏质量流量计测量两种特殊流量时的方法研究与实现[D]. 合肥: 合肥工业大学, 2019.

[15] 刘陈慈. 科氏质量流量计在尿素机中的应用研究[D]. 合肥: 合肥工业大学, 2021.

[16] 刘陈慈, 徐科军, 黄雅. 尿素机中高频微弯型科氏质量流量计信号处理[J]. 计量学报, 2022, 43(6): 767-776.

[17] 刘翠, 侯其立, 熊文军, 等. 面向微弯型科氏质量流量计的高精度过零检测算法实现[J]. 电子测量与仪器学报, 2014, 28(6): 675-682.

[18] Hou Q L, Xu K J, Fang M, et al. Gas-liquid two-phase flow correction method for digital CMF[J]. IEEE Transactions on Instrumentation and Measurement, 2014, 63(10): 2396-2404.

第 9 章　气液两相流测量

随着科技的发展，越来越多的工业场合要求科氏质量流量计能够测量气液两相流(或者称为含气液体流量)。有两方面的原因形成含气液体流量：一是生产或者工艺的需要，在生产中需要气体均匀地混合在被测液体中，如生产香波、冰激凌；或者由工艺产生，如搅拌器或高速泵的应用；再或者由于工艺故障，如气蚀或气泵的密封圈破损。二是实际工况不可避免，在油料装车、食品批次加工和液体灌装等场合，需要对短时的批料流量进行测量，此时管道内会经历"空-满-空"的气液两相过程。例如，在食品加工时，为达到卫生许可标准，在每一批料结束后、下一批料开始前，需要对管线上的残留物进行完全清扫，这样在下一批料开始时会经历"空-满"的过程；在油料装车快结束时，为防止油料溢出及油料回流，需要使用高压气体对管线进行吹扫，然后结束此次装车过程，在结束时会形成"满-空"过程；同时在管道运输中，泵的泄漏、搅拌器或长距离管线未充满造成气团进入管道系统，也会形成含气液体流量。科氏质量流量计测量含气液体流量的过程是：首先，采用数字驱动技术维持科氏质量流量管振动，流量管受力扭曲输出两路具有相位差的正弦信号；然后，采用信号处理方法对这两路信号进行处理得到原始的测量误差，此误差非常大，甚至达到 50%；最后，采用误差修正技术对原始测量误差进行实时修正，得到修正后的测量精度。

国内外学者认为：提高驱动信号的更新速度和稳定性可以更好地维持流量管振动，提高传感器信号的质量，为含气液体流量测量提供更好的基础；采用合适的信号处理方法可以减小含气液体流量下的原始测量误差；采用合适的误差修正技术可以修正含气液体流量下的测量误差。国内外学者从驱动、信号处理和误差修正这三方面研究科氏质量流量计测量含气液体流量的技术，取得了一些研究进展[1-7]。本章主要介绍作者课题组所做的相关工作[8-12]，具体包括驱动技术、信号处理技术和误差修正技术以及实验测试结果。

9.1　驱　动　技　术

科氏质量流量计由一次仪表和二次仪表组成。科氏质量流量计工作的前提是维持一次仪表的振动，因此变送器中的驱动技术是科氏质量流量计的重要技术。驱动技术主要包括模拟驱动技术、数字驱动技术两大类。

9.1.1　驱动难点

科氏质量流量计一次仪表均有一个最佳振动幅值。流量管在最佳振动幅值下振动，具有最佳的测量性能且使用寿命最长[13]。在单相流下，流量管的阻尼比很小，较低的驱动能量就可以使流量管振动在最佳幅值上。但是，当含气液体流量发生时，气体与液体的密度差异导致气体和液体之间发生相对运动。该相对运动带来的摩擦使流量管振动阻尼比剧增，消耗了更多的驱动能量，如果变送器不能及时提供足够的能量，流量管的振幅会减小甚至停振，流量测量失去工作基础。提高驱动能量，即提高驱动电压的幅值，但是在实际工业现场，出于本安防爆的考虑，驱动电路后面必须加入安全栅电路，对驱动电压和驱动电流进行限制。因此，在安全栅限制驱动能量的前提下，当气液两相流发生时，流量管振动幅值就很难维持在单相流下最佳振动幅值的水平。此时，若要保证流量管平稳振动，就需要降低流量管的振动幅值。流量管具有选频特性，当驱动信号的频率等于流量管的固有频率且驱动信号的相位与传感器信号的相位匹配时，传感器信号以最大增益输出，驱动能量的利用率最高，流量管振动幅值最高，速度传感器信号最平稳。因此，含气液体流量下驱动技术的难点如下：

(1) 在安全栅限制的范围内，尽可能提高驱动能量，使流量管维持在较平稳和较高水平的振动，即传感器信号维持在较平稳和较高的振动幅值。

(2) 尽可能快速地更新驱动信号，使驱动信号和传感器信号满足频率和相位的匹配关系。

9.1.2　驱动系统

目前，科氏质量流量计有两种驱动技术：模拟驱动和数字驱动。模拟驱动[14,15]是基于正反馈的原理，利用模拟电路对传感器信号进行处理，得到驱动信号，从而使流量管振动。在含气液体流量下，传感器信号的幅值、频率和相位波动剧烈，经过正反馈放大后，驱动信号的幅值、频率和相位也波动剧烈，驱动信号与传感器信号可能不在同一频率、相位上，导致流量管的振动越来越小，甚至停振。因此，一般来说，模拟驱动技术不适合测量含气液体流量。

数字驱动的驱动信号全部由微处理器根据传感器信号的频率、相位、幅值信息合成，进而驱动流量管振动，能够快速更新驱动信号，适合测量含气液体流量。根据实现驱动的微处理器不同，可分为基于 DSP 控制的数字驱动系统[16-19]和基于 FPGA 控制的数字驱动系统[20-22]。

1) 基于 DSP 控制的数字驱动系统

在基于 DSP 控制的数字驱动系统中，由于 DSP 具有较强的运算能力，DSP除了需要执行驱动控制任务外，还需要承担信号处理方法的任务。传感器信号经过 ADC 采样后，通过 DSP 实时计算信号幅值、频率和相位等关键参数。根据计算得到的频率和相位参数，由 DSP 确定所需合成的驱动信号的频率和相位，并控制 DDS 芯片产生对应的正弦信号，送入 MDAC 芯片的模拟输入端。同时，根据计算得到幅值参数，由 DSP 调用非线性幅值控制方法，计算出驱动信号需要的增益，并写入 MDAC 芯片的数字输入端，以控制驱动信号的幅值。MDAC 芯片输出信号再经过功率放大后得到所需要的驱动信号，用于驱动流量管。

　　DSP 为串行处理器，信号处理得到质量流量信息和更新驱动信号输出不能同时进行。DSP 调用信号处理方法对 ADC 采集的一段数据进行处理，得到频率、幅值、相位信息后，才能更新驱动信号。作者课题组所研制基于 DSP 驱动的全数字式科氏质量流量变送器[18]，ADC 的采样频率为 3.75kHz，每 500 点调用一次信号处理方法，因此更新一次驱动信号也需要 500 点的时间，对于固有频率为 102Hz 的传感器，约 14 个传感器信号周期更新一次驱动信号。对于平稳单相流工况，由于流体较为平稳，即使驱动信号更新周期较长，流量管也可维持平稳振动。而对于含气液体流量工况，流量管振动的每周期都会发生变化。驱动信号更新周期长，导致驱动信号与传感器信号之间无法实时满足频率、相位的最佳匹配，从而导致流量管振动幅值波动较大。但是，变送器中只有 DSP 这一复杂的可编程器件，实现难度较低，成本也较低。

　　2) 基于 FPGA 控制的数字驱动系统

　　在基于 FPGA 控制的数字驱动系统中，第一种设计方案是采用 FPGA 同时承担驱动控制任务和信号处理方法的任务[20]，但 FPGA 计算能力较差，导致最终的质量流量测量精度较低。第二种设计方案是充分发挥 FPGA 的逻辑控制和并行执行的优势，FPGA 只承担驱动控制任务，而信号处理方法的任务由另一片计算能力强的微处理器承担[21,22]。这样既可以保证驱动信号的快速更新，也可以保证快速实时地计算质量流量。

　　FPGA 为并行处理器，可以并行执行多个程序。作者课题组所研制基于 FPGA 和 DSP 双核科氏质量流量变送器[22]，FPGA 控制外部 ADC 采集传感器信号，并与 DSP 进行数据通信。在控制 ADC 采样、与 DSP 进行数据通信的同时，FPGA 采用三点反向拉格朗日插值算法和非线性幅值控制方法计算信号的频率、相位和幅值信息后，控制 DDS 和 MDAC 更新驱动信号并输出。对于驱动信号的频率和相位参数，检测到传感器信号的正过零点和负过零点均计算更新；对于驱动信号的幅值参数，只在检测到传感器信号的负过零点计算更新。因此，FPGA 是半个传感器信号周期更新驱动信号频率、相位信息，单个传感器信号周期更新驱动信号幅值信息。与基于 DSP 控制的数字驱动系统相比，基于 FPGA 控制的驱动信号的更新速度更快。但是，与驱动的快速性相比，更影响气液两相流测量准确度的是流量本身的随机性和波动性。

9.1.3　变传感器信号设定值的驱动方法

科氏质量流量计用于测量气液两相流所面临的速度传感器信号波动范围大、流量管无法维持气液两相流下最佳幅值振动的问题，本节研究变传感器信号设定值的驱动方法。具体分析影响流量管振动幅值大小和稳定性的因素；提出跟踪传感器信号幅值、变传感器信号设定值的控制方法；进行两种控制方法的对比实验，并对气液两相流信号的波动特性进行标准差评估和 PDF 分析。对比实验结果表明，在不同含气量和控制及时性的情况下，变传感器设定值的控制方法均具有良好的信号跟踪和幅值控制性能，流量管振动较平稳，传感器信号幅值波动范围小，极大地减小了气液两相流测量过程中的波动性[23]。

在单相流下，由于流量管的阻尼比很小，较低的驱动能量就可以维持流量管在最佳幅值情况下振动。但是，当气液两相流发生时，由于流量管的阻尼比变化剧烈，通常要比单相流时高出 2 个数量级[24]，如果想维持流量管在单相流下的最佳振动幅值，必须提高驱动能量，在宏观上表现为提高驱动电压的幅值。而在实际工业现场，由于本安防爆的要求[25,26]，驱动电路后面必须加上安全栅电路，以对驱动的电压和电流进行限制。在安全栅能量限制的前提下，当气液两相流发生时，流量管振动的幅值难以维持在单相流下最佳振动幅值水平。此时，要使流量管实现平稳振动，需要降低流量管的振动幅值。所以，在气液两相流下，流量管最佳振动的准则是：流量管应尽量维持在相对恒定的幅值下振动，以减小频率和相位测量时的波动。当然，人们希望流量管振动的幅值维持在较高的水平，以保证传感器输出信号有较高的信噪比，便于信号的测量与处理。可见，在流量管阻尼比波动剧烈且驱动能量有限的情况下，如何使得流量管维持在较稳定和较高水平的振动，即传感器输出信号维持在较稳定和较高水平的幅值是气液两相流测量中亟待解决的问题。

针对气液两相流下科氏质量流量管振动幅值控制的问题，国外相关学者认为传感器的几何形状、流量管驱动器的数量等因素影响了振动幅值大小[27]，因此采用了 B 形双驱动器结构的一次仪表，双驱动器在没有超过安全栅能量限制的同时，使驱动能量加倍，因此流量管获得了较高幅值的振动；通过检测驱动电流是否超过限制电流作为判断条件，并利用相应的控制方法调整幅值的设定点，利用 FPGA 合成驱动波形，并通过 DAC 一点一点地输出驱动信号进行幅值控制，获得较平稳的传感器输出信号，但是没有详细披露幅值控制方法和调整的细节。美国微动公司在其产品白皮书中提及通过降低控制环路的设定点来减小过程波动性[28]，但是，没有披露实现方法。目前，国内研究的重点在于单相流的测量与应用、气液两相流下的气泡模型[29-31]、数字驱动和校正[32,33]，气液两相流下的幅值控制仍然采用单相流测量时的方法，导致传感器信号幅值随气流波动变化范围大，不利于信号的测量与处理。因此，研究气液两相流下流量管的幅值控制具有重要的实际意义。

1. 影响流量管振动幅值的因素

在气液两相流下，科氏质量流量管能否维持在较稳定且幅值较高水平的振动，除了与流量管阻尼比变化剧烈程度等内在因素有关，还与驱动能量的大小、流量管幅值控制方法和控制及时性等外部因素有关。

1) 驱动能量

驱动能量主要是指加到驱动线圈上的电流，电流大小与驱动线圈的阻抗和驱动波形有关。在气液两相流下，要想流量管振动的幅值达到单相流下的最佳振动幅值，那么驱动电流至少需要增加几倍甚至十几倍，而这在科氏质量流量计的实际工程应用中是无法满足的。科氏质量流量计在工业应用中有本安防爆的要求，变送器中常会加入齐纳式安全栅，对输入驱动线圈的电流和电压进行限制，因此驱动电流不可能一直增大。齐纳式安全栅结构如图 9.1.1 所示，主要利用快速熔断器、限流电阻或齐纳式二极管对输入驱动线圈的能量进行限制，防止安全侧的危险能量进入危险侧。相比较而言，驱动线圈的阻抗越低，驱动电流提高的空间越大，流量管振动的幅度越大，传感器的信噪比越高。当然，驱动电流需在安全栅电路限制的电流范围内。同理，驱动波形的驱动效率决定驱动能量的大小，正弦信号的全部能量用于驱动流量管，效率最高。从驱动效率的角度出发，通常选择连续正弦信号作为最佳的驱动信号。

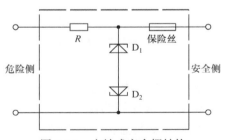

图 9.1.1　齐纳式安全栅结构

2) 控制及时性

控制及时性主要是指 ADC 每采样一定点数的传感器信号，由获得的信号幅值与设定值之间比较一次，然后根据两者之间的对数误差，调用非线性幅值控制方法，计算并输出合适的驱动信号，进行一次驱动控制。ADC 采样点数并非越少越好，过少的采样点数影响传感器信号频率的测量精度，而频率和相位测量是幅值控制的前提。采样点数的多少，取决于传感器信号幅值和频率计算的准确性。在通常情况下，希望采样较多的点数，利用过零检测方法获得较准确的流量管频率。在单相流下，ADC 每采样 500 点控制一次(采样频率为 3.75kHz)，即每 133ms 输出控制一次，传感器输出信号平稳。但是，当气液两相流发生时，如果采用相同的时间间隔控制一次，则流量管不能及时得到控制，传感器信号幅值波动较大。在满足幅值和频率计算准确的前提下，减少 ADC 采样点数，有助于提升控制的及时性。

3) 流量管幅值控制

为了维持流量管最佳幅值的振动，采用了非线性幅值控制方法和积分限幅 PI 控制器，并对流量管幅值控制方法进行改进，改进后流量管幅值控制框图如图 9.1.2 所示。非线性幅值控制方法中的核心部分是，对传感器信号设定值 V_{set} 和传感器信号幅值 V_a 分别取对数，并将对数误差 e 作为积分限幅 PI 控制器的输入，对数误差 e 可以在传感器信号幅值较小时控制驱动电路输出较大的能量，进而增强对流量管的可靠控制，并改善其起振的效果和性能。通过积分限幅 PI 控制器不断地进行调节，驱动系统根据传感器信号设定值 V_{set} 和实际传感器信号幅值 V_a 之间的对数误差，调整驱动电压幅值的大小，不断激励科氏质量流量传感器，直到维持流量管最佳幅值的振动，获得期望幅值的传感器信号。

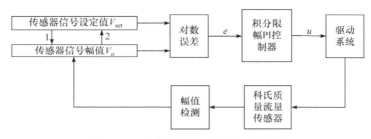

图 9.1.2　改进后流量管幅值控制框图

(1) 固定传感器信号设定值。

在通常情况下，人们都期望输出的传感器信号幅值始终为单相流下的最佳幅值，即传感器信号设定值 V_{set} 始终保持为单相流下的最佳幅值 V_b($V_{set} = V_b$)。一旦传感器信号设定值 V_{set} 确定，那么传感器信号幅值 V_a 通过调节和控制就会逐渐逼近传感器信号设定值 V_{set}，直到两者大小相等。这个过程的幅值控制由图 9.1.2 中箭头 1 表示，即传感器信号设定值 V_{set} 决定传感器信号幅值 V_a。

在单相流下，流量管的阻尼比很小且变化不大，传感器信号可以认为只是驱动信号的响应，传感器信号幅值 V_a 能够达到单相流下的最佳幅值 V_b。通过积分限幅 PI 控制器不断调节，稳态时传感器信号幅值 V_a 和单相流下的最佳幅值 V_b 相等，流量管实现最佳幅值振动。此时，积分限幅 PI 控制器调节输出控制量 u 和驱动增益 k 均为一个相对恒定且没有饱和的数值。而当气液两相流发生时，流量管的阻尼比变化剧烈，并且流体的流场特性也发生变化，此时传感器信号不再仅仅是驱动信号的响应，而是驱动信号和混合流体运动综合作用的响应。在安全栅能量限制的情况下，传感器信号幅值 V_a 已无法达到单相流下的最佳幅值 V_b。如果此时的传感器信号设定值 V_{set} 仍然保持为单相流下的最佳幅值 V_b，那么传感器信号设定值与实际传感器信号幅值之间始终存在误差，积分限幅 PI 控制器的作用导致积分因子很快饱和，伴随的是驱动增益的饱和，并且稳态时积分因子和驱动增益始终维持在饱和状态。当这种情况发生时，驱动系统输出的能量达到最大且始终保持不变。在气液混合流体的冲击下，流量管阻尼比发生波动，积分饱和会导致驱动系统无法调整驱动增益，失去了对流量管振动的控制，传感器输出信号幅值会随着流体运动而波动很大。

(2) 变传感器信号设定值。

固定传感器信号设定值会导致在气液两相流发生时，传感器信号幅值随着流量管阻尼比的变化而产生较大波动，驱动系统失去了幅值调节与控制的作用。为了使驱动系统能够对流量管阻尼比变化做出反应，重新获得对幅值的控制作用，传感器信号设定值 V_{set} 不再保持不变，而是能够跟踪传感器信号幅值 V_a 的变化，并在驱动增益没有饱和的情况下，进行合理的调节。这个过程的幅值控制不仅包含图 9.1.2 中箭头 1 的过程，传感器信号设定值 V_{set} 决定传感器信号幅值 V_a，还包含图 9.1.2 中箭头 2 的过程，由反馈的驱动增益 k 和传感器信号幅值 V_a 调整传感器信号设定值 V_{set}。

在单相流下，稳态时驱动增益没有饱和，传感器信号设定值满足 $V_{set} = V_b$；当气液两相流发生时，变传感器信号设定值的控制方法能够跟踪实际传感器信号幅值，两者之间的误差相差不大，使得 PI 控制器的积分因子不会一直饱和，因而驱动增益能够根据传感器信号的变化及时做出变化和调整，维持流量管较平稳的振动，最终获得较稳定的传感器信号幅值。变传感器信号设定值的控制方法流程如图 9.1.3 所示。

流量管起振完成后，首先初始化传感器信号设定值，并将其设置为单相流下的最佳幅值 V_b，然后与 ADC 采样一定点数后获得的传感器信号幅值 V_a 进行比较，并调用非线性幅值控制方法计算两者的对数误差 e。该误差作为积分限幅 PI 控制器的输入，通过 PI 控制器调节计算控制量 u 和驱动增益 k，判断驱动增益 k 是否超过了硬件电路输出饱和时允许的最大值 k_{max}。如果 $k \geqslant k_{max}$，则说明此时为气液两相流状态，需要通过降低传感器信号设定值 V_{set} 使驱动增益退饱和；如果 $k < k_{max}$，则判断驱动增益 k 是否在阈值 1 的范围内，如果在其范围内，则说明驱动增益保持在较高的水平，此时传感器信号设定值 V_{set} 维持不变；一旦驱动增益 k 小于阈值 1 的范围且传感器信号幅值 V_a 没有达到单相流下的最佳幅值 V_b，则说明此时气液两相流下驱动系统输出的驱动增益较低，传感器信号设定值 V_{set} 设置得

过低，需要对传感器信号设定值进行重新设置，以保证传感器信号幅值维持在较高水平。

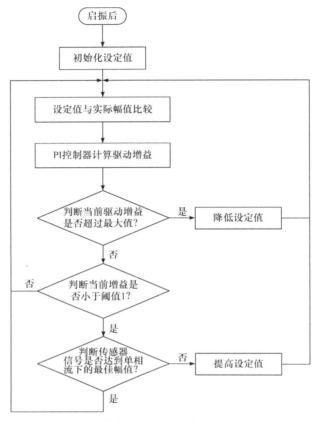

图 9.1.3　变传感器信号设定值的控制方法流程

在如图 9.1.3 所示的流程图中，当驱动系统输出的驱动增益饱和时，需要降低传感器信号设定值，使 PI 控制器的积分因子退饱和，进而使驱动增益退饱和，调整后传感器信号设定值满足

$$V_{\text{set}}(n) = a_1 V_{\text{set}}(n-1) + a_2 V_a \qquad (9.1.1)$$

式中，$V_{\text{set}}(n-1)$ 为上次传感器信号设定值；$V_{\text{set}}(n)$ 为调整后传感器信号设定值；a_1 和 a_2 分别为上次传感器信号设定值和实际传感器信号幅值对应的权重，并且满足 $a_1 + a_2 = 1$。

由式(9.1.1)可知，调整后传感器信号设定值 $V_{\text{set}}(n)$ 是通过迭代方式获得的，并且能够跟踪传感器信号幅值的变化。通过调整式(9.1.1)中的权重 a_1 和 a_2，能够灵活地控制传感器信号设定值下降的速度。

在如图 9.1.3 所示的流程图中，当驱动系统输出的驱动增益过小且传感器信号幅值并未达到最佳幅值时，需要提高传感器信号设定值，以获得较高的传感器信号幅值，提高传感器信号设定值的流程如图 9.1.4 所示。

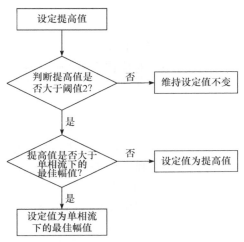

图 9.1.4　提高传感器信号设定值的流程

提高传感器信号设定值的幅度与实际传感器信号幅值 V_a 和当前驱动增益 k 有关，提高传感器信号设定值满足

$$V_r = a \cdot k_{\max} \cdot V_a / k \tag{9.1.2}$$

式中，V_r 为提高值；a 为调节系数；$k_{\max}$ 为硬件电路输出饱和时允许的驱动增益最大值。

在利用式(9.1.2)对传感器信号设定值 V_{set} 进行提高的过程中，如果提高值 V_r 小于软件设置的阈值 2，即传感器信号设定值提高的幅度不大，那么维持当前设定值不变，以减小幅值控制过程中的抖动；如果提高值大于软件设置的阈值 2，且大于单相流下的最佳幅值 V_b，则说明有足够的提高空间，设定值设置为单相流下的最佳幅值，否则传感器信号设定值设置为当前的提高值。

2. 系统实现

为了验证上述理论分析，比较变传感器信号设定值与固定传感器信号设定值这两种控制方法在不同条件下幅值控制的性能，在研制的气液两相流实验装置(小装置)和数字变送器系统上进行气液两相流实验，并通过上位机获得传感器信号幅值、传感器信号设定值和驱动增益的波形。在进行气液两相流实验时，通过美国微动公司生产的 CMF025 型科氏质量流量计测量一定体积流量的水，根据浮子流量计测量一定体积流量的气体，经过混合后获得一定含气量的流体，流体流过上海一诺生产的 DN15 微弯形传感器及作者课题组开发的数字式变送器组成的系统，返回水箱。每次实验都保持相同的实验条件，这样就可以比较两种控制方法的控制效果。

3. 对比实验

针对同一台传感器利用连续正弦波驱动，分别采用变传感器信号设定值与固定传感器信号设定值两种控制方法，对比在不同含气量和控制及时性情况下，流量管幅值控制的性能。

1) 不同含气量

在实验过程中，通过调整水流量和气体体积流量的占比，即可获得不同含气量的混合流体。为了获得不同含气量下两种控制方法的幅值控制效果，在控制及时性和其他操作条件相同的前提下，排除除设定值实现方法外其他因素的影响，通过串口通信分别获取传感器信号幅值、传感器信号设定值和驱动增益的波形，并计算含气量相对稳定时，传感器信号的均值、标准差，以及分析传感器信号的概率密度函数，以判断过程波动性的大小。

针对上海一诺生产的 DN15 微弯形一次仪表，分别在水流量为 16kg/min，气体体积流量为 0.8L/min，即含气量约为 5%时以及水流量为 9.7kg/min，气体体积流量为 0.2m³/h，即含气量约为 34%时进行实验。ADC 采样频率为 3.75kHz，每采样 100 点(26ms)控制一次。为了比较不同含气量下，两种控制方法的幅值控制效果，将上述部分实验结果列于表 9.1.1 中。

表 9.1.1 不同含气量幅值控制效果

含气量/%	固定传感器信号设定值			变传感器信号设定值		
	幅值/V	均值/V	标准差	幅值/V	均值/V	标准差
5	0.72～1.1	0.944	0.076	0.79～0.95	0.874	0.038
34	0.45～1.5	0.907	0.194	0.45～0.95	0.741	0.088

由表 9.1.1 可以得出，随着含气量的加大，流体的波动加剧，传感器信号幅值波动范围变大，流量管幅值控制难度加大。固定传感器信号设定值为单相流下的最佳幅值，在气液两相流发生时，PI 控制器中的积分因子始终饱和，驱动增益不能跟随流量管阻尼比的变化做出相应调整和控制，失去了流量管幅值控制的作用，导致传感器信号波动范围大，特别是在含气量较高时，传感器信号波动幅度加大；而变传感器信号设定值的控制方法，通过跟踪传感器信号幅值的变化而自动调整传感器信号设定值，使驱动增益退饱和并跟随流量管阻尼比变化进行灵活调节和控制，获得了较平稳的流量管振动，传感器信号标准差小于固定传感器信号设定值

时的 1/2，极大地减小了气液两相流测量过程中的波动性。

2) 不同控制及时性

在实验过程中，通过调整 ADC 采样点数的多少控制一次，即可获得不同控制及时性。为了获得在不同控制及时性下，两种控制方法的幅值控制效果，在含气量和其他操作条件相同的前提下，排除除控制方法外其他因素的影响，通过串口通信分别获取传感器信号幅值、传感器信号设定值和驱动增益的波形。

为了比较在不同控制及时性下，两种控制方法的幅值控制效果，现将含气量在 5%时，ADC 每采样 100 点(26ms)控制一次和 500 点(133ms)控制一次的实验结果列于表 9.1.2 中。

表 9.1.2　不同控制及时性幅值控制效果

控制及时性/ms	固定传感器信号设定值			变传感器信号设定值		
	幅值/V	均值/V	标准差	幅值/V	均值/V	标准差
133	0.23～0.98	0.804	0.178	0.44～1.03	0.866	0.097
26	0.72～1.1	0.944	0.076	0.79～0.95	0.874	0.038

由表 9.1.2 可知，随着控制时间的缩短，传感器信号幅值有所提高，且波动范围变小，即控制得越及时，传感器信号越平稳，越有利于信号的测量与处理。变传感器信号设定值的控制方法，具有更好的幅值跟踪性能和控制性能，在控制及时性较差的情况下，最终仍然能获得较稳定的传感器信号幅值。

9.2　信号处理技术

信号处理技术是科氏质量流量计的核心技术，直接决定了其测量精度、测量稳定性等性能指标。根据科氏质量流量计的测量原理，流过流量管的质量流量与两路传感器信号的时间差成正比，而时间差由相位差和频率换算而来。同时，频率直接反映了被测流体密度，而幅值反映流量管的振动状态，即是否工作在最佳振动幅值。因此，信号处理技术的关键是对两路传感器信号的相位差、频率和幅值三个特征量进行准确测量。

9.2.1　含气液体流量下信号处理技术的难点

在含气液体流量下，流量管内的流型变化复杂，气体对流量管产生的冲击使得速度传感器信号波动剧烈，具体表现为正弦信号的三个特征量，即频率、相位和幅值波动剧烈。因此，信号处理方法需要能及时跟踪信号参数的变化，具有较好的动态响应性，才能处理含气液体流量信号。同时，由于频率变化，对于相位差计算直接依赖频率的计算精度的信号处理方法也不适合含气液体流量的测量。含气液体流量下流量管阻尼比剧增，模拟驱动技术下流量管出现停振现象，流量测量失去工作基础。为此，需采用数字驱动技术，通过快速跟踪传感器信号频率、相位和幅值的变化来及时更新驱动信号参数，维持含气液体流量下流量管的振动。此时，要求信号处理方法整体运算量小，以便及时跟踪驱动信号参数的变化。因此，含气液体流量下信号处理技术的难点为：

(1) 信号处理方法响应速度快，能及时跟踪频率、相位和幅值的变化；

(2) 信号处理方法整体运算量小。

9.2.2　四种信号处理方法

含气液体流量下信号频率波动剧烈，对频率变化敏感的信号处理方法，如DTFT 算法[19,34]、相关算法[35]、SGA[36]在计算相位差时会产生非常大的误差，因此下面着重分析相位差计算不依赖频率影响的 Hilbert 变换算法[37-41]、正交解调算法[42,43]、复系数滤波算法[44]和过零检测方法[45-47]的性能。

1. Hilbert 变换算法

Hilbert 变换算法的测量原理是：基于传感器信号的正弦性，通过 90°移相器构造两路解析信号，利用正弦、余弦信号的性质，实现信号频率、相位和幅值的测量。

Hilbert 变换算法具有无迭代运算、无收敛过程、无须预知信号频率、计算精度高等优点。但是，一方面，其抗干扰能力较弱，计算精度受噪声干扰较大，要求较高的信噪比；另一方面，在实现 Hilbert 变换过程中，运算量大且存在端点效应，会使相位差计算结果两端出现"飞逸"现象。为了解决上述两个问题，杨辉跃等[39]、黄丹平等[40]和刘维来等[41]分别提出了基于奇异值分解降噪、基于小波变换、多相抽取滤波以及带通滤波的信号预处理方法，有效增强了信噪比，提高了相位差的计算精度。张建国等[38]采用加窗函数的方法有效抑制了端点效应，提高了相位差的计算精度。

2. 正交解调算法

正交解调算法的测量原理是：利用一个接近传感器信号频率的信号对传感器信号进行正交解调，再通过低通滤波环节滤除高频分量，从而对幅值、频率和相位同时进行跟踪计算。

正交解调算法具有测频范围广、对谐波干扰抑制能力强和短时间内检测到频率偏移的优点。但是，该方法的计算精度受随机噪声的影响很大，方法实现的前提是对高频分量和噪声分量进行良好滤波，如果滤波效果不好，将会带来较大的测量误差，因此低通滤波环节的设计是该方法的关键环节，直接决定了该算法的测量精度。同时，低通滤波环节的延时也会对算法的响应速度产生一定的影响。文献[42]设计了两种滤波环节：一种为 FIR 陷波器和 60 阶 FIR 低通滤波器相级联的滤波环节；另一种为 FIR 梳状滤波器和 60 阶 FIR 低通滤波器相级联的滤波环节，两种滤波环节均能实现对高频谐波噪声和随机噪声的良好抑制，保证了正交解调算法的计算精度。

3. 复系数滤波算法

复系数滤波算法的原理是：首先构建一个 IIR 低通滤波器，将滤波器进行角度偏移，从而构成复系数滤波器。在此基础上，将两路传感器信号通过复系数滤波器滤除负频率分量，此时，两路传感器信号均变为复数形式，通过相应运算即可得到传感器信号的频率、幅值和相位差。

根据偏移角度的正负进行分类，当偏移角度为正时，低通滤波器变为传感器信号正频率处的带通滤波器，此时构建的复系数滤波器为复系数带通滤波器；当偏移角度为负时，低通滤波器变为传感器信号负频率处的陷波滤波器，此时构建的复系数滤波器为复系数陷波滤波器。当将复系数带通滤波器与复系数陷波滤波器结合时，即构成复系数带通陷波滤波器。

复系数滤波器抑制了传感器的负频率分量且不需要前置滤波器，因而具有测量精度高、运算量小的特点[44]。复系数带通滤波器与复系数陷波滤波器相比，抑制噪声能力更强，但跟踪延迟较大，例如，针对一些长时间处于含气液体流量状态的工况，此时噪声对于测量精度是主要因素。因此，可以采用复系数带通滤波器抑制噪声，提高精度。而针对一些时间较短的"空-满-空"工况，跟踪速度对于测量精度是主要因素，因此可以选择复系数陷波滤波器加快跟踪速度，提高精度。而其余工况，则针对一些既有流量"空-满-空"变化，又有一段时间含气液体流量状态的工况，可以选择复系数带通陷波滤波器进行滤波。

4. 过零检测方法

过零检测方法的测量原理是：通过记录信号过零点的时刻，得到过零点间的时间间隔，进而求取信号频率和时间差，实现流量测量。

过零检测方法具有运算量小、无收敛过程和响应速度快等优点，但是该算法为时域信号处理方法，容易受谐波噪声和随机噪声的干扰，导致计算结果波动大。同时，过零检测方法利用的有用信息就是信号过零点的信息，过零点计算的精度直接决定了频率和相位差的计算精度。为此，侯其立等[46]采用将带通滤波和二次拉格朗日插值拟合相结合的数字式过零检测方法，实现了对噪声的良好抑制与过零点的精确提取，提高了频率和相位差的计算精度。郑德智等[47]提出将多抽一滤波的有限冲激响应滤波器和切比雪夫曲线拟合相结合的数字式过零检测方法，也实现了对噪声的良好抑制与过零点的精确提取,提高了频率和相位差的计算精度。

综上所述,正交解调算法虽然实现较为简单,且响应速度较快,但实际上,解调后的信号会叠加两倍于信号频率的噪声。因此,对滤波环节依赖性较高,且精度受到滤波环节的影响较大。Hilbert 变换算法信噪比要求高,且实时实现时运算量大,无法保证驱动信号参数的及时更新,会导致数字驱动效果较差。复系数滤波算法虽然针对不同的使用工况提出了相应算法(如复系数带通滤波器、复系数陷波滤波器、复系数带通陷波滤波器),但实际上,其通过复变换将常规 IIR 滤波器转换到复数域,从而构建复数滤波器,大大增加了算法的运算量。而过零检测方法运算量小,易于实现,可以保证驱动信号参数及时更新,提升数字驱动效果,在一定程度上提高了含气液体流量下传感器信号的质量,更适合含气液体流量的测量。

9.3　误差修正技术

在含气液体流量下,测量误差与多种因素有关,表现为复杂的非线性和非单调性,使得对含气液体流量的测量误差难以从机理方面建模。人工神经网络在传感器建模、预测和控制方面的应用非常广泛。神经网络在进行建模预测时,只需要根据样本数据建立模型,即可根据模型对未知数据进行预测。利用神经网络具有逼近任意非线性函数的能力,可以模拟实际系统的输入输出关系,也可以建立误差修正模型。为此,本节介绍测量误差、原因分析、误差建模与在线修正。

9.3.1　含气液体流量下误差修正技术的难点

当科氏质量流量计测量含气液体流量时,由于受到气体的干扰,测量误差复杂,特别是当气体含量较高时,液体质量流量测量误差表现出非线性、非单调性的特点。文献[11]、[48]采用时间序列分析方法分析了含气液体流量下流量序列的变化规律,建立了流量序列 ARAM 数学模型,表明,流量序列由稳定分量和波动分量组成。流量序列存在稳定分量,因此采用误差修正技术对原始测量误差进行修正来提高测量精度是合理的。但是,由于稳定分量与流量和密度降之间的关系是非线性的,所以即使采用误差修正技术也是无法得到完全修正的;同时波动分量造成的误差也只能通过平均处理在一定程度上减小。这两部分误差的存在,使得含气液体流量下科氏质量流量计的测量精度无法达到单相流的测量精度。含气液体流量下修正误差是修正稳定分量,由于误差的非线性,必须采用非线性建模来预测误差。同时,一般用来建模的数据是有限的,而科氏质量流量变送器在线预测时会对不同流量点、不同含气量进行误差预测并修正,这就要求采用的误差修正技术不仅能对训练过的数据进行预测,还能对没有训练过的数据进行良好预测，即具有良好的泛化能力。因此，含气液体流量下误差修正技术的难点为：

(1) 原始测量误差非线性、非单调性，需进行非线性建模预测；

(2) 误差修正技术要具有良好的泛化能力。

9.3.2　含气液体流量测量实验

要对含气液体流量测量误差进行修正，首先需要获得测量误差模型。含气液体流量的测量误差与多种因素有关，表现为复杂的非线性，在含气量较大时，甚至表现出非单调性。这使其难以从机理方面建模，而只能采用实验建模的方法，根据实验数据建立系统输入输出之间的关系[49,50]。

1. 实验装置

作者课题组实验室的大装置由水路通道和气路通道组成，含气液体流量实验装置原理框图如图 9.3.1 所示。水路通道包括水箱、水泵、气液混合器、被测科氏质量流量计、换向器和称重装置等。其中，被测科氏质量流量计由美国微动公司 DN25 Ω 形科氏质量流量计一次仪表或上海—诺 DN25 微弯形科氏质量流量计一次仪表匹配作者课题组所研制双核心变送器组成。气路通道主要包括空压机、罗茨流量计和浮子流量计等。实验装置通过 PLC 控制。在进行含气液体流量实验时，水沿着箭头方向流动，空压机产生的空气与水在气液混合器处混合后，形成含气液体，然后流经被测科氏质量流量计，最后流入称重装置。称重装置的称重值作为标准值，通过比较科氏质量流量计的测量值与称重装置的称重值，即可得到科氏质量流量计测量含气液体流量的原始误差。

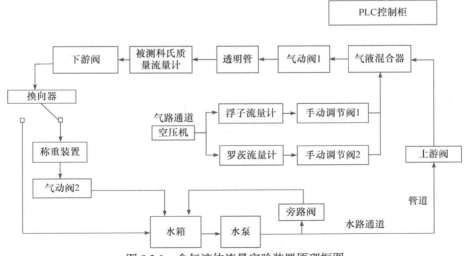

图 9.3.1　含气液体流量实验装置原理框图

$$\text{error\_original} = \frac{\text{CMFscale-weighscale}}{\text{weighscale}} \tag{9.3.1}$$

式中，error_original 代表科氏质量流量计测量含气液体流量的原始误差；CMFscale 代表科氏质量流量计的测量值；weighscale 代表称重装置的称重值。

2. 实验过程

对于含气液体流量测量，气体体积分数的定义是气体所占气液混合流体的体积比，常用来表示混入气体的量。要想获得气体体积分数的大小，需要知道气体流量和液体流量两个参数，然后进行离线计算。但是，科氏质量流量计是工业在线仪表，需要在线实时反映出混入气体量的大小，因此引入了密度降的概念。气体干扰量的混入，会导致混合流体的密度相比于单相液体的密度下降。假设气液混合流体的密度为 D_1，单相液体水的密度为 D_0，则密度降为

$$\text{Density\_drop} = \frac{D_0 - D_1}{D_0} \tag{9.3.2}$$

因此，科氏质量流量计可以在线实时监测密度降的大小，从而间接反映出混入气体量的大小。

混合流体的密度与传感器信号的频率有关[5,8]，即

$$D_1 = \frac{\alpha_1 \cdot \Delta T + \alpha_2}{f^2} + \alpha_3 + \alpha_4 \cdot \Delta T \tag{9.3.3}$$

式中，$\alpha_1 \sim \alpha_4$ 为密度系数；ΔT 为温度变化值；f 为信号频率。

由于实验持续的时间不长，且水箱体积较大，所以可以认为实验过程中温度不变，即 $\Delta T = 0$。如果确定常数 α_2、α_3，即可根据传感器信号的频率确定当前混合流体的密度。在一定温度下，空气和水的密度是已知的，因此在实验前，测量流量管充满空气时的频率值和充满水时的频率值，然后通过曲线拟合确定常数 α_2、α_3。

具体的实验过程如下：

(1) 调节水路通道上、下游阀门，将液体流量固定为某一数值，如 100kg/min。

(2) 调节浮子流量计或罗茨流量计来控制进气量，将气体流量固定为某一数值，如密度降为 3%。

(3) 开始实验，每次实验过程中，变送器将计算出的频率、流量、密度降等重要参数实时上传至上位机保存，供后续分析处理。

(4) 改变进气量，重复步骤(2)~(3)，使密度降在 0%~35% 范围内变化，变化间隔 3% 左右。

(5) 改变液体流量，重复步骤(1)~(4)，使液体流量在 30~100kg/min 范围内

变化，变化间隔为 10kg/min，得到不同流量、不同密度降下，被测科氏质量流量计的测量误差。对于美国微动公司 DN25 Ω 形科氏质量流量计一次仪表，共进行了 107 次实验，实验结果如图 9.3.2(a)所示；对于上海一诺 DN25 微弯形科氏质量流量计一次仪表，共进行了 115 次实验，实验结果如图 9.3.2(b)所示。选用这两种质量流量计一次仪表是因为两者流量管管形不同，美国微动公司 DN25 Ω 形科氏质量流量传感器输出的两路信号相位差大，容易测量；而上海一诺 DN25 微弯形科氏质量流量传感器输出的两路信号相位差小，测量更困难，含气液体流量的测量误差更大。例如，当水流量为 120kg/min 时，美国微动公司 DN25 Ω 形科氏质量流量传感器的相位差为 1.6°，而上海一诺 DN25 微弯形科氏质量流量传感器的相位差仅为 0.4°。同时，不同种类质量流量传感器的规律特性也不一样，选用两种传感器可以更好地评估支持向量机对于不同质量流量传感器的普适性。

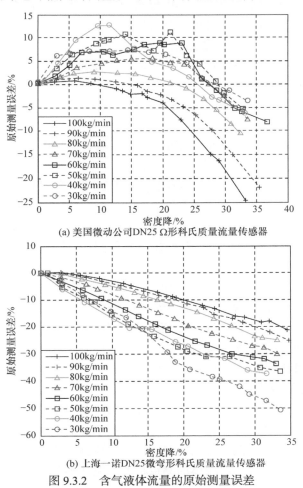

(a) 美国微动公司 DN25 Ω 形科氏质量流量传感器

(b) 上海一诺 DN25 微弯形科氏质量流量传感器

图 9.3.2　含气液体流量的原始测量误差

9.3.3　原始测量误差原因分析

在含气液体流量下，科氏质量流量计采用了合适的驱动技术和信号处理方法，但是原始测量误差依然较大。科氏质量流量计的原始测量误差主要表现为以下两个方面。

(1) 气相与液相相对运动导致的误差。

当科氏质量流量管做横向振动时，会带动流体也做横向振动。气相与液相的密度不同，当流体做横向振动时，气相与液相之间会产生相对运动，使得最终作用于流量管管壁的科氏力较小，进而导致负的误差。

(2) 流体的可压缩性导致的误差。

当液体中混入气体时，流体就变得可压缩。当可压缩流体流经管道时，会自主产生横向振动。即使流量管不做横向振动，流体流经流量管时也会以一定频率做横向振动，该频率大小与声在流体中传播的速度和流体密度有关。当流量管横向振动时，流体本身的振动会对流量管的振动产生影响，使得作用于流量管管壁上的科氏力较大，从而导致正的误差。

影响误差变化的因素主要可以归纳为以下三方面：

1) 流量管的原因

(1) 流量管的形状。不同形状的流量管，流体流动的路径不同，两相流下测量误差不同。

(2) 流量管的安装位置。水平安装与垂直安装，流体流动时受重力的影响不同，气液两相流下测量误差不同。

(3) 流量管的材料。相同形状而不同材料的流量管，气液两相流的测量误差也不同。

2) 流体的原因

(1) 气液融合。气体和液体在流动过程中可能发生融合现象，使测量结果出现误差。

(2) 干扰项。当测量含气液体流量时，气体是干扰量，标准值为水的称重值，测量值为流量管中混合的含气液体流量的质量流量，这会对测量结果产生误差。

(3) 流体状态。在不同含气量下，气液两相的混合程度不同，气体的存在形式可能是气泡，也可能是层流，会对测量结果造成误差。

(4) 气体的可压缩性远大于液体，可能造成误差。

3) 压强、温度等原因

可见，含气液体流量下科氏质量流量计原始测量误差大的根本原因是气液两相的相对运动以及流体的压缩性。合适的驱动技术和信号处理方法只能在一定程度上提高测量精度和原始测量误差的规律性，提高测量的重复性，为后续的误差修正奠定良好基础，以此提高整体的测量精度，但并不能从根本上减小科氏质量流量计的原始测量误差。

9.3.4　误差建模与修正概述

神经网络具有多种算法，为了得到更为准确的含气液体流量误差模型，对误差反向传播神经网络[8]、径向基函数神经网络[5,6]、简单递归神经网络[9]、支持向量机[7,12]四种误差修正技术进行分析并建模，得到误差模型后，离线对质量流量进行修正，比较四种网络的性能。预测模型如图 9.3.3 所示。输入变量为实测质量流量和实测密度降，误差模型将预测出相应的误差，根据预测的误差对实测的质量流量进行修正，便可以得到修正的液体质量流量。

1. 误差反向传播神经网络

误差反向传播神经网络结构如图 9.3.4 所示。理论上已经证明，具有偏差和至少一个 S 形隐含层加上一个线性输出层的网络可以逼近任何在闭区间连续的函数。本节采用一个输入层、一个隐含层、一个输出层对科氏质量流量计含气液体流量下的测量误差建模。

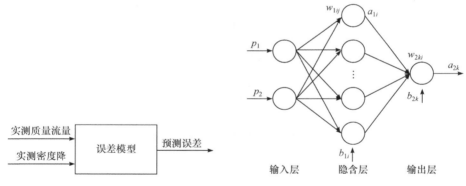

图 9.3.3　预测模型　　　　　　　图 9.3.4　误差反向传播神经网络结构

含气液体流量测量误差主要受流体流量和含气量的影响，故将误差反向传播神经网络的输入层节点数设置为 2，其中 p_1 代表的是质量流量值，p_2 代表的是流体密度降值；输出层节点数设置为 1，代表的是测量误差。

在误差反向传播神经网络中，隐含层第 i 个节点的输出为

$$a_{1i} = f_1\left(\sum_{j=1}^{r} w_{1ij} p_j + b_{1i}\right), \quad i = 1, 2, \cdots, s_1 \tag{9.3.4}$$

式中，r 为误差反向传播神经网络输入层的节点个数，即 $r = 2$；s_1 为误差反向传播神经网络隐含层的节点个数，该值通过仿真确定；w_{1ij} 为输入层到隐含层间的权

值；b_{1i} 为隐含层的阈值。隐含层的激活函数选择为 Sigmoid 函数。

输出层的节点输出为

$$a_{2k} = f_2\left(\sum_{i=1}^{s_1} w_{2ki}a_{1i} + b_{2k}\right), \quad k = 1, 2, \cdots, s_2 \tag{9.3.5}$$

式中，w_{2ki} 为隐含层到输出层间的权值；b_{2k} 为输出层的阈值；s_2 为输出层的节点数，故 $s_2 = 1$。对于输出层，激活函数为线性函数。

设网络输出的目标值为 t_k，取误差函数为

$$E(W, B) = \frac{1}{2}\sum_{k=1}^{s_2}(t_k - a_{2k})^2 \tag{9.3.6}$$

网络训练时，按梯度下降法不断调整网络权值 W 和阈值 B，使误差最小。

2. 径向基函数神经网络

径向基函数神经网络是单隐含层的三层网络，是一种以函数逼近理论为基础的前向网络。径向基函数神经网络与误差反向传播神经网络最大的区别是，其采用径向基函数作为隐含层的激活函数，且激活函数是以权值向量和输入向量间的欧氏距离 $\|\text{dist}\|$ 为自变量的。径向基函数神经网络结构如图 9.3.5 所示。

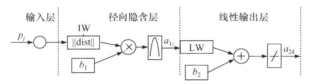

图 9.3.5　径向基函数神经网络结构

径向基函数为

$$\text{radbas}(n) = \mathrm{e}^{-n^2} \tag{9.3.7}$$

距离函数为

$$\|\text{IW} - P\| = \sqrt{\sum_{j=1}^{r}(\omega_{1i} - p_j)^2} \tag{9.3.8}$$

式中，ω_{1i} 为第 i 个隐含层节点与输入层间的连接权值；r 为输入层节点数。

隐含层第 i 个节点的输入为

$$k_i = \sqrt{\sum_{j=1}^{r}(\omega_{1i} - p_j)^2} \cdot b_{1i} \tag{9.3.9}$$

式中，b_{1i} 为隐含层第 i 个节点的阈值，阈值 b_1 可以用来调节函数的灵敏度，即输出对输入的响应宽度。

隐含层第 i 个节点的输出为

$$a_{1i} = \exp(-(k_i)^2) \tag{9.3.10}$$

输出层的输入为各隐含层节点输出的加权求和，且输出层的激活函数为线性函数。

3. 简单递归神经网络

简单递归神经网络是一种反馈型网络，网络结构如图 9.3.6 所示。简单递归神经网络一般包含 4 层，即输入层、隐含层、承接层和输出层。简单递归神经网络与误差反向传播神经网络相比，多出一个承接层。隐含层的输出不仅作为输入送至输出层，还通过承接层反馈至隐含层的输入，因而承接层是对隐含层输出的延迟存储。

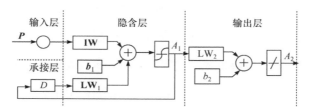

图 9.3.6 简单递归神经网络结构

对于 k 时刻，隐含层的输出为

$$A_1(k) = f_1(\mathbf{IW} \times \boldsymbol{P}(k) + \mathbf{LW}_1(k) \times \mathbf{CN}(k) + \boldsymbol{b}_1(k)) \tag{9.3.11}$$

式中，$\boldsymbol{P}$ 为输入向量；$\mathbf{IW}$ 为连接输入层到隐含层的权值向量；$\boldsymbol{b}_1$ 为隐含层的阈值向量；$\mathbf{LW}_1$ 为连接承接层到隐含层的权值向量；$\mathbf{CN}$ 为承接层的输出向量，且有

$$\mathbf{CN}(k) = A_1(k-1) \tag{9.3.12}$$

隐含层激活函数 $f_1(n)$ 仍然取 Sigmoid 函数。

k 时刻输出层的输出为

$$A_2(k) = f_2(\mathbf{LW}_2(k) \times A_1(k) + \boldsymbol{b}_2(k)) \tag{9.3.13}$$

式中，$\mathbf{LW}_2$ 为连接隐含层到输出层的权值向量；$\boldsymbol{b}_2$ 为输出层的阈值向量。输出层的激活函数 $f_2(n)$ 取线性函数。

简单递归神经网络也采用误差反向传播算法进行权值修正，误差函数取均方差函数。

4. 支持向量机

支持向量机是一种基于统计学习理论的机器学习算法，与传统的基于经验风险最小化原则的机器学习算法不同，支持向量机是基于结构风险最小化原则，考虑的是经验风险和置信界之和的最小化，保证了学习机器具有良好的泛化能力。

支持向量机网络结构如图 9.3.7 所示。输入向量 $(x_1, x_2, \cdots, x_n)$ 通过核函数 $k(x, x_i)$ 映射到 m 维特征空间，然后在此特征空间构造一个线性模型进行预测。特征空间的线性模型为

$$y = \boldsymbol{w}x + b \tag{9.3.14}$$

式中，$\boldsymbol{w} = (w_1, w_2, \cdots, w_m)$ 为权值向量，m 为支持向量的数目；b 为偏置项。

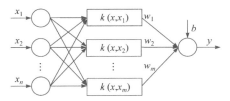

图 9.3.7　支持向量机网络结构

本节支持向量机回归估计使用的是 ε 不敏感误差函数，为了防止模型过拟合，加入了正则化项 $\frac{1}{2}\|w\|^2$，以降低模型的复杂程度。ε 不敏感误差函数的定义为：如果预测值 $y(x_n)$ 与真实值 t_n 的差值小于阈值 ε，将不对此样本点进行惩罚；若超出阈值 ε，惩罚量为 $|y(x_n) - t_n| - \varepsilon$。$\varepsilon$ 不敏感误差函数为

$$E_\varepsilon\big(y(x_n) - t_n\big) = \begin{cases} 0, & |y(x_n) - t_n| < \varepsilon \\ |y(x_n) - t_n| - \varepsilon, & \text{其他} \end{cases} \tag{9.3.15}$$

观察上述 E_ε 误差函数的形式，实际形成了一个类似管道(ε-tube)的样子。在管道中的样本点，不进行惩罚；不在管道中的样本，进行惩罚。引入两个松弛变量 $\xi_i \geqslant 0$、$\hat{\xi}_i \geqslant 0$，表示真实值 t_n 与 ε-tube 的距离。

因此，优化问题可以写为

$$\varphi = \min \frac{1}{2}\|w\|^2 + C\sum_{i=1}^{l}(\xi_i + \hat{\xi}_i)$$
$$\text{s.t.} \quad \xi_i \geqslant 0$$
$$\hat{\xi}_i \geqslant 0 \tag{9.3.16}$$
$$t_n - y(x_n) - \xi_i \leqslant \varepsilon$$
$$y(x_n) - t_n - \hat{\xi}_i \leqslant \varepsilon$$

式中，l 是训练样本的数量；C 是正则化常数。

式(9.3.16)为带条件约束的最小化问题，通过引入拉格朗日乘子构造拉格朗日函数，解对偶问题，得到优化问题的解 $\boldsymbol{w}$ 和 b。因此，线性模型可以写为

$$y_{\text{svm}} = \sum_{i=1}^{m}(\alpha_i - \alpha_i^*)k(\boldsymbol{x}, \boldsymbol{x}_i) + b \tag{9.3.17}$$

式中，α_i 和 α_i^* 为拉格朗日乘子；$k(\boldsymbol{x}, \boldsymbol{x}_i)$ 为核函数。

支持向量机常见的核函数有线性函数、多项式函数、径向基函数、Sigmoid 函数等。其中，径向基函数为目前应用最广泛的核函数，本节采用径向基函数作为核函数，故最终支持向量机模型的输出为

$$y_{\mathrm{svm}} = \sum_{i=1}^{m} (\alpha_i - \alpha_i^*) \exp(-g\|\boldsymbol{x} - \boldsymbol{x}_i\|^2) + b \tag{9.3.18}$$

式中，g 为径向基核函数参数；$\boldsymbol{x}$ 为输入向量；$\boldsymbol{x}_i$ 为支持向量。

5. 四种神经网络对比

分别采用四种神经网络对相同的含气液体流量的样本数据进行训练建模和离线修正。由于所选择的神经网络最终需要在微控制器上实时实现，以便对含气液体流量下的测量误差进行在线修正。这时不仅需要考虑神经网络的修正精度，还需要考虑神经网络的运算复杂度。如果神经网络过于复杂，运算量过大，将无法在微控制器上实时实现。神经网络实现的运算量主要与网络的结构、隐含层节点数等因素有关。参考文献[8]、[9]确定了误差反向传播、径向基函数、简单递归这 3 种神经网络实现时最佳的隐含层节点数，与支持向量机[7,12]一起对 9.3.2 节的原始误差建立模型，从修正精度和网络运算复杂度两个方面分析对比四种误差模型，结果如表 9.3.1 所示。

表 9.3.1　四种神经网络的对比

网络类别	结构	隐含层节点数	离线修正精度/%
误差反向传播神经网络	输入层、隐含层、输出层	15	−5～3
径向基函数神经网络	输入层、隐含层、输出层	20	−5～5
简单递归神经网络	输入层、隐含层、承接层、输出层	25	−5～4
支持向量机	输入层、隐含层、输出层	—	−1.5～1.5

可见，误差反向传播、径向基函数、简单递归这 3 种神经网络误差模型对含气液体流量测量误差离线修正效果相当。径向基函数神经网络需要 20 个隐含层节点，并且在求取隐含层输入时，需要求取距离，引入了开方运算，加大了网络的运算量。简单递归神经网络需要 25 个隐含层节点且在结构上多了 1 个承接层，所以不仅在网络训练时加长了训练时间，在网络实现时也加大了运算量。误差反向传播神经网络相较于这两种网络，网络结构简单，在求取隐含层的输入时，不需要求取距离，且所用的隐含层节点数最少，仅需要 15 个隐含层节点，因而网络运算量较小。支持向量机在网络实现时就是一个线性函数，不需要隐含层节点，

不存在复杂运算，且修正精度优于其他三种网络结构。

9.3.5 两种不同类型的传感器误差模型

本节针对两种不同类型的传感器，采用支持向量机进行建模，并实现在线修正。

1. 基于网格搜索的参数寻优方法及模型建立

正则化常数 C 和核函数参数 g 是影响支持向量机性能的关键参数。本节采用网格搜索方法，以 (C,g) 为变量，对参数 C 和 g 进行寻优，并基于得到的最佳参数建立测量误差模型。支持向量机参数优化平台基于我国台湾大学林智仁教授开发的 libsvm3.17 工具箱。

网格搜索方法的基本思想就是待寻优参数的一种穷举搜索，即将各个参数可能的取值进行排列组合，列出所有可能的组合结果生成"网格"，然后将各组合代入模型中验证其性能，最终取使模型性能达到最优的参数值作为最佳参数。采用均方误差作为支持向量机性能的评价指标，均方误差越小，支持向量机性能越好。将当前参数的均方误差值和最佳参数的均方误差值做差，若差值小于 0，则更新最佳参数 C 和 g。但是，参数 C 决定了模型的复杂程度，过高的 C 会导致过学习状态发生，从而导致模型的泛化能力下降。因此，在程序中设置一个阈值 $eps = 10^{-4}$，若差值大于 0 但未超过阈值 eps，且当前参数 C 的值比最佳参数 C 小，也更新最佳参数 C 和 g。本节参数 C 和 g 的范围均设置为 $[2^{-10}, 2^{10}]$，指数步长为 0.2。

针对两种不同的传感器进行含气液体流量实验的数据样本，采用网格搜索方法寻找最佳参数，并根据得到的最佳参数 C 和 g 建立支持向量机测量误差模型。对于美国微动公司 DN25 Ω 形科氏质量流量传感器，训练样本数为 107，最佳的 $C=13.9288$，最佳的 $g=42.2243$，建立的支持向量机误差模型如图 9.3.8 所示。对于上海一诺 DN25 微弯形科氏质量流量传感器，训练样本数为 115，最佳的 $C=147.0334$，最佳的 $g=10.5561$，建立的支持向量机误差模型如图 9.3.9 所示。

```
model=

 Parameters:[5x1 double]
     nr_class:2
     totalSV:71
        rho:-0.616627730664628
      Label:[]
 sv_indices:[7x1 double]
      probA:[]
      probB:[]
        nSV:[]
    sv_coef:[71x1 double]
        SVs:[71x2 double]
```

```
model=

 Parameters:[5x1 double]
     nr_class:2
     totalSV:60
        rho:-0.517894574245988
      Label:[]
 sv_indices:[60x1 double]
      probA:[]
      probB:[]
        nSV:[]
    sv_coef:[60x1 double]
        SVs:[60x2 double]
```

图 9.3.8　美国微动公司 DN25 Ω形科氏质量　　图 9.3.9　上海一诺 DN25 微弯形科氏质量流
　　　　　流量传感器误差模型　　　　　　　　　　　量传感器误差模型

对于图 9.3.8 和图 9.3.9, totalSV 代表线性模型中支持向量的数目 m, 等于 60, rho 代表线性模型的偏置项 b, 等于-0.51789, sv_coef 代表线性模型的权值向量 w, 是一个 60×1 的向量, SVs 代表支持向量, 是一个 60×2 矩阵, 行数为支持向量的数目, 列数为输入变量的维数。

2. 误差模型精度验证

为了验证建立的误差模型的精度, 将训练样本再次送入建立的误差模型中, 预测相应的误差, 进而得到修正后的流量。由于取的是一段时间内的流量均值作为输入, 所以将修正后的流量乘以时间, 即可得到修正后这段时间内的累积流量, 该值与记录的称重装置的称重值相比较, 即可得到修正后的测量误差。由于是使用训练过的样本预测, 所以此修正误差只能代表建模误差, 模型对新的输入样本的预测能力还有待验证。对于美国微动公司 DN25 Ω 形科氏质量流量传感器, 建模误差为±1%, 如图 9.3.10(a)所示; 对于上海一诺 DN25 微弯形科氏质量流量传

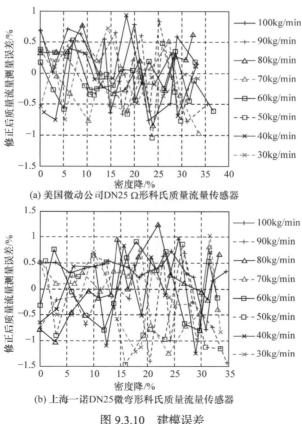

(a) 美国微动公司DN25 Ω形科氏质量流量传感器

(b) 上海一诺DN25微弯形科氏质量流量传感器

图 9.3.10　建模误差

感器，建模误差为±1.5%，如图 9.3.10(b)所示。可见，支持向量机具有较高的建模精度，可以有效修正科氏质量流量计测量含气液体流量的误差。

9.3.6　含气液体流量测量在线修正

在验证过建模的精度后，为了进一步验证支持向量机在线修正测量误差的效果，将已建立的测量误差模型的参数植入研制的双核变送器中，实现对含气液体流量测量误差的在线实时修正。

在线实时修正的具体过程为：变送器对传感器输出信号进行两级带通滤波处理，采用过零检测方法计算信号的频率、相位差以及时间差，进而得到质量流量；然后计算混合流体的密度，再根据式(9.3.2)计算出实时的密度降；然后，将质量流量和密度降进行归一化，再输入至支持向量机中，预测出归一化后的测量误差，再反归一化；最后，根据反归一化后的误差对质量流量进行实时修正，得到修正后的质量流量。在线实时修正流程如图 9.3.11 所示，实时修正的流量均为瞬时流量。

根据式(9.3.1)，可得

$$weighscale = \frac{CMFscale}{1 + error\_original} \tag{9.3.19}$$

称重值为标准值，故实时修正后的质量流量为

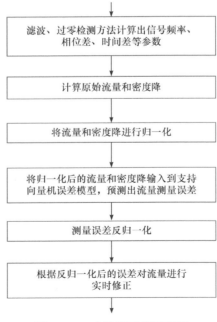

图 9.3.11　在线实时修正流程

$$\text{Flow\_correct} = \frac{\text{Flow}}{1 + \text{Error}} \quad\quad (9.3.20)$$

式中，Flow 为变送器计算的原始质量流量；Error 为预测出经过反归一化后的测量误差；Flow_correct 为修正后的质量流量。

含气液体流量在线修正实验与 9.3.2 节中的实验流程相同。为了严格考核在线修正的效果，并验证支持向量机对新的输入样本的预测能力，即泛化能力，选择与建立误差模型时不同的液体流量点进行含气液体流量在线修正实验，具体选择的水流量点为 35kg/min、45kg/min、55kg/min、65kg/min、75kg/min、85kg/min 和 95kg/min。对于美国微动公司 DN25 Ω 形科氏质量流量传感器，在线修正后的结果如图 9.3.12(a)所示；对于上海一诺 DN25 微弯形科氏质量流量传感器，在线修正后的结果如图 9.3.12(b)所示。

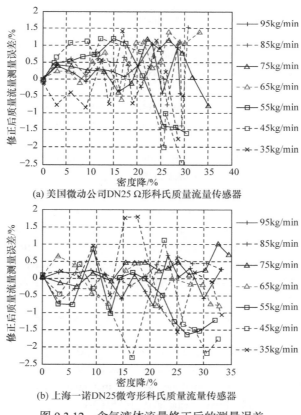

(a) 美国微动公司DN25 Ω形科氏质量流量传感器

(b) 上海一诺DN25微弯形科氏质量流量传感器

图 9.3.12　含气液体流量修正后的测量误差

可见，当水流量在 35～95kg/min 变化时：对于美国微动公司 DN25 Ω 形科氏质量流量传感器，当密度降小于 25%时，修正后最大测量误差为±1.5%；当密度降在 25%～35% 时，修正后最大测量误差为 −2.5%～2%。对于上海一诺 DN25 微弯形科氏质量流量传感器，当密度降小于 15% 时，修正后最大测量误差为 ±1%；当密度降在 15%～35% 时，修正后最大测量误差为 −2.5%～2%。而采用误差反向传播神经网络在线修正误差可以达到的效果是：当水流量为 35～95kg/min、密度降达到 30% 时，测量误差基本处于 −5%～3%[8,9]。可见，与采用误差反向传播神经网络在线修正误差的效果相比，本节采用支持向量机在线修正的误差明显减小，特别是在密度降小于 20% 时，效果明显。

参 考 文 献

[1] Seeger M. Coriolis flow measurement in two phase flow[J]. Computing and Control Engineering, 2005, 16(3): 10-16.

[2] Basse N T. Coriolis flowmeter damping for two-phase flow due to decoupling[J]. Flow Measurement and Instrumentation, 2016, 52: 40-52.

[3] Charreton C, Béguin C, Ross A, et al. Two-phase damping for internal flow: Physical mechanism and effect of excitation parameters[J]. Journal of Fluids and Structures, 2015, 56: 56-74.

[4] Hemp J, Yeung H. Coriolis meters in two phase conditions[J]. Computing and Control Engineering, 2003, 14(4): 36.

[5] Liu R P, Fuent M J, Henry M P, et al. A neural network to correct mass flow errors caused by two-phase flow in a digital Coriolis mass flowmeter[J]. Flow Measurement and Instrumentation, 2001, 12(1): 53-63.

[6] Henry M P, Tombs M, Duta M D, et al. Two-phase flow metering of heavy oil using a Coriolis mass flow meter: A case study[J]. Flow Measurement and Instrumentation, 2006, 17(6): 399-413.

[7] Wang L J, Liu J Y. Gas-liquid two-phase flow measurement using Coriolis flowmeters incorporating artificial neural network, support vector machine, and genetic programming algorithms[J]. IEEE Transactinons on Instrumentation and Measurement, 2017, 66(5): 852-868.

[8] Hou Q L, Xu K J, Fang M, et al. Gas-liquid two-phase flow correction method for digital CMF[J]. IEEE Transactinons on Instrumentation and Measurement, 2014, 63(10): 2396-2404.

[9] 董帅, 徐科军, 侯其立, 等. 微弯型科氏质量流量计测量气-液两相流研究[J]. 仪器仪表学报, 2015, 36(9): 1972-1977.

[10] 陶波波, 徐科军, 侯其立, 等. 变传感器设定值的科氏质量流量管控制方法[J]. 仪器仪表学报, 2015, 36(3): 712-720.

[11] Zhang J G, Xu K J, Dong S, et al. Mathematical model of time difference for Coriolis flow sensor output signals under gas-liquid two-phase flow[J]. Measurement, 2017, 95: 345-354.

[12] Yue J, Xu K J, Liu W, et al. SVM based measurement method and implementation of gas-liquid two-phase flow for CMF[J]. Measurement, 2019, 145: 160-171.

[13] 黄雅. 科氏质量流量计模拟驱动系统关键技术研究[D]. 合肥: 合肥工业大学, 2021.

[14] 徐科军, 徐文福. 科氏质量流量计模拟驱动方法研究[J]. 计量学报, 2005, 26(2): 149-154.

[15] 熊文军, 徐科军, 方敏, 等. 科氏流量计一次仪表与变送器匹配方法研究[J]. 电子测量与仪器学报, 2012, 26(6): 521-528.

[16] 侯其立, 徐科军, 方敏, 等. 科氏质量流量计数字驱动方法研究与实现[J]. 计量学报, 2013, 34(6): 554-560.

[17] 陈宝欣, 涂亚庆, 杨辉跃, 等. 科氏流量计数字驱动系统设计[J]. 后勤工程学院学报, 2016, 32(3): 86-91.

[18] Hou Q L, Xu K J, Fang M, et al. Development of Coriolis mass flowmeter with digital drive and signal processing technology[J]. ISA Transactions, 2013, 52(5): 692-700.

[19] Hou Q L, Xu K J, Fang M, et al. A DSP-based signal processing method and system for CMF[J]. Measurement, 2013, 46(7): 2184-2192.

[20] 田婧, 樊尚春, 郑德智. 基于 FPGA 的科氏质量流量计数字闭环系统设计[J]. 仪表技术与传感器, 2009(S1): 381-383, 392.

[21] Zamora M, Henry M P. An FPGA implementation of a digital Coriolis mass flow metering drive system[J]. IEEE Transactions on Industrial Electronics, 2008, 55(7): 2820-2831.

[22] 徐科军, 刘文, 乐静, 等. 一种基于 FPGA 的科氏质量流量计数字驱动系统: ZL201710504811. 9[P]. 2019-6-4.

[23] 陶波波. 面向两种特殊情况的科氏质量流量计驱动方法和系统[D]. 合肥: 合肥工业大学, 2015.

[24] Gregory D, West M, Marine B P, et al. Two-phase flow metering using a large Coriolis mass flow meter applied to ship fuel bunkering[J]. Measurement and Control, 2008, 41(7): 208-212.

[25] 国家市场监督管理总局, 国家标准化管理委员会. 爆炸性环境 第 1 部分: 设备通用要求: GB/T 3836. 1—2021[S]. 北京: 中国标准出版社, 2010.

[26] 国家市场监督管理总局, 国家标准化管理委员会. 爆炸性环境 第 4 部分: 由本质安全型 "i" 保护的设备: GB/T 3836. 4—2021[S]. 北京: 中国标准出版社, 2021.

[27] Henry M, Duta M, Tombs M, et al. How a Coriolis mass flow meter can operate in two-phase (gas/liquid) flow[C]. ISA 2004 Expo Technical Conference, Houston, 2004: 17-30.

[28] Emerson Process Management. Reducing Process Variablity by Using Faster Responding Flowmeters In Flow Control[Z]. Shanghai: Emerson Process Management, 2012.

[29] 朱小倩, 王微微, 戴永寿. 科氏流量计应用于气液两相流测量的实验研究[J]. 仪表技术与传感器, 2011, 43(3): 25-27.

[30] 耿艳峰, 华陈权, 王微微, 等. 利用科氏流量计测量凝析天然气的气液流量[J]. 自动化仪表, 2013, 34(3): 74-78.

[31] 孙斌, 王二朋, 郑永军. 气液两相流波动信号的时频谱分析研究[J]. 物理学报, 2011, 60 (1): 381-388.

[32] 陶波波, 侯其立, 石岩, 等. 科氏质量流量计测量含气液体流量的方法与实现[J]. 仪器仪表学报, 2014, 35(8): 1796-1802.

[33] 李苗, 徐科军, 朱永强, 等. 科氏质量流量计的 3 种驱动方法研究[J]. 计量学报, 2011, 32(1): 36-39.

[34] Tu Y Q, Zhang H T. Method for CMF signal processing based on the recursive DTFT algorithm with negative frequency contribution[J]. IEEE Transactions on Instrumentation and Measurement, 2008, 57(11): 2647-2654.

[35] Shen Y L, Tu Y Q. Correlation theory-based signal processing method for CMF signals[J].

Measurement Science and Technology, 2016, 27(6): 065006.

[36] 徐科军, 徐文福. 基于 AFF 和 SGA 的科氏质量流量计信号处理方法[J]. 计量学报, 2007, 28(1): 48-51.

[37] 张建国, 徐科军, 方正余, 等. 数字信号处理技术在科氏质量流量计中的应用[J]. 仪器仪表学报, 2017, 38(9): 2087-2102.

[38] 张建国, 徐科军, 董帅, 等. 基于希尔伯特变换的科氏质量流量计信号处理方法研究与实现[J]. 计量学报, 2017, 38(3): 309-314.

[39] 杨辉跃, 涂亚庆, 张海涛, 等. 一种基于 SVD 和 Hilbert 变换的科氏流量计相位差测量方法[J]. 仪器仪表学报, 2012, 33(9): 2101-2107.

[40] 黄丹平, 汪俊其, 于少东, 等. 基于小波变换和改进 Hilbert 变换对科氏质量流量计信号处理[J]. 中国测试, 2016, 42(6): 37-41.

[41] 刘维来, 赵璐, 王克逸, 等. 基于希尔伯特变换的科氏流量计信号处理[J]. 计量学报, 2013, 34(5): 446-451.

[42] 徐科军, 徐文福. 基于正交解调的科里奥利质量流量计信号处理方法研究[J]. 仪器仪表学报, 2005, 26(1): 23-27, 66.

[43] 张伦, 徐科军, 徐浩然, 等. 面向批料流测量的科氏质量流量计正交解调方法实现[J]. 计量学报, 2020, 41(7): 808-815.

[44] Li M, Henry M. Complex signal processing for Coriolis mass flow metering in two-phase flow[J]. Flow Measurement and Instrumentation, 2018, 64: 104-115.

[45] 刘翠, 侯其立, 熊文军, 等. 面向微弯型科氏质量流量计的高精度过零检测算法实现[J]. 电子测量与仪器学报, 2014, 28(6): 675-682.

[46] 侯其立, 徐科军, 李叶, 等. 用于微弯型科氏质量流量计的数字变送器研制[J]. 电子测量与仪器学报, 2011, 25(6): 540-545.

[47] 郑德智, 樊尚春, 邢维巍. 科氏质量流量计相位差检测新方法[J]. 仪器仪表学报, 2005, 26(5): 441-443, 477.

[48] 董帅. 气液两相流下微弯型科氏质量流量计信号建模与误差修正[D]. 合肥: 合肥工业大学, 2016.

[49] 乐静. 科氏质量流量计测量两种特殊流量时的方法研究与实现[D]. 合肥: 合肥工业大学, 2019.

[50] 徐浩然, 徐科军, 张伦, 等. 科氏质量流量计测量含气液体流量关键技术综述[J]. 计量学报, 2021, 42(4): 483-494.